国际重金属污染防治制度

付融冰　郭小品　徐　珍/编著

中国环境出版社・北京

图书在版编目（CIP）数据

国际重金属污染防治制度/付融冰，郭小品，徐珍编著.
—北京：中国环境出版社，2016.8
ISBN 978-7-5111-2847-8

Ⅰ．①国…　Ⅱ．①付…②郭…③徐…　Ⅲ．①重金属污染—污染防治—世界　Ⅳ．①X5

中国版本图书馆 CIP 数据核字（2016）第 143227 号

出 版 人　王新程
责任编辑　周　煜
责任校对　尹　芳
封面设计　宋　瑞

出版发行　中国环境出版社
（100062　北京市东城区广渠门内大街 16 号）
网　　址：http://www.cesp.com.cn
电子邮箱：bjgl@cesp.com.cn
联系电话：010-67112765（编辑管理部）
发行热线：010-67125803，010-67113405（传真）
印　　刷　北京中科印刷有限公司
经　　销　各地新华书店
版　　次　2016 年 8 月第 1 版
印　　次　2016 年 8 月第 1 次印刷
开　　本　787×960　1/16
印　　张　17.75
字　　数　306 千字
定　　价　55.00 元

前 言

我国长期的粗放式的工业化发展，造成了比较严重的重金属污染，总体上呈现出排放基数大、结构性明显、多方位污染、遗留问题多、污染事故频发等特征。重金属污染对人体健康及生态环境造成了严重威胁，引起了党中央、国务院的高度重视；从2009年开始，连续发布了相关文件，并编制实施了《重金属污染综合防治“十二五”规划》，大力推进全国重金属污染综合防治工作。

重金属是一种环境污染物质，可以在水、大气、土壤和固体废物等不同介质中进行迁移转化；因此，重金属的污染防治主要是通过水环境、大气环境、土壤环境和固体废物等要素的污染防治实现的，涉及方方面面，是一项综合性的工作。国际上也没有专门针对重金属的污染防治法，对重金属污染防治实施专项规划的国家也很少。

从国际经验来看，法律法规和标准体系是重金属污染防治管理的最有力工具。20世纪70年代以来，日本、美国、欧盟等国家以及我国台湾地区都在重金属污染防治方面进行了持续不断的努力和探索，逐渐建立起了比较完善的环境管理制度，取得了较为理想的防治效果。我国与发达国家相比，重金属环境管理起步较晚，法规及标准体系等制度不健全，但又面临着比较严峻的重金属污染形势，在推进重金属污染防治工作时，有必要了解和借鉴国际上的先进经验。本书选择了日本、美国、欧盟和我国台湾等在重金属污染防治工作制度健全、成效突出的典型国家和地区，介绍了其管理制度和特色，以期为我国重金属污染防治工作提供参考和借鉴。

由于重金属的环境管理与各环境要素的环境管理相互依存，把重金属的管理制度单独梳理出来是一件很困难的事情，作者努力做这样的尝试。书中对每一个国家或地区，首先介绍其环境管理机构设置，然后分别针对水、气、土壤和固体废弃物等四个不同要素详细梳理与重金属相关的法律法规和标准体系，并总结其管理特点。

由于作者认识水平和理解局限，书中谬误之处在所难免，欢迎读者提出宝贵建议。

2016 年 4 月

目　录

第 1 章　绪　论

1.1　重金属及危害

重金属原义是指比重大于 5 的金属（一般来讲密度大于 4.5 g/cm^3 的金属），包括金、银、铜、铁、铅、铬、镉、汞、锌、锰、镍等。除铁、锰、铜、锌为人体所必需的微量元素（需控制在一定限值内，否则会对人体造成危害），大部分重金属并非人类生命活动所必需的。

进入动物和人体的重金属具有累积效应，难以自然排出或降解。人体长久接触或摄入某种重金属，体内浓度会越来越高，一旦超过人体的耐受限度，就会引起人体急性、亚急性或慢性中毒，甚至引起基因突变、致癌、致畸等，而且这些毒性效应是持久的、不可逆的。

1.2　我国重金属污染状况

我国实施《重金属污染综合防治“十二五”规划》（以下简称《规划》）以前，涉重行业生产工艺、污染治理水平较低，重金属污染物排放量逐年增加，一些污染物排放量增幅较大。再加上部分企业偷排漏排等问题突出，重金属污染事件呈现出高发态势。规划实施以来，尽管已在全国范围内淘汰了 4 000 多家涉重企业，行业集中度和技术水平也有明显提高，但部分地区的重金属污染排放量依然呈现较快增长的趋势，重点监控的重金属企业排放达标率仅为 77.2%。

（1）重金属污染物排放基数大

2010 年发布的《第一次全国污染源普查公报》显示：2007 年度全国废水中铅、汞、镉、铬、砷等 5 种重金属产生量为 2.54 万 t，排放量近 900 t；大气中 5 种重金属污染物排放量约 9 500 t；列入国家危险废物名录中含上述 5 种重金属的危险废物产生量为 1 690 万 t。

（2）重金属污染从空气、水体转移到土壤和地下水

由于空气污染和水体污染的直观性，人们长期以来只关注重金属在大气和水体这两种环境要素里的污染。而事实上，重金属最终都会回归到土壤这个环境要素，然后进入食物链，继而在食物链的末端——人体中富集，危害人体健康。

根据相关调查显示，目前我国受镉、砷、铬、铅等重金属污染的耕地面积近 2 000 万 hm^2，约占耕地总面积的 20%，全国每年因重金属污染而减产粮食 1 000 多万 t。2014 年 4 月发布的《全国土壤污染状况调查公报》也表明：全国土壤环境状况总体不容乐观，部分地区土壤污染较重，耕地土壤环境质量堪忧，工矿业废弃地土壤环境问题突出。工矿业、农业等人为活动以及土壤环境背景值高是造成土壤污染或超标的主要原因。全国土壤总的超标率为 16.1%，其中轻微、轻度、中度和重度污染点位比例分别为 11.2%、2.3%、1.5%和 1.1%。污染类型以无机型为主，有机型次之，复合型污染比重较小，无机污染物超标点位数占全部超标点位的 82.8%。

（3）重金属污染危害影响较为突出

从 2009 年至今，我国发生了多起重特大重金属污染事件。这些事件涉及甘肃、陕西、安徽、河南、湖南、福建、广东、四川、江苏、山东、云南、重庆、广西等地，对群众健康造成了严重威胁。污染事件具有突发性、连锁性、区域性爆发等特点，且逐渐从工业区转移至农业区、城市转移至农村、单纯的环境污染转移至复杂的人体损害等。

1.3 防治重金属污染是我国环保工作的重要任务

我国重金属污染防治工作的正式启动，始于 2009 年 9 月在西安召开的全国重金属污染防治工作会议。此后国家和地方出台了一系列的政策措施对重金属污染进行综合整治。2009 年 11 月，国务院下发了《关于加强重金属污染防治工作指导意见的通知》。2011 年，我国出台《重金属污染综合防治“十二五”规划》，这是首个获批的“十二五”专项规划。《规划》确定了“十二五”期间重金属污染防治的全国总体目标、总量控制 5 种重金属、重点防护区、重点行业等。为确保规划的顺利实施，环保部会同有关部门制定了相关的考核办法，明确了地方政府和相关部门的责任，要求各地把重金属污染防治成效纳入经济社会发展综合评价体

系，并作为政府领导干部综合考核评价和企业负责人业绩考核的重要内容。

《规划》的出台奠定了重金属污染防治工作的基础。中央财政已分别在 2010 年和 2011 年两年拿出 40 亿元支持各地重金属污染治理工作。全国 31 个省（自治区、直辖市）政府均制定了当地的重金属污染防治规划。我国重金属污染防治工作已从以往的“被动应付”逐渐过渡到“主动应对”的阶段。

1.4 研究国际重金属污染防治制度的必要性

根据发达国家和地区的经验，法律法规和标准是重金属污染防治管理强有力的工具，20 世纪 70 年代以来日本、美国、欧盟、我国台湾地区等在重金属污染防治管理制度方面进行了持续不断的努力和探索，并逐步建立了较为完善的法律法规标准体系，同时结合经济、行政等综合手段推进重金属污染防治工作，取得了较好的成效。

目前，我国面临的重金属防治任务艰巨，但工作基础相对薄弱。发达国家和地区在重金属污染防治方面已有很好的做法和经验可以借鉴，但相关研究和报道相对零散。系统性地开展发达国家和地区如美国、日本、欧盟、我国台湾地区等的重金属污染防治管理体系的研究，可为我国重金属污染综合防治工作提供参考和借鉴。

第2章 日本重金属污染防治管理体系

日本重金属污染防治走过了一条十分曲折的道路。明治维新以后，日本工业化发展快速推进，环境不断遭到破坏，成为世界上环境污染最为严重的国家之一。从19世纪末到20世纪70年代，日本经历了骨痛病（镉中毒造成）、水俣病（甲基汞中毒造成）、米糠油（多氯联苯污染米糠油造成）、四日市哮喘病（工厂排放废气造成）等一系列的公害事件。世界八大公害事件有一半发生在日本，其中两起就是由重金属污染引发的。公害健康损害诉讼事件推动日本逐步完善了环境保护的法律法规，并建立起了一整套较为完善的包括中央、地方和企业在内的污染防治管理体制。

2.1 日本环境管理体制

2.1.1 环境管理机构设置

日本的环境管理机构设置主要包括中央政府层面、地方政府层面和延伸体系。

（1）中央政府层面

1963年以前，日本的环境管理工作基本未提上日程，部分环境保护工作由内阁各省分头管理。1964年在原生省环境卫生局设置公害课和“公害对策推进联络会议”，1965年在国会内设置了“产业公害特别委员会”，1970年成立了由首相直接领导的“中央公害对策本部”。由于这些机构职能较为分散，难以形成统一的集中管理，环境保护综合性政策措施往往无法推行。于是在1971年7月，日本正式成立了环境厅，2001年1月6日又将环境厅升格为环境省，属总理直属机构。

1）环境省的任务和职能

1999年7月16日签发的《环境省设置法》规定了环境省所管辖的业务。其主要职责是保护地球环境、防治公害、保护和整治自然环境等。除此之外，环境省还与其他省一同管理某些领域的事务，如促进废物循环利用、防止海洋污染、化学品生产和检验条例、环境辐射的监测、污水处理、河流和湖泊保护、森林和绿地保护等。

2）环境省的组织形式

环境省采用四局一官房体制，包括：环境政策局——负责政府环境、全球环境局——负责全球环境问题、环境管理局——负责公害问题、自然环境局——负责自然和动物保护、大臣官房。环境省还设置了两部一署：废弃物/循环再利用对策部——负责废弃物管理/循环再利用、环境保健部——负责公害受害者救助与化学物质对策，水环境司——保护水/土壤环境。近年环境省还增设了一些科室，主要包括气候变化政策科、环境与经济科、工业废物管理科以及循环促进办公室等。

3）其他环境行政管理关联部门

日本中央政府负责环境政策的制定和相关计划的推进，具体工作则由各相关省负责，主要包括环境省、经济产业省、国土交通省、农林水产省等。环境省是最主要的环境行政管理部门，负责制定综合性的环境政策和管理制度；经济产业省主要负责制定有效利用资源、振兴产业、推动循环型社会建设相关政策和行政管理；国土交通省主要负责制定与国土、交通运输、物流相关的环境政策与行政管理；农林水产省主要是负责环保型农业和畜产环境相关政策与行政管理。各省的管理职责也有交叉及联合，例如废旧家电再生利用法的执行由环境省和经济产业省共同推进。其他相关的部门还包括文部科学省、厚生劳动省、外务省等，详见表 2-1。

表 2-1　日本省级行政部门环境行政职能

省别	与环境保护相关的行政职能
环境省	综合环境政策（环境会计、环境报告书、环保购入、PRTR 等）
	地球环境/国际环境协助
	废弃物/再循环对策
	大气环境/汽车对策
经济产业省	地球环境对策
	3R 政策
	环境事务振兴
	化学物质管理政策

省别	与环境保护相关的行政职能
国土交通省	国土交通省环境行动计划
	国土交通省环境政策的基本方向
	运输部门的环境对策
	国土与环境策划委员会
	低公害车的开发、普及（汽车税环境化的配合等）
农林水产省	物流政策
	环保型农业对策室
	畜产环境对策情报
文部科学省	人类、自然与地球共生项目；综合地球观测和监视系统；南极地区观测事业
厚生劳动省	食品药品等风险分析研究（化学物质风险研究）
外务省	对外环境援助

（2）地方政府层面

日本地方政府在环境污染防治方面发挥了非常重要的作用。一方面，地方政府及其环境保护部门的工作大多都走在中央政府的前面，例如环境管理制度的创新等；另一方面，地方政府所制定的环境标准大都严于中央政府。

日本在地方政府层面也设立了相应的环保机构，但地方环境管理机构与环境省之间是相互独立的，它只对当地政府负责，这表明地方环境污染问题不仅是地方环境管理机构更是地方政府的主要职责。总体来看，日本是以地方为主导的、自觉自主型的环境管理体制。

1）地方环境主管部门

地方环境管理机构一般与生活保健业务合并为生活环境部，也有单设为环境部或局的。地方环保部门的主要职责是负责环境质量监测，污染成因诊断，制定地方环境工作的目标和对策，指导污染源的污染防控工作以及新建项目的环保审查、技术指导。环境管理机构中，再根据不同的业务需要设置若干课（相当于中国的处），主要包括环境政策课、自然保护课、大气保全课等。

2）有关环境审议和咨询部门

各地方政府大都根据本地区的情况设置各种环境审议和咨询部门，如环境审议会、公害审查会、自然环境保护审议会、环境影响评价审议会、景观保护审议会、公园审议会、大气污染受害者的认定审查会等，地方政府在作出决策时必须参考这些机构提出的相关意见。审议会还定期召开各种听政会议（特别是在某项政策出台之前），各类团体及市民等可以参加并发表意见和建议。这些环境审议会为政策的科学制定和实施发挥了重要的沟通、协调、决策和支持作用，也成为政府与民间的桥梁和纽带。

3）环境科学研究机构

日本地方政府通常还设置环境科学研究中心、所或类似的研究单位，为地方政府的环保工作提供科学支撑和技术保障。这些研究单位的工作人员属于国家公职人员，相关预算全部来自地方政府。

4）派出行政机构

此外，日本地方政府还会按需设置一些环保派出机构，具体负责某一类业务，这与地方环保管理机构有所不同。

（3）延伸体系

日本环境管理机构还包括一些延伸体系，例如相关的财团、法人、社团等非营利性机构。这些机构通过开展国民环境教育、信息沟通、调查研究等工作，大力协助行政管理部门的环境管理工作。必要的时候，这些机构还为企业提供技术援助和行业协调管理等，成为环境行政管理体系不可或缺的补充。

2.1.2　环境管理政策框架

日本的环境管理政策框架主要包含法律政策、行政政策、经济政策和其他管理手段，见图2-1。

2.2　日本水环境重金属污染防治管理体系

2.2.1　水环境污染防治法律法规

2.2.1.1　法规体系

日本对水污染防治立法较早。1958年，制定了《保全公共水域水质法》和《工业污水限制法》；1970年12月25日，将上述两部法律合并为《水质污染防止法》（法律第138号）。其后又陆续颁布了该法的附属法：《水质污染防止法施行令》《水质污染防止法实施细则》《规定排水标准的总理府令》《关于水质污染的环境标准》和《公共水域有关水质污染的环境标准的水域类型的指定》；另外还颁布了

2 部特别法：《濑户内海环境保全临时措施法》和《湖沼水质保全特别措施法》；此外，还有《环境基本法》《下水道法》《农用地土壤污染防止法》《公害健康被害补偿法》《公害纠纷处理法》《公害防止事业团法》和《关于特定工厂整备防止公害组织法》等相关法律。至此，日本形成了较为完备的水污染防治法律体系。

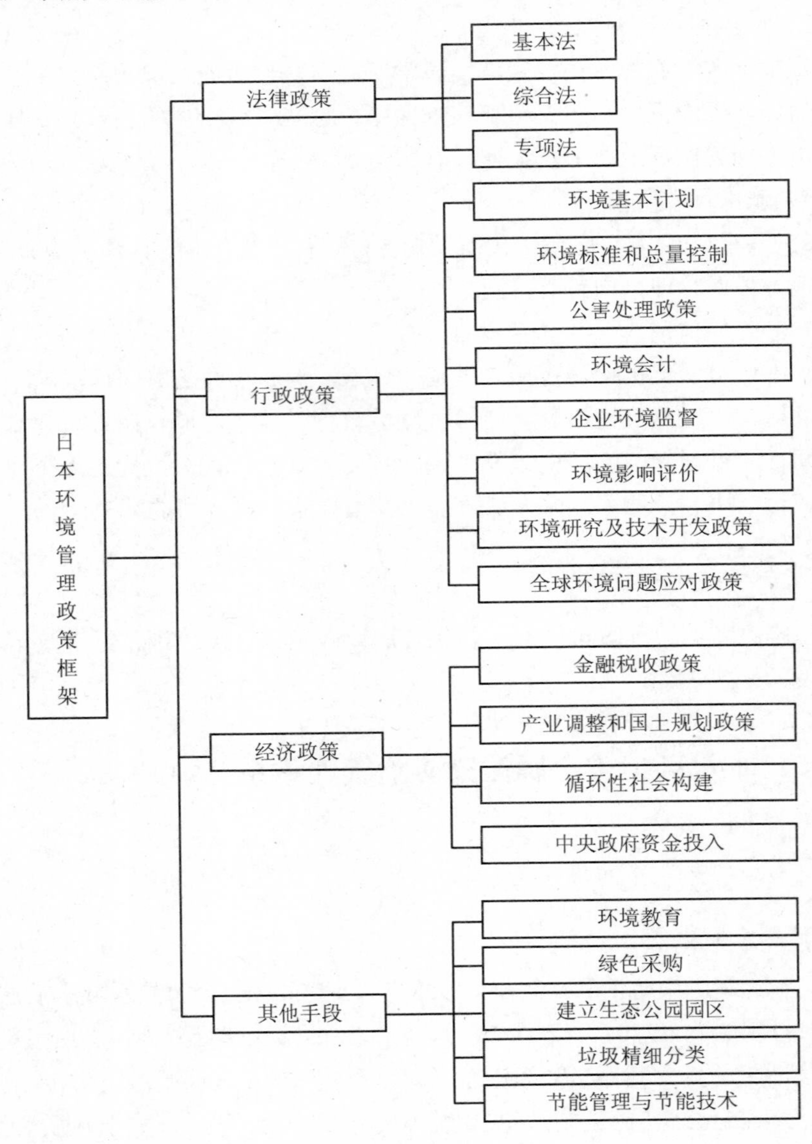

图 2-1　日本环境管理政策框架

这些法规对水污染防治的策略主要包含限制和监管企业排污、实施环境质量标准和排放标准、实施总量控制政策、控制生活污水排放、制定特殊水环境措施等。

2.2.1.2　《水质污染防止法》的主要内容

（1）立法目的

该法第 1 条指明了立法目的是:“通过控制工厂或企业向公共水域的废水排放和向地下渗水的同时，推进生活污水对策，谋求防止公共水域和地下水的水质污染，以便在保护国民健康的同时，保护生活环境，并对工厂或企业排放的废水和废液对人体健康造成危害时企业者应负的损害赔偿责任作出规定，以保护受害人的利益”。

（2）定义

第 2 条阐明了相关词条的内涵。该法所称“公共水域”，是指河流、湖泊、港湾、沿海海域及其他供公共使用的水域和与此相连接的公共沟渠、灌溉水渠及其他供公共使用的水渠；所称的“特定设施”是指以政令规定排放的含镉及其他对人体健康产生危害的物质或化学需氧量及其他水质污染项目的废水或废液的设施；所称“外排水”是指从设置有特定设施（包括指定地区特定设施）的企业向公共水域排放的水；所称“特定地下渗水”是指使用有害物质的特定设施的特定企业向地下渗透的水中，含有与使用有害物质的特定设施有关的废水等（包括处理过的废水等）；所称“生活污染”，是指炊事、洗涤、沐浴等，伴随人的生活而向公共水域排放的污水（外排水除外）。

（3）对外排水的控制

该法第 3 条、第 4 条对外排水制定了排放标准。都、道、府、县知事如果认为出现统一的排放标准不能充分保护人体健康或生活环境的地区时，则可以制定出适当的、比同款排放标准中规定的容许限度更为严格的排放标准，以代替同款的排放标准。在制定标准时，应预先通知环境厅长官和有关都、道、府、县知事。此外，在特定情况下，环境厅长官也可劝告都、道、府、县制定排放标准，或者变更依同款规定制定的排放标准。

第 4 条针对规定了施行废水排放标准仍不能达到质量标准的水域，规定了总量控制政策的基本方针、削减计划和总量控制标准。内阁总理大臣可以政令指定水域地区制定相关项目的污染负荷总量削减基本方针，包括削减目标、年度目标及其他有关污染负荷量的总量削减的基本事项。都、道、府、县知事还应根据要求制定总量控制标准，应对每个指定地区内企业排放的外排水污染负荷量规定容许限度，在发布、变更或废止时都应发布公告。

（4）特定设施设置的申报及变更

第 5 条至第 11 条规定了特定设施的申报及变更政策。向公共水域排放废水的企业，在需要设置特定设施时，应按照总理府令的规定，就企业信息、特定设施的种类、构造、使用方法、废水处理方法、外排水污染状态等向都、道、府、县知事申报。使用含有有害物质的特定设施排放的废水向地下渗水的企业，在需要设置使用有害物质的特定设施时，必须按照总理府令的规定，向都、道、府、县知事申报企业信息、使用有害物质特定设施的种类、构造、使用方法、废水等的处理方法、地下渗水的渗透方法等事项。当一种设施成为特定设施仍向外排水或向特定地下渗水的，应自该设施成为特定设施之日起 30 天内，按照总理府令的规定，向都、道、府、县知事申报上述事项。

企业在需要变更某些条款所列事项时，应按照总理府令的规定，向都、道、府、县知事申报其意旨。都、道、府、县知事如果认为企业外排水的污染状态不符合有关排放标准，可以命令该申报企业自申报受理之日起 60 天以内，变更与其申报有关的特定设施的构造、使用方法、废水等的处理方法的计划，或废止有关特定设施设置计划。如外排水的污染负荷量不符合总量控制标准，都、道、府、县知事还应命令该企业改善其废水或废液的处理方法，并采取其他必要措施。该法还规定了申报企业的姓名变更、继承等事项。

该法第 12 条至第 14 条规定了外排水的相关控制条款。企业不得排放其污染状态在该特定企业的排水口不符合排放标准的外排水。指定地区内企业的设置者应遵守有关该指定地区内企业的总量控制标准。

都、道、府、县知事认为特定企业的排水口有可能排放不符合标准的外排水时，即可命令该企业限期改善特定设施的构造、特定设施的使用方法，或者临时停止其外排水的排放。都、道、府、县知事认为在特定企业，因含有害物质的水向地下渗透，并对人体健康已造成危害或者有潜在的危害时，可以根据总理府令的规定，命令该企业限期采取措施，以保护地下水质不受污染。

指定地区以外的企业向指定地区公共水域排放废水、废液致使污染负荷量增加时，都、道、府、县知事可对该企业进行必要的指导、建议和劝告，以完成总量削减计划。排放外排水或者向地下渗水的企业，应按照总理府令的规定，对该外排水或地下渗水的污染状态进行测定并记录其结果。

特定企业向公共水域排放或向地下渗透导致人体健康危害或生活环境污染时，特定企业必须立即采取应急措施，同时要向都、道、府、县知事报告该事故及所采取的措施，除特定企业外设置有贮油等设施的企业发生类似情况时亦应采取同样的处置措施。若都、道、府、县知事认为特定企业的设置人或贮油企业的设置人未采取应急措施时，可责令其按规定采取措施。

（5）生活污水对策

第 14·4 至 14·10 条规定了国家和地方公共团体以及国民对生活污水处理对策的推进职责。第 14·4 条规定为防止因排放生活污水引起公共水域水体污染，市、镇、村（包括特别区）应努力完善生活污水处理对策及相关处理设施。都、道、府、县应努力在广大地区内实施与生活污水对策有关的措施，综合调整市、镇、村所实行的有关生活污水对策的措施。国家应当在普及生活污水引起公共水域水体污染知识的同时，还要努力为推进地方公共团体所实施的有关生活污水对策的措施推进提供技术上和财政上的援助。

第 14·5 条规定了国民的责任。为了保护公共水域的水体，任何人都要提高对烹饪废渣、废食用油的处理和洗涤剂污染环境的意识，同时应协助国家或地方公共团体实施生活污水对策。

第 14·6 条规定排放生活污水的人除了应按照《下水道法》及其他法律规定采取有关生活污水的处理措施外，还应努力完善相关污染设施以降低对公共水域水体的污染负荷。

第 14·7 条规定了生活污水对策重点地区。都、道、府、县知事为防止生活污水引起公共水域污染，对目前不能确保水体环境标准或者明显不能确保的公共水域，以及正在恶化或有恶化危险的特别重要的公共水域，应在与该公共水域水体污染有关的都、道、府、县区域内指定为生活污水对策重点地区；如果生活污水对策重点地区有关的公共水域需流经其他都、府、县时，都、府、县知事应将其要指定的情况通知其他都、府、县知事。在指定生活污水对策重点地区后，应公布其内容，并通知该区域内的市、镇、村。

第 14·8 条规定推进生活污水对策的市、镇、村，应制定相关的实施计划，主要包括基本方针、配备生活污水处理设施的事项、推进生活污水对策开发的事项等。在制定上述实施计划时，应预先通知指定该生活污水对策重点地区的都、道、府、县知事，谋求同本生活污水对策重点地区内的其他推进生活污水对策市、镇、村的合作，并听取其建议和意见。

（6）水体污染监测

第 15 条至第 18 条规定了对公共水域和地下水的监测事宜。都、道、府、县知事每年都应同国家的地方行政机关长官协商，制订所属的公共水域和该地区所有地下水质的常规测定计划，对需要测定的事项、测定的地点和方法及其他必要事项作出规定。国家和地方公共团体按照计划实施公共水域和地下水的水质测定时，应将测定结果寄送至都、道、府、县知事。并应公布该都、道、府、县区域所属公共水域和该区域所有的地下水的水质污染状况。

（7）损害赔偿

第 19 条规定，企业排放含有有害物质的废水或废液，或者向地下渗水而危害了人体健康时，与该排放或向地下渗水有关的企业者，应承担由此而引起的损害赔偿责任。

（8）细则

《水质污染防止法》还规定了都、道、府、县环境审议会的调查审议、报告和检查、不适用该法的情况、地方公共团体的长官须提供必要的资料和说明、国家的援助（努力保证特定企业设置或改善废水等处理设施所需要的资金，包括对中小企业者的照顾）、国家努力推进科研成果（废水处理技术的研究、废水等给人体健康或生活环境的影响研究及其他有关防止公共水域和地下水水质污染的研究）、过渡措施、事务的委托、同条例的关系等相关细则。

（9）罚则

该法对违法行为规定了罚金和徒刑的处罚方式，还规定了法人的代表人、法人或自然人的代理人、相关设施的使用人及其他工作人员实施了与其法人或自然人的业务有关的违法行为时，除处罚行为人外，还应对法人或自然人进行处罚。

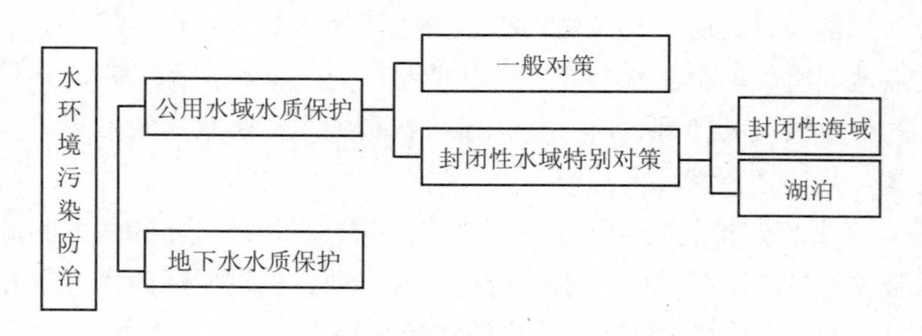

图 2-2 日本水环境污染防治管理体系

2.2.2 日本水环境重金属污染防治相关标准

2.2.2.1 水环境质量标准

根据《环境基本法》第 16 条，日本环境厅于 1971 年 12 月 28 日公布了水环境质量标准——《关于水质污染的环境质量标准》，并于 2009 年 11 月 3 日最新修订（环境省告示 78 号）。该标准按项目大致分为重金属类、挥发性有机化合物类、农药类（杀虫剂、除草剂等）、持久性有机污染物等。按保护对象分为保护人体健康的环境标准（以下简称“健康项目”）和保护生活环境的环境标准（以下简称“生活环境项目”）。

为保护人类健康，该质量标准中的健康项目是通过法律法规确定的监测项目，属于国家严格控制并必须达标；而生活环境项目尽管也属于国家质量标准范围，但允许通过相关措施的实施，逐步治理和防范。

健康项目公共水域或地下水各类指标限值的规定都是统一的（除镉以外）；生活环境项目则按照不同水域类型（河流、湖泊、海域）分别设定标准值。健康项目中规定了 6 个重金属指标限值；生活环境项目中仅对河、湖、海洋的总锌浓度限值进行了规定。

表 2-2 日本水环境质量重金属相关标准

<table>
<tr><td rowspan="2">指标类别</td><td rowspan="2">重金属指标</td><td colspan="4">允许限值/（mg/L）</td></tr>
<tr><td colspan="2">地表水</td><td colspan="2">地下水</td></tr>
<tr><td rowspan="6">健康项目</td><td>Cd</td><td colspan="2">≤0.01</td><td colspan="2">≤0.003</td></tr>
<tr><td>Pb</td><td colspan="2">≤0.01</td><td colspan="2">≤0.01</td></tr>
<tr><td>六价 Cr 化合物</td><td colspan="2">≤0.05</td><td colspan="2">≤0.05</td></tr>
<tr><td>As 及其化合物</td><td colspan="2">≤0.01</td><td colspan="2">≤0.01</td></tr>
<tr><td>总汞</td><td colspan="2">≤0.000 5</td><td colspan="2">≤0.000 5</td></tr>
<tr><td>烷基汞化合物</td><td colspan="2">未检出</td><td colspan="2">未检出</td></tr>
<tr><td rowspan="2">生活环境项目</td><td></td><td>河</td><td colspan="2">湖</td><td>海洋</td></tr>
<tr><td>总锌</td><td>≤0.03</td><td colspan="2">≤0.03</td><td>≤0.01～0.02</td></tr>
</table>

1993 年，日本还设定了必要监视项目，尽管这些项目并未直接成为环境标准，但因其具有监测的必要性，也被纳入国家监测体系的必测项目，监测频次可以少于质量标准项目。地表水包括公共水域必要监视项目和保护水生生物的必要监视项目（河流和湖泊）。其中，公共水域必要监视项目含 26 项指标，包括 4 种重金

属指标，保护水生生物的必要监视项目中不含重金属指标。地下水的必要监视项目和限值与公共水域相同。如表 2-3 所示。

表 2-3　日本公共水域和地下水重金属必要监视项目

水域类型	公共水域	地下水
镍	—	—
钼	≤0.07	≤0.07
锑	≤0.02	≤0.02
总锰	≤0.2	≤0.2
铀	≤0.002	≤0.002

2.2.2.2　统一排放标准

日本制定了全国统一的重金属排放标准，实施中则不分行业实行统一的排放标准（电镀行业除外）。相关标准包括常规污染物的直排污染源标准、不确定工业污染源间接排放限值、确定工业污染源直接和间接排放标准，其中常规污染物的直排标准和确定工业直接和间接排放标准对包括 Cu、Zn、Cr、Cd、Pb、Ni、Ag 的 7 种重金属作出了规制，明确了重金属的种类和相应的日排放允许最高限值和平均限值，如表 2-4 所示。

表 2-4　日本重金属废水排放相关标准

重金属	允许限值/（mg/L）							
	常规污染物直排污染源限值		确定工业直接和间接排放污染源排放限值					
			电镀企业日排放量＜38 000 L		电镀企业日排放量≥38 000 L			
					非贵金属		贵金属	
	最高值	日平均值	最高值	日平均值	最高值	日平均值	最高值	日平均值
Cu	3	—	—	—	4.5	2.7	4.5	2.7
Zn	2	—	—	—	4.2	2.6	4.2	2.6
Cr	2	—	—	—	0.5	—	0.5	—
Cd	—	—	0.1	—	0.1	—	0.1	—
Pb	—	—	0.1	—	0.1	—	0.1	—
Ni	—	—	—	—	4.1	2.6	4.1	2.6
Ag	—	—	—	—	—	—	1.2	0.7

2.2.2.3　地方标准

日本允许地方政府制定比同款排放标准规定的允许限值更为严格的排放标准，以充分保护人体健康或者生活环境。此外，对统一标准不适用的排放有害物质的非特定企事业单位，都、道、府、县乃至市、镇、村均可制定地方排放标准，且无须报日本环境厅备案。

2.2.2.4　监测标准

《水质污染防止法》规定，都、道、府、县知事及政令市长必须对公共水域及地下水的水质污染状况进行常规监测，环境厅给予必要的经费支持。其他国家机关和地方公共团体在进行水质测定后，也应将测定结果报送知事。监测的频率是：县际水域为每个水域 6 个监测点，每月一次以上，委托水域为每个水域 3 个监测点，每月一次以上。

日本还在公共水域的重点地区推进水质监测的自动化，强化公共水域水质常规性监测体系。截至 2002 年底，日本已在 125 个地点设置了水质自动监测仪器。2001 年底前，日本国土交通省也针对全国一级河流的主要水域，在 93 个水系 199 个地点设置了水质自动监测仪器。

表 2-5　日本公共水域重金属水质监测频率

水域类型	监测点个数	监测频率
县际水域	6	每月一次以上
委托水域	3	每月一次以上

废水污染源的监测（包括监测频率、采样点）也有相关规定。对常规直排污染源平均排放量大于 50 m^3/d 的，年监测频率高于 1 次，监测记录保留 3 年，必须设立水污染物公众投诉体系等；对于确定的工业污染源每季度必须监测一次，样品必须在废水和接受水体混合之前采集。同时，根据相关法规，为监测工厂或事业场执行排放标准的情况，要求工厂或事业场有必要的监测报告或调查。依照这些监测手段，都、道、府、县知事及政令市长，可向工厂或事业场提出改善命令或实施必要的行政措施。

2.2.3 日本水环境重金属污染管理的特点

（1）立法较为完备

日本以《环境基本法》为核心，水污染防止母法、附属法、特别法、相关法等相互补充，形成了较为完备的水环境污染防治立法体系。各法分工明确、责任清晰，针对性和操作性强，这是日本水环境重金属污染管理的重要保障。

（2）对重金属的控制主要基于保护人体健康的目的

水污染防治法的目的中明确表明“在保护国民健康的同时，保护生活环境”，水环境质量标准中也分别设置了保护健康项目和保护生活环境项目，其中健康项目中主要是重金属类指标，生活项目重金属指标较少。

（3）采用浓度控制和总量控制相结合的方式

日本主要采用浓度控制和总量控制相结合的方式控制污染物向水环境中排放，总量控制中包含有机物和营养盐指标，浓度标准中则含有重金属指标。

（4）注重对地下水的保护

由于土壤污染的问题逐渐突出，日本认识到了水污染与土壤污染的关联性，因此几经修改《水质污染防止法》，增加禁止含有有害物质的污水排入地下水，防止地下水及土壤污染。

2.3 日本大气重金属污染防治管理体系

2.3.1 日本大气环境污染防治法律法规

日本大气污染始于明治时期，“二战”之前的足尾、别子、日立和小坂四大矿山在其开发之初便出现了严重的矿毒和烟害问题。1955—1964 年，战后日本经济复苏，工业得到快速发展，这段时期大气主要污染问题是大量使用煤炭引起的黑烟排放、氧化炼铜法产生的含铜红烟以及石油企业排放的硫氧化物、碳氢化物、氮氧化物和飘尘等污染物，大气污染日趋严重。在居民和地方政府的要求下，日本于 1962 年颁布了《煤烟控制法》，但污染未得到根本遏制。1965—1974 年，能源需求继续加大，大气污染及其他环境问题持续严重，污染导致的健康损坏加剧，民间反污染的浪潮迭起。由此，1967 年日本又制定了《公害对策基本法》，并于 1993 年改名为《环境基本法》。

为进一步完善大气污染防治法体系，1968 年日本将《煤烟控制法》修订为《大气污染防治法》，并于 1970 年进行首次修订，从污染预防的观点实施污染防治，确定了排放标准的合理设定；1974 年修订引入了总量控制策略，1990 年扩充了环境影响评价的内容；2000 年 4 月 29 日的修订规定了大气污染总量控制制度；其后又分别在 2004 年 4 月 29 日和 2006 年 2 月 10 日做了修订。几经修订完善后的《大气污染防治法》主要规定了大气污染物质定义、设施定义、污染物排放标准、总量控制、污染物监测及公布、健康损害赔偿等内容。

除《大气污染防治法》外，基于固定源污染防治、移动源污染防治、恶臭防治、气候变化对策和损害赔偿等管理事项，分别体现在其他法律法规中，如机动车尾气氮氧化物和颗粒物污染控制体现在《特定地域机动车尾气排放的氮氧化物及颗粒物总量控制特别措施法》（亦称《机动车 NO_x·PM 法》中，船舶排放气体的控制则体现在《海洋污染等及海上灾害污染防治法》。

从总体的架构设置上来看，日本大气污染防治立法体系是以《环境基本法》为依据，《大气污染防治法》为核心，自上而下形成了基本法和空气污染防治单行法两个层次的法律法规体系。《环境基本法》处于法规体系的塔尖位置，其余各法之间相互联系、相互补充、相互制约。

从污染物控制对象上来看，20 世纪 70 年代前主要为二氧化硫和粉尘；70 年代后增加了重金属等有害大气污染物质。《大气污染防治法》将固定源大气污染物分为 5 类，即烟气（含 Pb 和 Cd）、挥发性有机物（VOC）、粉尘、特定物质（28 种）和有害大气污染物（248 种，其中优先污染物 23 种）。有害大气污染物中包括的重金属有镉、铅、汞、砷等，如图 2-3 所示。

2.3.2　日本大气环境重金属污染防治措施

2.3.2.1　申报审查制度

日本《大气污染防治法》中设立了申报和审查的程序及内容，申报审查制度分为事前申报审查和排放申报审查两种。

事前申报审查是指新建、改建可能排放大气污染物设施的企事业单位，在建设前必须事先向都、道、府、县知事进行“设置申报”，需要申报的内容包括：相关设施的构造、型号、操作方法以及可能排放的大气污染物种类、数量、浓度、处理方法等。都、道、府、县知事受理申报后须在 60 日内对相关内容进行审查（必要时可进行现场调查），并作出审查决定——批准、改善或否决。对于不符合大气污染物排放标准的可以命令申报者变更或废止设施的构造、使用方法或污染物处理方法；未经审查批准，不得建设；对不申报就实施建设的，处以 3 个月以下惩役或 5 万日元以下罚金。

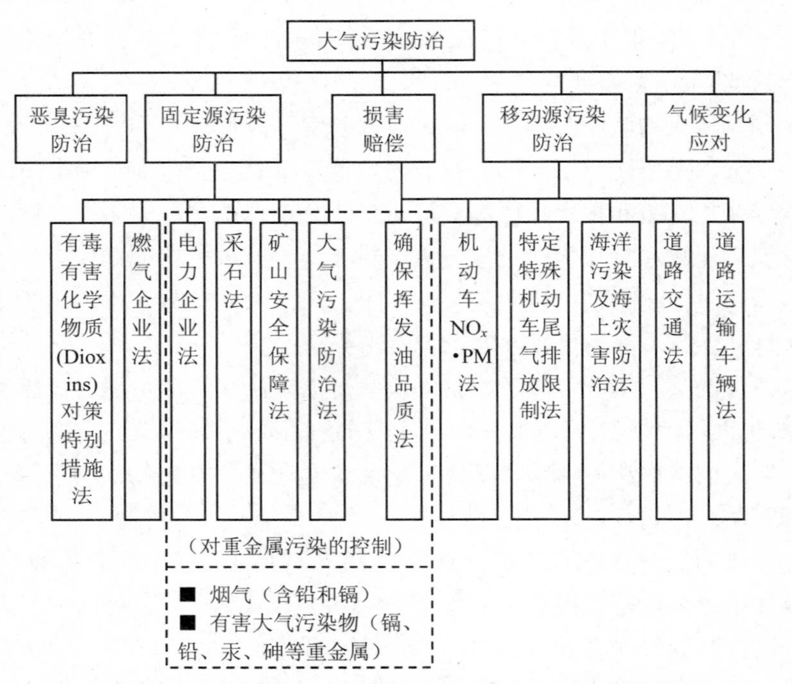

图 2-3 日本大气环境污染防治（含重金属）主要法规体系

排放申报审查是指排放大气污染物的企事业单位，必须对污染物的数量和浓度进行监测，并向都、道、府、县知事申报排放数量和浓度、监测方法、时间、监测记录、污染物处理设施及方法等。都、道、府、县知事必须对申报内容进行审查（必要时可进行现场检查）。如认定申报内容超过审查标准（相关排放标准），地方知事将对申报者作出相应的处罚，同时还可令其在规定期限内进行整改，主要包括设施改造、操作方法的完善、污染物处理方法的改善等，必要时甚至可令其停用相关设施（包括临时停用）。此外，对不申报或申报时弄虚作假的，《大气污染防治法》也规定了相关的处罚条例。

2.3.2.2 排放浓度和总量控制

上述审查制度中采用的标准是大气污染物排放标准，包括浓度标准和总量标准。在排放设施密集、尽管满足排放浓度标准但仍会造成严重污染的区域，实施总量控制标准。总量控制区控制的污染物除含硫氧化物、氮氧化物外，还有烟尘、特定有害物质及机动车废气，这些指标物质中含有重金属。

大气污染总量控制分为排放口总量控制和区域总量控制，具体区别见表 2-6。

表 2-6　日本大气污染总量控制

控制	排放口总量控制	区域总量控制
控制基础	最高允许排放总量和浓度	污染物排放总量的最低削减量
控制要求	不超标	确定污染物排放总量、确定总量削减计划、向各排放者分配排放总量和削减总量额度等，以实现削减污染物排放达标
控制范围	在全国实行，不受所在区域限制	区域范围

2.3.2.3　特别控制区域制度

日本《大气污染防治法》规定，根据大气污染严重程度划定特别控制区域（公害发生设施密集区域），对该区域实行比一般排放标准更严格的特别排放标准，并实施总量控制。主要针对的污染物是二氧化硫和氮氧化物，在一部分区域则实行更为严格的粉尘和其他有害气体排放标准，粉尘和有害气体中可能含有重金属。

2.3.2.4　排放限制措施

相关法规还规定了一些排放限制措施，主要包括设施限制、技术限制、工艺限制、产品限制、燃料限制、区位限制和供水限制等。

设施限制是指对生产设施和污染物处理设施的建设及使用等进行限制。《环境基本法》中还规定了对产品、技术、工艺要进行环境影响评价，体现了从产品开发阶段就开始实行污染控制的理念。在管制措施中，强化了责令停止污染行为、责令改善或改进生产经营设施、变更生产经营方法、缩短生产经营时间、禁止全部或部分生产经营活动等行政强制措施。燃料限制包括对燃料种类、使用方式、品质标准、使用时间、使用区域的限制措施，并采取了责令主动采取污染防治措施的行政强制措施。区位限制是限制在环境敏感点如学校、医院周围设置污染源，并扩展到广域的基于土地利用的区域限制。供水限制是指对于拒不履行污染防治义务或不服从强制命令、不采取污染防治措施或继续进行违法、违章活动的企业，除了司法和行政措施外，环境保护部门可以要求供水部门或单位停止对违法违章企业供给工业用水。

2.3.2.5 机动车污染防治

日本机动车污染防治主要采用构造限制、燃料限制和运行限制等管制措施。对重金属的管制是通过燃料限制来实现的。四乙烯铅汽油曾在日本市场上广泛使用，1965 年通产省的工业结构审议会下设了汽车污染对策分委员会，并发布通告从 1970 年 1 月开始加强对汽车汽油加铅量的控制，在日本工业标准中将加铅量的最大限值从 0.8 mL/L 降为 0.3 mL/L。1974 年通产省正式确定汽油无铅化对策，1975 开始生产无铅汽油，1977 年开始生产适合无铅汽油的车辆，并解决了阀座衰退问题。1987 年实现了高级汽油的无铅化。

2.3.2.6 健康损害赔偿

日本历史上发生了一系列的大气污染诉讼和判决事件，虽然大多是硫化物和氮氧化物引起的哮喘、支气管炎等呼吸系统疾病，但这些诉讼事件促使政府颁布了一系列更加严格的环境法规，并建立起了完善的健康损害赔偿制度，这对于大气重金属污染防治起到了重要作用。

2.3.3 日本大气环境重金属污染防治相关标准

2.3.3.1 空气质量标准

日本大气环境质量标准中包括传统大气污染物质（SO_2、NO_2、CO、悬浮颗粒物和光化学氧化物）、有害污染物质（苯、三氯乙烯、四氯乙烯、二氯甲烷）、有毒有害化学物质（Dioxins）和 $PM_{2.5}$，没有制定专门的关于重金属的环境质量标准。但由于悬浮颗粒物和 $PM_{2.5}$ 是重金属污染物的载体，对这些指标的控制在一定程度上也起到了对重金属的简介控制。

2.3.3.2 监测指针值及监测指标

日本大气污染防治法指定了 248 种空气中的有害污染物，其中对 3 种重金属及其化合物设定了指针值，汞及其化合物指针值为≤40 ng/m^3，镍及其化合物为≤25 ng/m^3，砷及其化合物为≤6 ng/m^3。

除此之外，虽有 9 项有害污染物未制定标准限值，但已开展常规监测，其中的重金属包含：铬及三价铬化合物、锰及其化合物等。

2.3.3.3 排放标准

日本对移动排放源和固定源均制定了严格的排放标准。和重金属相关的排放标准，主要集中在固定源。

固定源大气污染物分为 5 类，即烟气、挥发性有机物、粉尘、特定物质（28 种）和有害大气污染物（248 种，其中优控污染物 23 种）。其中，产生重金属排放的主要为烟气和有害大气污染物这两类。

（1）烟气中的重金属

对于烟气，主要控制二氧化硫、烟尘及有害物质三类物质。有害物质中的重金属排放标准是按污染物种类及设备种类来制定，例如：对于生产玻璃的烧成炉、熔融炉，铅及其化合物的排放标准为 20 mg/m^3，对于提炼铜、铅、锌的烧结炉、熔矿炉，其标准则为 30 mg/m^3。

（2）粉尘中的重金属

普通粉尘主要来源于矿石、土砂等的粉碎、筛选及其他机械处理或堆积，对普通粉尘的控制标准不是浓度限值，而是对设施的结构、使用、管理、集尘设备、防尘罩和洒水等设定标准。对可能含有重金属的矿石粉尘的控制也间接地控制了重金属的污染。

（3）有害大气污染物中的重金属

日本 23 种优先控制污染物中的重金属包括：铬和三价铬化合物、六价铬化合物、汞及其化合物、镍化合物、砷及其化合物。大气污染防治法要求对有害大气污染物必须采取有效措施；规定国家需要充实科学知识，公示健康风险评估；地方需要掌握污染状况并提供信息；企业需要掌握排污状况并控制排污；国民努力控制排污等。

工厂和作业场所等固定源排放的大气污染物控制要求见表 2-7。

表 2-7　工厂和作业场所固定源排放重金属污染物控制要求

项目	物质名称	主要发生源	控制要求
烟气（有害物质）	镉及镉的化合物	铜、锌、铅炼制设施等的燃烧、化学处理	对应设施的排放标准：1.0 mg/m^3
	铅及铅的化合物	铜、锌、铅精炼设施等的燃烧、化学处理	对应设施的排放标准：10～30 mg/m^3
有害大气污染物	248 种物质，其中含有 23 种优先污染物，包括砷、汞等重金属		企业和国民自愿参与排污控制，加强国家科学知识积累，并掌握当地污染状况等

除了焚烧炉和铬电镀以及铬阴极电镀箱有相应的重金属排放标准规制（见表 2-8）以外，日本不按行业排污特点制定各行业污染物重金属排放标准。对于固定

源排放，采用的基本方法有 3 种：浓度控制法、*K* 值控制法和总量控制法。用于控制大气重金属排放的方法主要采用浓度控制法和总量控制法两种。

表 2-8 商用工业固废焚烧炉和市政废物焚烧单元的排放标准

污染物	排放标准				
焚烧炉类型	现有的 MWC 单元		新建或改建 MWC 单元		CISWI 单元
额定容量	35～250 t/d	＞250 t/d	35～250 t/d	＞250 t/d	所有单元
Cd	0.10 mg/m^3（干标准态）	0.040 mg/m^3（干标准态）	0.020 mg/m^3（干标准态）		0.004 mg/m^3（干标准态）
Pb	1.6 mg/m^3（干标准态）	0.44 mg/m^3（干标准态）	0.20 mg/m^3（干标准态）		0.04 mg/m^3（干标准态）
Hg	85%削减或 0.080 mg/m^3（干标准态）		85%削减或 0.080 mg/m^3（干标准态）		0.47 mg/m^3（干标准态）

表 2-9 铬电镀和铬阴极电镀箱的排放标准

分类	标准
选项 1	通风设备废气排放限值为 0.015 mg/m^3（干标准态）
选项 2	通过施用化学箱添加剂来防止电镀或阴极浴的表面张力超过 45 达因[1]/cm（采用滴重计）或 35 达因/（采用张力计）
选项 3	仅适用于配盖或者通风率为无盖箱的一半或者低于相同表面积的开盖箱的硬铬电镀箱，采用公式计算 铬的排放限值：NAMER=ETSA×*K*×0.015 mg/m^3（干标准态），其中：NAMER=硬铬电镀箱的可选择排放率（mg/h）；ETSA=硬铬电镀箱的表面积（ft^2）[2]；*K*=转换因子，425 m^3（干标准态）/（ft^2 • h）。

2.3.4 日本大气环境重金属污染防治管理的特点

（1）大气污染防治立法体系完备，法规可操作性强

日本大气污染防治立法完善，并且随着对环境保护认识的逐渐深入，立法也从最初的保护大气环境的单项法（如《大气污染防治法》《指定区域机动车排放氮氧化物总量控制特别措施法》《道路交通法》和《道路运输车辆法》《确保挥发油品质法》等）向保护整体环境的理念转变（如《保护生物多样性基本法》《促进形成循

① 1 达因（dyne）=10^{-5}N。
② ft^2（平方英尺）=0.929 03 m^2。

环型社会基本法》），从而形成了自上而下、自内及外的立体交联立法体系。法律及其实施的细则、命令及规范等内容详细，规定明确，可操作性强，执行力度到位。

（2）对大气重金属污染的防治以排放标准控制为主要措施

对大气重金属污染防治控制主要体现在对固定源的排放和机动车无铅燃料的限制上。日本大气环境质量标准中没有设定专门的重金属指标，但是有悬浮颗粒物和 $PM_{2.5}$ 的空气质量标准，它们是重金属污染物的载体，限制这些指标一定程度上也是对重金属的间接控制。

总量控制政策主要针对硫氧化物、氮氧化物、烟尘、特定有害物质和机动车尾气，未对重金属指标做明确规定，但是对烟尘的控制实际上也起到了对重金属污染物的控制。

同时还设立了大气污染严重区域制度（公害发生设施密集区域），对该区域实行比一般排放标准更严格的特别排放标准。

（3）以法律的形式确立了公众参与制度

日本的大气污染防治法体系中体现了较强的民主原则。居民有权利要求环境保护部门对污染源进行调查、对可能造成环境破坏的项目或污染源实行限制、设立由居民代表组成的公害监督委员会等。同时还规定了相关调查结果或信息的公开制度，体现了立法过程中“公布周知”的意识。

2.4　日本土壤重金属污染防治管理体系

2.4.1　日本土壤污染防治法律法规

（1）立法过程

日本是世界上最早发生土壤污染的国家，其土壤污染防治方面的立法也是在一系列健康安全事件的推动下逐步建立起来的。早在 1877 年，日本栃木县足尾铜矿的废水、废气、废渣大量排入环境，造成了河流和土壤污染。从 1931—1972 年，日本又陆续发生了由镉（Cd）中毒引起的骨痛病事件；1968 年 5 月卫生部公布富山省骨痛病是由三井金属神岗矿业所排出的镉所致，1970 年 7 月卫生部发布了镉在糙米中的浓度为 1 ppm 是否对人体有害仍不能判断，同期农林部部长发表了关于考虑到大米的供求和消费者的不安，米中镉浓度在 0.4 ppm 以上至 1ppm 时不销售的谈话，并发布了镉在糙米中的浓度为 1 ppm（精米 0.9 ppm）为食品卫生标准（修订后改为 0.4 ppm）。1968 年开始了民事诉讼，1971 年审判原告胜诉。由此，农业用地土壤污染问题引起了社会各方面的关注。为了防止农用地土壤污染影响居民身体健康，1970 年日本国会在《公害对策基本法》中将“土壤污染”追加为典型公害之一，并颁布了《农用地土壤污染防止法》。该法以农用地为保护对象，将镉、铜、砷三个元素指定为特定有害物质，范围仅限于表层土壤。此后，日本又制定了一系列环境标准和法律法规，有效地遏制了农用地的土壤污染。

1971 年日本国家试验研究机关迁址土壤污染事件和 1975 年东京都江东区六价铬污染事件的发生，使城市用地的土壤环境安全问题凸显出来。资料显示，1974 年到 2003 年，累计查明的土壤污染物超标事例已经达到了 1 458 件，其中 2003 年查明的污染物超标事例达 349 件，248 件属于重金属超标，占总数的 74.1%（该调查不包括农业土壤污染事例和二噁英等污染事例）。因此，加强城市区域土壤污染防治势在必行，制定及修改相关法律法规的步伐也逐渐加快。1986 年颁布了《市街地土壤污染暂定对策方针》；1989 年修改了《水质污染防止法》，增加了对特定地下渗透水的禁止性规定；1999 年再次在《水质污染防止法》中增加了地下水净化措施方面的内容。1991 年制定了《土壤污染环境标准》，其后又几经修改。为进一步加强土壤和地下水污染调查和预防，1999 年，环境厅制定了《关于土壤地下水污染调查 对策方针》。为了弥补市区土壤污染防治的立法缺陷，日本开始考虑制定专门的土壤防治法，于 2002 年制定了主要适用于城市土壤污染的《土壤污染对策法》，并于 2003 年正式发布。随后为贯彻该法的实施，于 2003 年又颁布了《土壤污染对策法施行令》和《土壤污染对策法施行规则》，作为《土壤污染对策法》的配套实施法规。日本土壤与地下水污染防治的法规及标准制定情况见表 2-10。

表 2-10 日本土壤与地下水污染防治的法规及标准

年份	名称
1970	颁布《农用地土壤污染防止法》，并于 1971 年、1978 年、1993 年、1999 年和 2011 年进行修订
1986	制定《市街地土壤污染暂行对策方针》
1989	修改《水质污染防治法》，追加规定防止排水向地下渗透
1991	制定《土壤污染环境标准》，包含镉等 10 项指标
1994	修订《土壤污染环境标准》，增加 VOC、农药等 15 项指标
1996	修订《水质污染防治法》，创立设定净化地下水措施命令制度

年份	名称
1997	制定《地下水质量标准》
1999	制定《关于土壤·地下水污染调查·对策方针》
2001	修订《土壤污染环境标准》，增加氟和硼 2 项指标
2002	颁布《土壤污染对策法》（2011 年进行了修订）
2003	颁布《土壤污染对策法施行令》《土壤污染对策法施行规则》
2010	《土壤污染对策法》部分内容修订后实施

（2）法规体系

日本土壤污染防治立法由两部分组成（见图 2-4），一部分是专门性的立法，包括《农用地土壤污染防止法》（1970）、《土壤污染对策法》（2002）以及和土壤污染防治相关的对策方针（包括《市街地土壤污染暂定对策方针》（1986）、《与重金属有关的土壤污染调查对策方针》《关于土壤地下水污染调查对策方针》（1999）等）。另一部分是与土壤污染防治相关的外围立法，包括《大气污染防止法》《水质污浊防止法》《废弃物处理法》等。专门性法规侧重于污染土壤与地下水的整治，而外围立法则兼顾了污染土壤与地下水的预防。

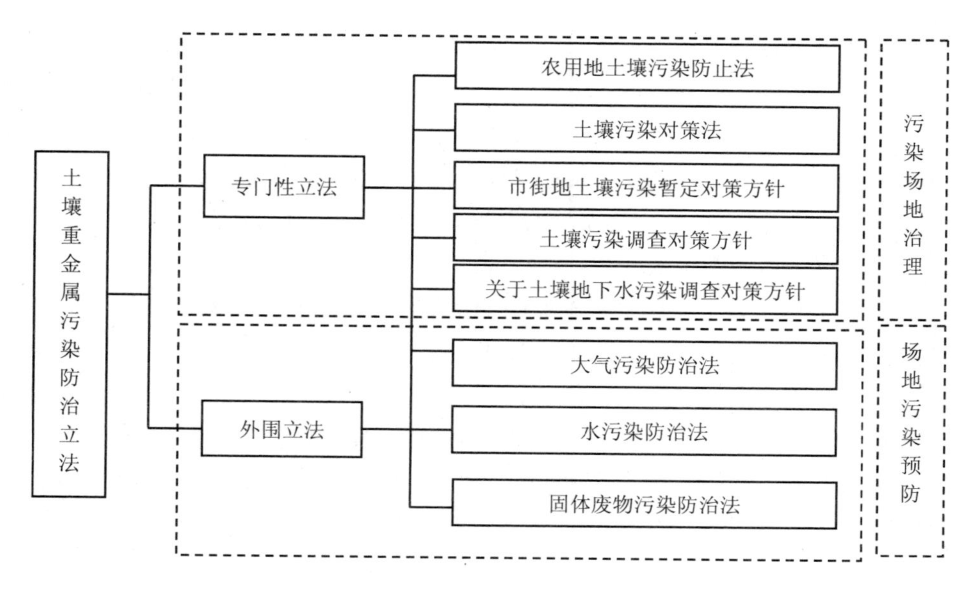

图 2-4　日本土壤环境重金属污染主要立法

在专门性立法中，日本主要通过《农用地土壤污染防止法》和《土壤污染对策法》进行规制，它区分了农业用地和城市工厂迹地，从两个方面构建起了土壤污染防治的基本法律框架，这与国际上大多数国家的做法有所不同，也是日本土壤污染防治法的显著特征。

2.4.2 农用地土壤重金属污染防治法律法规

《农用地土壤污染防止法》是公害控制法，专门适用于农业用地，对防治农用地土壤重金属污染发挥了很大作用。该法规定了立法的目的、污染农业用地及特别地区的指定和变更、污染对策计划、管制措施、土壤污染调查、行政机关的协助和援助以及罚则等内容。对农用地土壤污染防治的具体规定包括：

（1）立法目的

该法第 1 条规定了立法目的，即“为了防止和消除农业用地被特定有害物质污染，以及合理利用已被污染的农业用地，研究防止生产有可能危害人体健康的农畜产品，以及妨害农作物生长的必要措施，以达到保护国民健康和保护生活环境的目的”。

（2）概念的界定

该法第 2 条对第 1 条中出现的“农业用地”、“农作物”、“特定有害物质”的概念作了阐释。其中，“农业用地”是指“为耕种的目的，或者主要是为放牧家畜的目的，或者为畜牧业采集牧草的目的而提供的土地”，从而较为全面地概括了该法所保护的环境要素。“特定有害物质”是指“以土壤中含有镉等为起因，生产危害人体健康的农畜产品，或者影响农作物生长的以政令规定的物质（放射性物质除外）”。

（3）对策区域的确定及变更

该法第 3 条、第 4 条规定了农业用地土壤污染区域的确定和变更。都、道、府、县知事对于其辖区内的农用地，当确定土壤及农作物中所含重金属的种类和数量以及该土壤生产的农作物可能会损害人体健康，或者该土壤所含有害重金属会影响农作物的生长发育时，即可将该区域指定为污染区域，有必要采取相应规制措施，称之为“对策地域”。在指定“对策区域”时，必须根据《环境基本法》的规定听取环境审议会以及相关的市镇村长的意见。确定划定“对策区域”时，需要及时进行公告，并向环境大臣报告，同时通知相关的市镇村长。市镇村长如发现其辖区内存在需要指定“对策区域”的情况时，也可以向都、道、府、县提出指定申请。当“对策区域”发生变化时，都、道、府、县知事可遵循程序做出变更或解除。

（4）土壤污染对策计划及变更

该法第 5 条、第 6 条规定了对于划定的“对策区域”，都、道、府、县知事必须制订土壤污染对策计划及变更的内容。根据日本农林水产省和环境省的规定，对策计划应包括如下内容：第一，对“对策区域”内农用地土壤特定有害物质的污染状况进行调查监测；第二，根据“对策区域”内特定有害物质的污染状况划分不同的利用地域，并制定利用方针；第三，防止土壤污染的灌溉排水和其他设施的设置、管理和变更，以及除去土壤中污染物的客土法和为合理利用污染农田土壤而进行的土地名目变更等。第四，其他必要事项。都、道、府、县制定对策计划时，必须与农林水产大臣和环境大臣进行协商征得同意，同时还要听取环境审议会以及相关市镇村长的意见。对策计划一旦确定，必须及时公告。都、道、府、县知事可以根据对策区域的变更情况以及土壤中重金属的变化情况，适当变更对策计划。

（5）通过完善外围法律预防土壤污染

第 7 条规定了都、道、府、县知事可以根据对策地域内农用地土壤污染情况，依据《水污染防止法》和《大气污染防治法》中的有关规定，对于流入农用地的公共水域以及对策地域内的全部或部分排放设施设定更为严格的排放标准。

（6）特别区域的指定和变更

第 8 条、第 9 条对特别区域的指定和变更做了规定。如果对策区域内的农用地生产的农畜产品可能危害人体健康，都、道、府、县知事可以划定不适于种植农作物及饲料植物的地区范围为“特别区域”，并可根据实际情况进行变更和解除。

（7）污染农用土壤的管制措施

第 10 条、第 11 条规定了污染农田的管制措施。都、道、府、县知事可根据区域内污染特征发出不宜种植指定农作物或将该土地上生长的植物作为家畜饲料的行政劝告。环境厅长官可以要求行政机关长官按照《矿山保安法》（1949 年 70 号法律）采取必要措施或者向有关地方公共团体长官提出劝告。

（8）农用土壤污染调查与监测

第 12 条、第 13 条规定了对农用地土壤污染调查监测的内容。都、道、府、县知事负有对其行政辖区内农业用地土壤污染调查测定并上报、公布监测结果的义务，同时规定了现场调查应采取的措施。

（9）行政辅助措施

第 14 条、第 15 条、第 16 条规定了在贯彻和执行上述规定时，有关行政机关的长官或者有关地方公共团体的长官，必须提供所需的资料、情报或者陈述意见以及其他协助，而国家和都、道、府、县应为完成对策计划而提供必要的资助、指导和其他援助。同时规定应努力推进防治土壤污染的技术和成果。

（10）罚则

第 17 条规定了对于违反本法的行为行使处罚措施，即拒绝、妨碍或回避调查、测定或采集样品者，处 3 万日元以下的罚金。除处罚行为人外，对其法人或自然人也要处以同样的罚金。

2.4.3 城市用地土壤重金属污染防治法律法规

《土壤污染对策法》专门适用于城市污染土壤的防治。该法适用的前提是对人体健康而不是环境本身造成的损害，也就是只有当对人体健康造成或可能造成损害时，环境管理部门才可划定土地为污染区，并要求采取相关措施排除风险。该法所指的造成土壤污染的特定有害重金属仅包括铅、砷等可能会损害人体健康的物质。《土壤污染对策法》框架如图 2-5 所示。

该法包含一般条款、土壤污染状况调查、划定污染区、土壤污染损害预防、委派调查机构、委派促进法律实体、责任条款等共八章 42 条。具体规定包括：

（1）立法目的和有害物质的定义

在第一章中对立法目的和特定有害物质的定义作出明确规定。第 1 条阐述了立法目的“是通过制定措施确定特定有毒物质给土壤造成的污染范围来保护公众健康，以及预防土壤污染给健康造成的损害”。第 2 条将特定有害物质定义为：《土壤污染对策法施行令》规定的，因其存在于土壤中可能会给人类健康造成危害的铅、砷、三氯乙烯和其他物质（放射性物质除外）。

（2）土壤污染调查及报告

第二章规定了要求土壤污染开展调查的条件。当发生某些用来生产、使用或者处理有害物质的设施停用或者转用时；或是发布了行政令，都、道、府、县知事可以签发行政令要求对土壤污染进行调查并公布调查结果。

（3）污染区域的指定

第三章对污染区的指定作出规定。如果调查发现该土地上集中的某污染物质超过限量或者不符合土壤质量标准，则指定该土地为污染区域，并登记在指定污染区登记簿中。该指定污染区登记簿公众可以自由查阅。2011 年修订后将指定区域分为需要修复的区域和待开发时必须通知政府管理部门的区域。只有成功实施了整治措施将土壤污染降至达标的程度，该区域才可以从登记簿中删除。登记簿的自由查阅制度，在促进土地所有人积极采取措施消除污染方面发挥了重要作用。

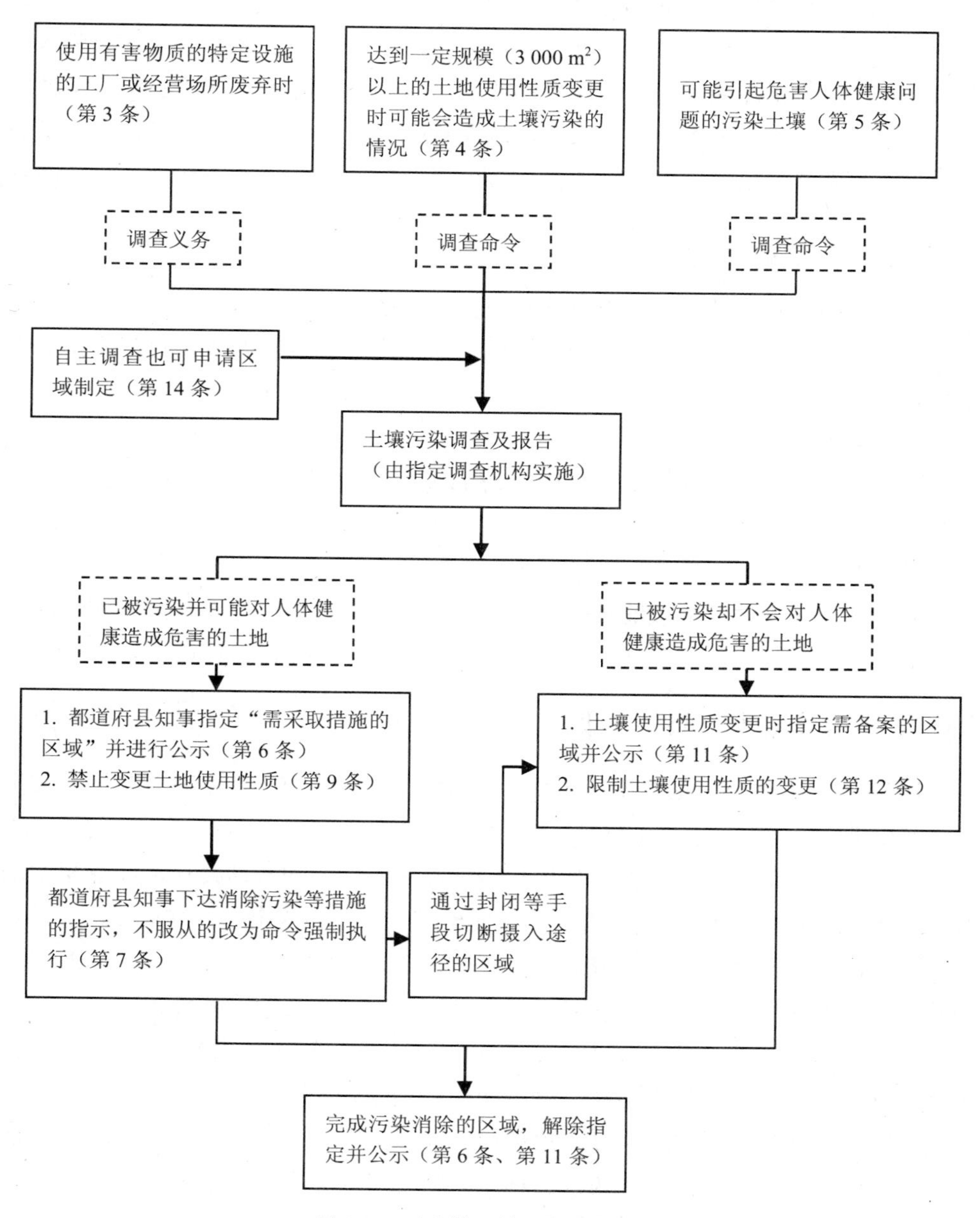

图 2-5 《土壤污染对策法》框架

（4）对指定污染区的管制

第四章是对防止土壤污染健康损害措施的规定。一旦地块被认定为污染区域并被载入污染地区登记簿中，该土地的使用便受到限制，旨在防止污染危险的进一步扩散。该法规定了县级行政长官对污染土地所有人签发整治行政令的要求，措施主要包括防止污染扩大和对已经形成的污染的修复等。该法还规定了土地所有者、实施污染整治措施行为者、实施改变该地块形式或质量者需要报告并说明该地块、污染整治措施或土地改变情况等，以及政府职员进入场地进行检查的要求。

（5）调查机构和法人的指定

第五章和第六章是关于调查机构和支持法人的指定。对调查机构的指定和委派的相关程序、法人的资格、管理方式、营业范围、基金来源以及财政支持方案等作了规定。

（6）杂项

第七章的杂项规定包括报告与检查、咨询及提交材料的要求、环境省的指令、国家援助等。

（7）惩罚规定

第八章是对于惩罚形式的规定，包括罚金和判刑。对单位实行双罚制，既对违反相关法定义务的单位实施处罚，又对单位的负责人和直接责任人等给予处罚。

2.4.4 日本土壤重金属污染防治相关标准

1970 年日本颁布了土壤质量环境标准及分析方法。1991 年重新制定了土壤污染环境标准（EQS），包括镉（Cd）等 10 项指标；1994 年 2 月增加了挥发性有机物、农药等 15 项指标；2001 年从保护地下水涵养功能和水质净化功能的角度增加了氟和硼 2 项指标，目前日本的土壤环境标准共有 3 类特定有害物质 27 项指标，其中第二种特定有害物质中含重金属指标见表 2-11（MOE，1970；MOE，2003a，2003b）。农用地土壤环境质量标准仅包括 Cd、As、Cu 三种重金属。

《土壤污染对策法》中第二种特定有害物质即是重金属类，根据土壤中重金属含有量以及土壤浸出液中重金属浓度这两个因素来控制土壤重金属污染。其中，土壤溶出量标准是基于地下水摄入角度的标准（作为饮用水的健康风险），土壤含有量标准是基于土壤直接摄入角度的标准。执行时首先看污染物的溶出量是否超标；而对于矿山，主要考虑矿工的安全、控制灾害、矿山资源的保护，对外严禁对水环境的污染，而对矿山内部的土壤污染没有限制，只要控制它不污染矿山以外的环境即可。该法规定了土壤浸出液标准分析方法和规定值。《土壤污染对策法的调查与处置技术指南》中规定了地下水标准，其限制与土壤环境质量标准中溶出值一致。

表 2-11　日本土壤污染目标重金属和浓度标准

重金属	《土壤污染对策法》特定有害物质土壤标准		《农业用地土壤污染防止法》农用地土壤环境标准
	含有量标准(1)/（mg/kg）	溶出量标准(2)、(3)/（mg/kg）	含有量标准(3)/（mg/kg）
Cd	≤150	≤0.01	<0.4 糙米中
As	≤150	≤0.01	<15 土壤中（仅用稻田）(4)
Cu	没有指定	没有指定	<125 土壤中（仅用稻田）(5)
Cr（VI）	≤250	≤0.05	没有指定
Pb	≤150	≤0.01	没有指定
Hg	≤15	≤0.000 5	没有指定
烷基 Hg	没有指定	无法检出	没有指定
Se	≤150	≤0.01	没有指定

（1）用 1 mol/L 的 HCl 提取，土/液 = 3%（w/v）；
（2）用水提取，土/液 = 10%（w/v）；
（3）分析方法和标准值参见环境质量标准（MOE 1991）；
（4）用 1 mol/L 的 HCl 提取，土/液= 10 g/50 mL;
（5）用 0.1 mol/L 的 HCl 提取，土/液= 10 g/50 mL。

《农用地土壤污染防治法》指定了镉（Cd）、砷（As）和铜（Cu）三种特定有害物质，并且考虑了重金属的迁移和累积性质。Cd 的最大允许限值根据 Cd 在米粒里面的含量设定而并非是土壤中 Cd 的含量；因为影响土壤中 Cd 生物有效性的因素很多（例如稻株栽培的水管理措施），在糙米中设定 Cd 的含量限值更符合实际，是根据最大容许摄取量推导的，保护对象是人体健康。而 As 和 Cu 的标准规定的是在土壤中的含量，主要防治作物生育损害，是通过土壤浓度和作物产量统计解析确定的。

土壤环境标准适用于各种类型的土地，但是由于自然原因导致污染的土地以及原材料的堆积场、废弃物的填埋场和其他以利用或处置为目的场地不适用该环境标准。

2.4.5 日本土壤重金属污染防治管理的特点

（1）对不同的污染土壤类型采用分别立法的方式

日本将土壤污染区分为农用地土壤污染和工业迹地土壤污染两种进行分别立法，这与国际上大多数国家的做法不同，是日本土壤污染防治立法的重要特征。对于农用地土壤污染，政府采取直接管理的模式，即由政府监视农用地的土壤污染状况、划定污染对策区域、制定对策计划及组织实施等，实施费用由污染者、地方和国家负担。对城市工业迹地，以污染者负担原则为指导，采取了由土地所有者，包括土地的管理者、占有者和污染者具体实施的方式。两部法律及其配套法规在实施过程中分类负责，相辅相成。

（2）在土壤污染防治上注重事前预防和事后整治相结合原则

土壤作为一种环境介质，往往是污染物的最终归宿，土壤污染与水污染、大气污染和固体废弃物污染密切相关。日本在土壤污防治方面比较注重“预防为主、防治结合”的原则，如为防止地下水污染土壤，日本于1989年修改的《水质污浊法》增加了对特定地下渗透水的禁止性规定，1999年再次做了修订，增加了地下水净化措施方面的内容；形成了基于水污染防治的土壤污染防治体系。为防止大气排放对土壤的污染，修改《大气污染防治法》中的有关规定，对对策地域内的全部或部分烟气排放设施设定更为严格的排放标准。此外，日本《废弃物处理及清除法》《化学物质审查规制法》《特定化学物质向环境排出量的控制及管理改善的促进法》等都涉及防治地下水污染的内容。

（3）对土壤污染的防治侧重于对人体健康的影响

日本的《土壤污染对策法》的目的是掌握土壤污染的状况、防止土壤污染危害健康，使用的前提是土壤污染对人体造成或可能造成健康损坏，政府部门才将土地指定为对策区域，而未包括对生活环境的影响。对于农用地土壤，仅规定了Cd、As、Cu三种重金属，其中Cd以保护人体健康为目标，后两者以保护作为生长不受阻害为目标。

（4）责任主体广泛且法律责任严格

日本土壤法的责任主体范围广泛。一般情况下土壤的所有人或使用人都是土壤污染的责任主体，在归责原则上也多采用严格责任制，在追究责任上具有追溯性，在有多个责任人时责任具有连带性，即任何一个责任人都应先承担和履行责任，然后向其他责任人追偿。此外，环境保护主管机关也可以先为责任人履行责任，然后向具体责任人追讨。

（5）对策区域划定及管制制度较为有效且可操作性强

日本土壤污染区域指定及管制制度较为有效，体现了分级管理的思路。此外，日本土壤污染管理制度相关条目还包含了大量程序性规范。便于具体管理措施的实施，具有很强的可操作性。

（6）政府的监管与援助措施得力

日本的土壤污染防治法注重政府管理部门对土壤污染情况的监管。《农用地土壤污染防止法》《土壤污染对策法》等相关法律均规定，相关行政人员可以进入污染区域进行采样或检查。《土壤污染对策法》还规定在必要情况下，环境大臣和地方知事可以要求指定污染区域的土地所有者就土壤污染去除措施进行报告，也可以要求改变土地性状的行为人就土地状况、土壤污染的去除措施以及土地性状变更状况进行报告。污染防治法还注重不同行政机关的协调与合作，《农用地土壤污染防止法》规定农林水产大臣、环境大臣以及都、道、府、县知事可以要求相关的行政机关和地方公共团体，在资料和情报提供以及听取等方面给予支持。此外，法律规定了国家和地方政府对土壤污染规制的援助制度，《农用地土壤污染防止法》规定，国家和都、道、府、县应通过提供指导等援助措施，促进污染对策计划的实现。《土壤污染对策法》也规定国家在采取污染防治措施的资金获取以及技术咨询等方面提供便利，并设置支援基金，通过指定支援法人制度，促进对土壤污染的治理。另外，两部法律还强调了科学研究对土壤重金属污染防治的重要性。

（7）注重信息公开和公众参与

日本土壤污染法规中明确规定了污染信息的公开和汇报制度，对策法中规定了公众有权查阅污染土壤登记簿的制度，对于推进土壤污染防治具有重要作用。

（8）日本土壤重金属污染管理体系的局限性

日本土壤污染管理体系总体上比较先进有效，但是也存在着一定的局限性和不足。其一是《土壤污染对策法》将城市用地土壤污染管理的目标限于对健康的影响情况，而未包括对生活环境的影响，防治目标单一，忽视了污染土壤的生态风险，使得防治法的作用受到一定限制；其二是土壤污染防治标准中的指标数量较少，法规规定之外的污染类型越来越多；其三是污染治理侧重于挖掘去除，土地所有者负担过重，还会引起污染土壤处置不当导致污染扩散等问题。

2.5 日本固体废弃物重金属污染防治管理体系

2.5.1 日本固体废弃物污染防治的法律法规

2.5.1.1 立法过程及体系

日本是世界上固体废弃物污染防治立法最为完善的国家之一。日本固体废弃物的管理经历了城市垃圾处理、工业废弃物处理和循环利用三个主要阶段，其主要立法如表 2-12 所示。20 世纪 60 年代，公害事件频发，日本政府认识到应以可持续的循环经济发展模式替代传统的经济运行方式。在 90 年代之前，日本对于废物的处理方式主要是以末端处理为主，但这种方式对于资源紧缺型的国家来说，是一种粗放型的资源浪费行为，而当时制定的相应法律法规也相对较少。进入 90 年代以后，由于循环经济概念的引入，日本先后颁布了《容器包装再生利用法》等专项法，对废物的治理提出了针对性的处置要求。2000 年又通过了《循环型社会形成推进基本法》，提出了建立循环经济社会的根本原则。通过相关法律的实施，日本逐渐从粗放型的资源消费结构转向节约型的资源消费结构。2000 年后，是日本发展循环经济的成熟时期，又陆续推进了专项法的制定，形成了比较完善的循环经济法律体系。

表 2-12 日本固体废弃物重金属污染防治法律发展历程

阶段	年份	法律法规
城市垃圾处理	1954	制定《公共清洁法》（市政固体废物管理体系）
工业废弃物处理	1970	制定《废物处理法》（工业固体废物管理体系）
循环利用	1991	制定《再生资源利用促进法》 修订《废物处理法》（控制排放、再生利用）
	1992	《促进产业废物处理特定设施整备法》
	1993	制定《环境基本法》
	1994	制定《环境基本计划》
	1995	制定《容器包装再生利用法》
	1997	修订《废物处理法》（新设再生利用认定制度、强化非法丢弃政策）
	1998	制定《家用电器再生利用法》

阶段	年份	法律法规
循环利用	2000	制定《促进循环社会建设基本法》 修订《再生资源利用促进法》为《资源有效利用促进法》 修订《废物处理法》（强化发生抑制对策及不适当处理对策） 制定《建筑材料循环利用法》 制定《绿色购买法》 制定《新环境基本计划》（1994 年环境基本计划变更）
	2001	修订《固体废弃物管理和公共清洁法》
	2002	制定《汽车回收利用法》
	2003	制定《循环型社会形成推进基本计划》

总的来看，日本固体废弃物污染防治法律体系分为三个层次：基本法、综合性法律及专项法规，见图 2-6。

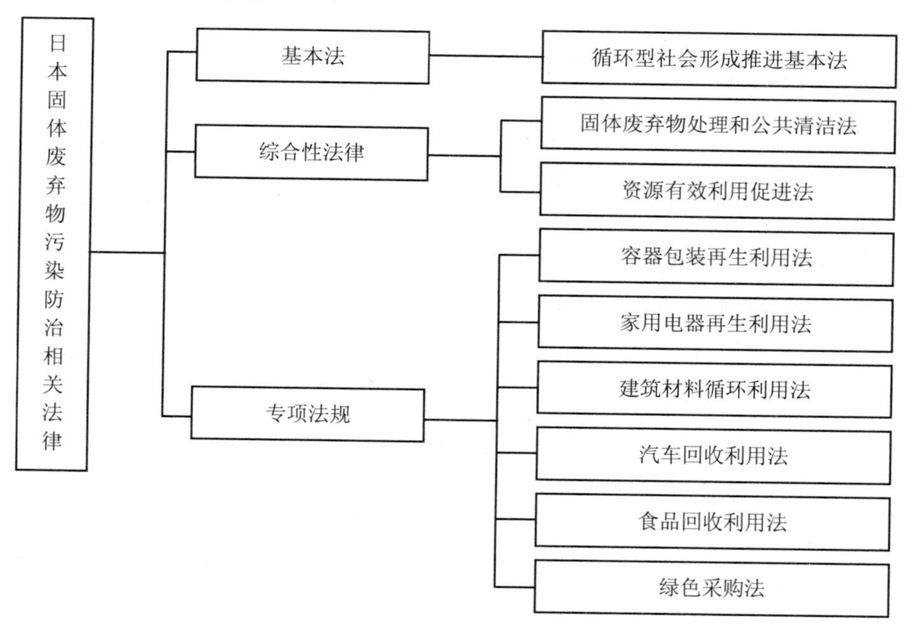

图 2-6　日本固体废弃物污染防治相关法律体系

2.5.1.2　主要法规

（1）《促进循环社会建设基本法》

《促进循环社会建设基本法》于 2000 年 12 月公布实施。该法立足于日本环境与资源的现实国情，将传统意义上被称为“垃圾”的物质定义为“可循环资源”，提出了关于建立“循环社会”的概念，明确了建立循环型社会的根本原则。该法称循环型社会是指通过抑制产品成为废物，促进产品适当循环，确保不可循环的资源回收并得到妥善处置，从而抑制自然资源消耗，削减环境负担的一种社会形态。该法明确了国家、地方政府、企业和公众的责任，规定了建立循环型社会的具体计划和实施完成的具体时间表。

该法明确企业为“垃圾产生者”，并建立“生产者责任”制度，即企业有减少循环资源产生并对其进行循环利用和处理的义务，工厂对他们的产品从产地到最终处理的全过程负主要责任。该法鼓励每个人为建立循环社会做出努力。将资源税融入商品价值，明确消费者义务，消费者必须自觉纳税，并且自觉将报废产品送入指定回收地点。

（2）《固体废弃物处理和公共清洁法》

该法于 1970 年制定，先后修改过 20 多次。该法将废弃物分为“一般废弃物”与“工业废弃物”，并建立了各自的处理系统。规定了垃圾产生最小化、垃圾分类及回收等条款；对有毒性固体废弃物的管理条款严格化，建立垃圾处理中心系统；将选择性处理的责任分摊到公众身上；地方政府组建促进垃圾减量化委员会。

（3）《资源有效利用促进法》

原法为 1991 年生效的《可循环资源利用促进法》，2001 年 4 月完成更名并进行修订。该法起初标出 7 类工业和 42 种产品，后又扩大到 10 类工业和 69 种产品，约占 50%的城市固体废弃物，其中 3 类工业和 30 种产品为可利用的资源。该法主要是把过去提倡的促进废弃物再生利用，扩大为通过清洁生产促进减废，即由主要强调“循环”发展为强调“减量化、再利用、再循环”的“3R”原则。并且强调“3R”原则在循环经济中的重要性并不是并列的，而是递减的。应该在优先减少资源消耗和减少废弃物产生的基础上实施再利用和再循环。规定企业必须减少垃圾产生量，将零部件作为原材料再生产、分配以及消费过程的各个阶段加以回收利用。提出 5 项措施：通过节约生产资源和延长使用寿命减少垃圾产生量；回用零部件；企业回收使用过的产品并使之再循环；使用后产品加贴选择性收集标签；减少副产品和其他循环措施。总之，要在制品的设计、制造、加工、销售、修理、报废各个环节综合实施“3R”原则，达到资源的有效利用。

（4）《容器包装物循环法》

该法于 1995 年颁布，1997 年 4 月开始实施，是最先实行的专项资源循环法律。该法明确规定要建立容器与包装回收体系，容器包装生产企业负有对包装废弃物回收利用和处置的主要义务。对玻璃瓶、PET 瓶、纸制品、塑料包装制品等回收制定了具体条款。该法施行以来，对日本的再生利用率和循环利用率的提升起到了巨大的贡献。

（5）《特定家用电器再生利用法》

该法于 1998 年颁布，2001 年 4 月开始实施。该法规定制造商和进口商对其制造、进口的家用电器有“回收义务”，并需按照再商品化率标准对其实施再商品化，用户在购买时需向厂家交纳少量再循环所需的费用。该法规定了厂商需要对空调、电视、电冰箱、洗衣机 4 类大型家电产品的回收处理承担责任。明确规定了电冰箱、洗衣机的再商品化率必须达到 50%以上；电视机的再商品化率须达到 55%以上；空调器的再商品化率须达到 60%以上。该法的实施促使日本各大家电企业建成了再生基地，为了实现再生率目标，各生产厂从源头上作了减量，电视、空调、冰箱、洗衣机的再生利用率得到极大提高。

（6）《绿色采购法》

该法于 2000 年制定，2001 年 4 月实施。该法规定了政府等单位负有优先购入环保型产品的义务，2001 年的对象为文具、OA 机器和汽车等 14 类共 101 种产品。为了促进国家机构和地方当局积极购买对环境友好的再循环产品，该法指定的环境友好产品的类型有再生打印纸、低污染办公车、节能型复印机等。

（7）《建设材料循环法》

该法于 2000 年 5 月制定，2002 年 1 月开始实施。该法要求建筑商做好分类解体和再生利用等工作，并在新建筑设计时就应该做好减少废弃物的规划，努力提高使用寿命。规定要大力推进碱块、沥青块、废木材等废物的再生利用，并设定了再生利用率。

（8）《个人电脑主动回收和回收利用的部级规定》

该法于 2001 年 4 月生效，起初仅包含来自企业的电脑，至 2003 年 10 月，其范围扩大至家用电脑。该法规定：从事个人电脑生产和进口的企业有义务在自己指定的地点或其他地点从家庭和企业回收自身品牌的废旧电脑。同时还应该回收电脑配件，如鼠标、键盘、扬声器、电线等。从事电脑生产和进口的企业应公布从家庭和企业回收的电脑数据和信息，至 2004 年 3 月 31 日回收率应达到 CPU 为 50%、笔记本电脑 20%、阴极射线管 55%、液晶显示器 55%。

（9）《汽车回收利用法》

该法于 2002 年制订，2005 年开始实施。该法基于扩大生产者责任的原则建立了旧汽车回收利用机制；有效地利用现有的拆解厂、破碎厂等回收渠道，使报废汽车作为有价资源流通，确保汽车回收再利用顺利运行；该法确立了通过征收回收再利用费增强消费者保护环境的意识，消费者要在购买新车时交纳回收再利用费；建立了公正、透明的电子清单制度，通过互联网接收报废车的交接信息。该法的实施对汽车废弃物的减少、循环利用起到了巨大作用。

2.5.2 日本固体废弃物重金属污染防治相关标准

日本制定固体废弃物污染防治标准的主要目的是在保护人体健康和生态环境的基础上，确保固体废弃物安全的识别、分类、采集、运输、储存、处理和处置。这些标准包括适用于居民区和商用固体废物安装水平的固体废物标准以及危险废物标准。

2.5.2.1 固体废物标准

固体废物标准包括固体废弃物处理、储存和处置的评价标准，以及与日本政府官员合作制订的安装计划标准；标准规定安装时开发和执行固体废弃物管理策略以减少固体废弃物的处置（包括物理、堆肥和减量化）；所有的固体废物或材料必须以回收利用为目的进行分类并防止溢出，大型固体废弃物的储存包括并不限于拆除部件、覆盖等操作；设计建筑物、改建或出租的其他设施必须确保有足够的便于存储清理固体废弃物的空间；存储固体废弃物的容器必须防漏、防水和防虫，并具有持久耐用、坚固、排水性良好、大小适中等特点；新建或扩建废物填埋场必须通过认证后经过所在地官员批准；市政固体废弃物填埋场（MSWLF）单元的设计、执行和安装要遵守一系列的规定；开放式燃烧处理不属于固体废物处理的常规方法，焚烧法必须满足大气排放标准；堆肥处理设施根据处理量的不同也有不同的标准，并分为 A 级标准和 B 级标准，A 级标准可用于农业，B 级标准不可用于农业（见表 2-13）。

表 2-13 堆肥重金属 A 级标准

污染物	最高总堆肥浓度标准/（mg/kg 土壤）	土壤渗滤液标准/（mg/L）
Cd 及其化合物	150①	0.01
Cr^{6+}化合物	250	0.05

污染物	最高总堆肥浓度标准/（mg/kg 土壤）	土壤渗滤液标准/（mg/L）
总 Hg 及其化合物	15	0.000 5
烷基 Hg	15	ND
Pb 及其化合物	150	0.01
As 及其化合物	150②	0.01
Cu	500③	—
Zn	120	—
Ni		0.003

注：① 生长于堆肥土壤的糙米中≤1 mg/kg；

② 仅用于大米生产的堆肥材料中≤15 mg/kg；

③ 仅用于大米生产的堆肥材料中≤125 mg/kg。

2.5.2.2　危险废物重金属污染防治标准

日本关于危险废物重金属污染防治的标准主要采用一套综合管理的程序确保危险废的识别、储存、运输、处理、处置和循环利用，以达到保护环境的目的。标准规定了 DOD 危险废物发电机相关标准，包括危险废物的确定和表征、记录、运输前准备；危险废物的聚点包括警示标志、存储限值和操作、人员培训等相关内容；危险废物存储区域相关标准包括：位置标准、HWSAs 的设计和经营标准、废物分析和实证、安全性、通道空间、通讯和报警系统、设备要求、一般检查要求、关停和关停方案；容器的使用和管理、记录要求、应急方案要求、存储箱系统、危险废物培训、危险废物和污染土壤处置标准等相关内容（表 2-14）。

表 2-14　含重金属危险废物特征表

危险废物/物质/材料	临界量/磅①	RQ/磅
BaCN		10
Be^{2+}		10
$BeCl_2$		1
BeF_2		1
$Be(NO_3)_2$		1
Cd^{2+}		10
CH_3COOCd		10
$CdBr_2$		10
$CdCl_2$		10
CdO	100/10 000	1
$C_{36}H_{70}CdO_4$	1 000/10 000	1

危险废物/物质/材料	临界量/磅[①]	RQ/磅
$(CH_3COO)_3Cr$		1 000
H_2CrO_4		10
H_2CrO_4,Ca 盐		10
$CrCl_3$	1/10 000	1 000
$Cr_2(SO_4)_3$		1 000
Cr^{2+}		5 000
$CrCl_2$		1 000
$CoBr_2$		1 000
$Co_2(CO)_8$	10/10 000	1
$Co(O_2CH)_2$		1 000
氨基磺酸亚钴		1 000
Cu^{2+}		5 000
CuCN		10
$(CH_3COO)_2Pb$		
$PbHAsO_4$		1
$PbCl_2$		10
$Pb(BF_4)$		10
PbF_2		10
PbI_2		10
$PbNO_3$		10
$Pb_3(PO_4)_2$		10
$C_{36}H_{70}O_4Pb$		10
$C_4H_{14}O_8Pb_3$		10
$PbSO_4$		10
PbS		10
$Pb(SCN)_2$		10
Li_2CrO_4		10
LiH	100	1
$C_4H_6O_4Hg$	500/10 000	1
$HgCl_2$	500/10 000	1
$Hg(CN)_2$		1
$Hg(NO_3)_2$		10
HgO	500/10 000	1
$HgSO_4$		10
$Hg(SCN)_2$		10
$Hg_2(NO_3)_2$		10

危险废物/物质/材料	临界量/磅[①]	RQ/磅
Hg		1
苯基醋酸 Hg		100
$Hg(CNO)_2$		10
Ag^{2+}		1 000
AgCN		1
$Ag(NO_3)_2$		1
Ag(2,4,5-TP)		100
Na_2HAsO_4	1 000/10 000	1
$NaAsO_2$	500/10 000	1
Tl_2O_3		100
Tl^{2+}		1 000
$C_6H_9O_6Tl$		100
$TlCO_3$		100
$TlCl_2$		100
$Tl(NO_3)_2$		100
TlO		100
TlSe		1 000
$TlSO_4$	100/10 000	100
Tl_2CO_3	100/10 000	100
TlCl	100/10 000	100
$C_3H_2O_4Tl$	100/10 000	1
Tl_2SO_4	100/10 000	100`
没有列出危险废物毒性的性质		
As		1
Ba		1 000
Cd		10
Pb		10
Hg		1
Ag		1
钒酸铵		1 000
V_2O_5		1 000
Zn^{2+}		1 000
CH_3COOZn		1 000
$C_{14}H_8N_2Zn$		1 000
$ZnOYB_2O_3ZH_2O$		1 000
$ZnBr_2$		1 000

危险废物/物质/材料	临界量/磅[①]	RQ/磅
$ZnCO_3$		1 000
$ZnCl_2$		1 000
ZnCN		10
ZnF_2		1 000
$(HCOO)_2Zn$		1 000
$ZnSO_2$		1 000
$Zn(NO_3)_2$		1 000
$C_{12}H_{10}O_8S_2Zn$		5 000
Zn_3P_2	500	100
Zn_3P_2,浓度高于 10%		100
$ZnSiF_6$		5 000
$ZnSO_4$		1 000

注：① 1 磅=0.4535 9 kg。

2.5.3 日本固体废弃物重金属污染防治管理体系的特点

（1）建立了完善的固体废弃物循环利用法规体系

日本在解决废弃物处理和回收利用问题上，采取基本法、综合法以及根据各种产品的性质制定的专项法的立法模式，三个层次构成了建立循环型经济和社会的法律体系，使日本成为发达国家中利用法制武器发展循环经济做得最好的国家。日本发展循环经济的相关法规充分体现了循环经济的“3R”原则，这些法规对于规范政府、企业和国民的责任和义务，在全社会建立遏止废弃物大量产生、推动资源的再利用和防止随意投弃废弃物的管理和约束机制起到了巨大作用。

（2）法律明确了固体废弃物回收责任制度

日本的固体废弃物法律法规明确了废弃物的回收责任及责任方。《推进循环型社会形成基本法》规定了生产经营者必须承担回收责任。《家电回收法》规定了制造商、进口商、零售商及消费者在各个环节应承担的责任。《汽车回收法》规定了汽车制造商有回收废旧汽车、进行资源化处理的责任，而车主有对每台废旧汽车交纳回收处理费的义务。《促进容器与包装分类回收法》中则明确规定了废弃容器的回收费用由生产者承担。固体废弃物回收责任制度极大地避免了因固废无序处理处置造成的水体、大气及土壤污染。

（3）建立了全面、快速有效的回收处理体系

日本建立起了有效的废弃物回收处理体系。该体系包括家庭生活垃圾、工业废弃物、废旧汽车、废旧家电等的回收管理。例如家庭生活垃圾，主要由地方政府负责回收，所需费用也来源于地方政府。工业废弃物的回收则由相关企业自行承担，政府可适当补助或免征部分税收以鼓励企业做好相关的资源化再利用。由此可见，无论是政府负责、商业化运作或企业自行回收，都保证了回收处理系统的快速畅通，提高了资源的回收和再利用效率。

（4）重视对国民的资源环境意识教育

日本政府非常重视对国民的资源环境教育，将环境教育纳入义务教育法，还将有关节能与环保知识确定为中小学的必修课程。通过建设各类环境教育馆及环保俱乐部、编制环保教材、成立环保民间组织等方式来提高公民资源环境意识。经过多年的努力，日本已经形成了“政府主导、企业治理、全民参与”的资源环保网络。

2.6　小结

（1）完备的法律体系是日本环境管理战略得以成功实施的基础

日本的环境管理以环境法律体系为依据，由中央政府制定宏观环境政策、环境目标、推进计划和提供基础设施与财政支持；地方政府则依据法律和中央政府的规划，制定适合地区发展的环境目标与推进计划；财团法人和社团则在实施层面上发挥协调和促进作用。这样，从中央至地方形成了较为完善而有效的管理体系。而在环保法律体系上，形成了局部和整体、微观和宏观、单一和综合的法律法规体系。整体来看，日本环保法规体系完备，各层次之间既有横向联系又有纵向关联，逻辑关系清晰明确；内容严谨，条文细致，可操作性强，同时相应的执行机构设置合理、科学高效，这是日本环境管理战略得以成功实施的基础。

（2）形成了政府—企业—民众高效灵活的环境污染防治体系

中央政府为环境政策制定法律框架，为地方政府提供财政支持，使其能够充分地行使环境管理授权。在中央政府的法律、行政指导下，地方政府在具体实施中发挥了灵活的、突出的作用。1971 年，环境管理标准实施权力从中央移交至地方政府，地方政府具有了更高的行政权限与地位，具体包括环境税收政策的制定、环境影响评估制度的建立以及公害防止协定的签订等，地方政府充当了环境管理

战略改革与转型的先锋。在日本，具有实施环境管理的自主性企业一般都自愿施行减排措施，这种自愿来源于政企之间的合作关系。政府环境部门在制定管理规则与质量标准时，会与行业协会及主要企业代表进行互动与谈判。日本也具有完善的公害诉讼和健康损坏补偿制度、信息公开制度等，并对民众授予了充分的权利。因此，保护环境的理念深入每个家庭、每个民众，基本形成了全民参与环境保护的局面。

（3）高度的信息公开和公众参与是政府环境政策顺利实施的重要推动力

日本的水环境、大气环境、土壤环境以及固体废弃物污染防治法中都明确规定了信息公开的内容，并对公众赋予了监督与参与的权利。《环境基本法》首次确定了公众环境管理参与的原则与长期目标，并使之法制化。公众能够参与全过程的环境管理，使环保政策与经济政策之间能够形成公众制衡的关系。通过公众环境管理的法律化，日本环境政策有了社会制衡的色彩，公众参与增加了政策的民主科学性；公众提供的信息补充增强了政府管理能力；公众监督能最大限度地避免政府失灵与市场失灵。

（4）对重金属的控制主要基于保护人体健康、浓度控制以及废物回收利用等措施

水污染防治法的目的中明确表明“在保护国民健康的同时，保护生活环境”，水环境质量标准中设置了保护健康项目和保护生活环境项目，其中健康项目中主要是重金属类指标，生活项目中不包含重金属指标。水环境、大气环境和土壤环境中主要依靠浓度标准来控制重金属的污染，大气环境污染防治中总量控制起到了部分控制重金属的作用。固体废弃物重金属污染主要依靠废弃物减量、回收和循环利用的措施进行防治。

（5）注重重金属污染在几种环境要素之间的法律衔接，体现了防治结合的原则

由于土壤污染的问题逐渐突出，日本认识到了水污染和土壤污染的关联性，因此几次修改《水污染防治法》，增加禁止含有有害物质的污水排入地下水，防治地下水污染进而污染土壤。为防止大气排放对土壤的污染，也专门修改了《大气污染防治法》，规定了对对策地域内的全部或部分烟气排放设施设定更为严格的排放标准。《废弃物处理及清除法》《化学物质审查规制法》《特定化学物质向环境排出量的控制及管理改善的促进法》等也都涉及防治地下水污染的内容。

第 3 章　美国重金属污染防治管理体系

20 世纪上半叶，美国发生了一系列环境污染事件，导致了席卷全美的各类环境保护运动的兴起。在此推动下，自 60 年代末，美国相继颁布了一批环保法律法规，逐步建立起了完善的环境管理体系。对于重金属的污染防治，美国的环境管理体系从一开始就将其作为重要防治对象，在不同的环境介质如大气、水、土壤、固体废物的污染防治中，都有明确而详尽的规定。可以说，美国的重金属污染防治体系是国际上最为完善和先进的。

3.1　美国环境管理体系及政策

作为一个联邦制国家，美国在环境管理上实行的是由联邦政府制定基本政策、法规和标准，由州政府负责具体实施的体制。其管理体系包括三个层次：第一个层次是联邦政府设置的特定环境保护部门，统一管理全国的环境污染问题；第二个层次是联邦政府中各管理部门设置的环境保护机构，这些环保机构主要分管其业务范围内与环境保护相关的工作；第三个层次是各个州政府下设的环境保护机构，这些机构主要负责制定和执行本州内部与污染防治相关的政策、法律法规、标准等。

美国环境管理体系在联邦层面上设有环境品质委员会（CEQ）和国家环境保护署（EPA）两个专门的环境保护机构，联邦政府其他部门也设有相应的环境保护机构；在州政府层面同样也设置了环境质量委员会和州环境保护署，见图 3-1。

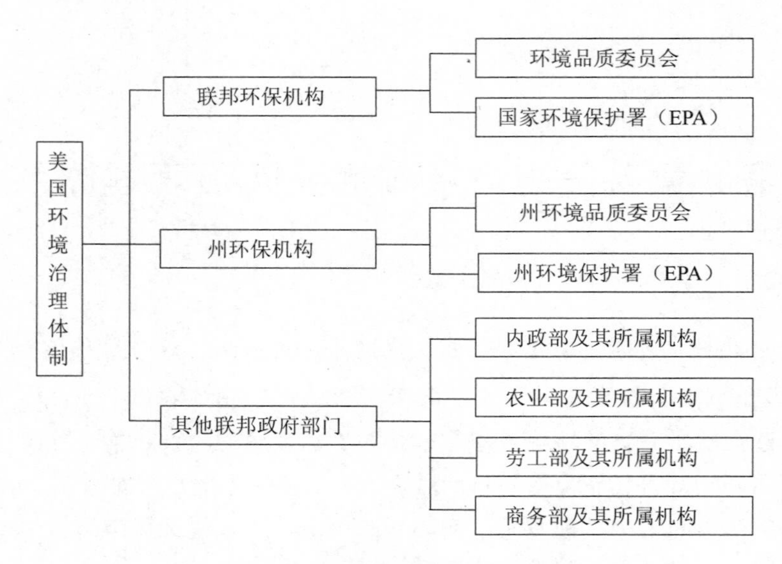

图 3-1　美国环境管理体系架构

3.1.1　环境管理机构设置

3.1.1.1　联邦政府层面

（1）环境品质委员会（CEQ）

美国国家环境品质委员会（CEQ）为总统提供决策支持，制定主要的环境政策，并监督、协调各行政部门与环境保护相关的活动。该委员会的具体职责见表 3-1。

表 3-1　美国国家环境品质委员会（CEQ）的主要工作职能

序号	工作职能
1	协助总统完成年度质量报告
2	收集有关环境现状和变化趋势的情报，并向总统报告
3	评估政府的环境保护工作，向总统提出有关政策的改善建议
4	指导有关环境质量及生态系统调查、分析研究等
5	向总统报告环境状况，每年至少一次
6	记载和确定自然环境的变化，并积累必要的数据资料及其他情报
7	根据总统的要求，就政策和立法等事项进行调查研究，并提出报告和建议

（2）国家环境保护署（EPA）

1970 年美国发布《1970 年政府改组计划第三号令》，把分散于各个部门的环境保护职能集中于一个全新的部门——美国国家环保署（EPA）。EPA 规模非常庞大，独立执法，具有很高的权威性，以保护人类健康和自然环境为宗旨，代表联邦政府全面负责环境管理，执行环境法案，署长由总统提名，经国会批准生效。

EPA 在机构设置上由署长办公室、总部办公室和区域办公室组成（图 3-2）。其主要职能包括：制定和监督实施环境保护标准、颁布有关的条例及规章、组织排污许可证的实施、现场监督和调查、环保执法等。EPA 工作人员的具体职责、工作区域等信息见表 3-2。

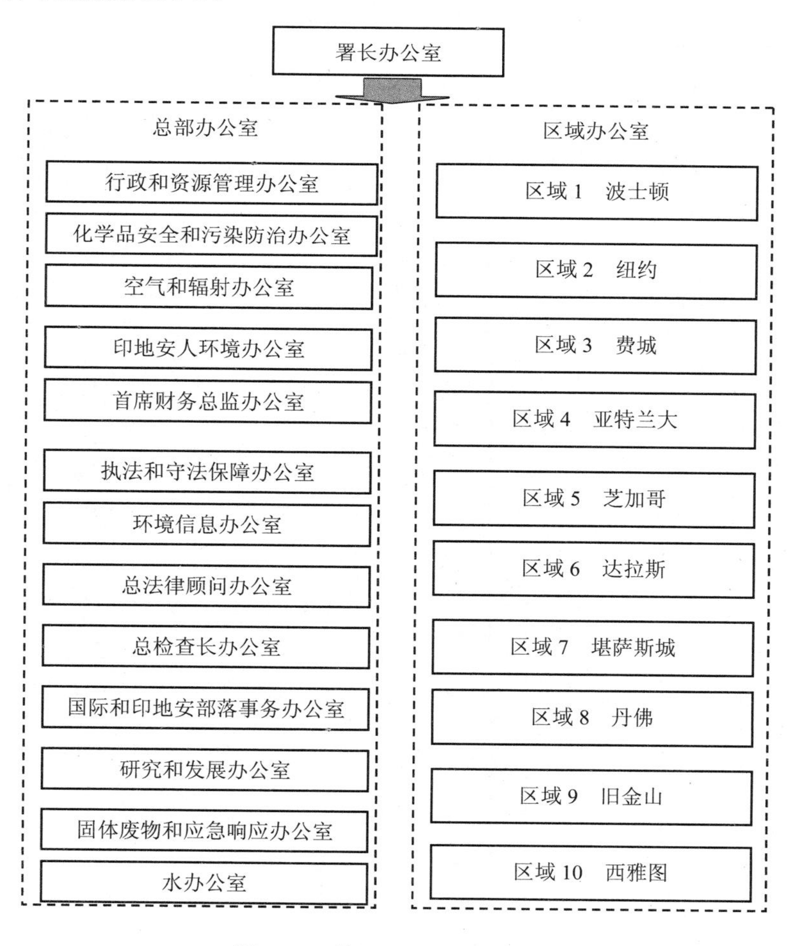

图 3-2　美国 EPA 的组织机构

表 3-2 EPA 工作人员构成

人员	职责	工作区域
华盛顿总部工作人员	负责环境政策的制定	华盛顿总部
EPA 区域办公室工作人员	负责组织具体实施各项环境政策，并监督各个州环境政策的落实	十个区域办公室
EPA 直属科研人员	负责和政策制定相关的技术支持	分散在美国各地

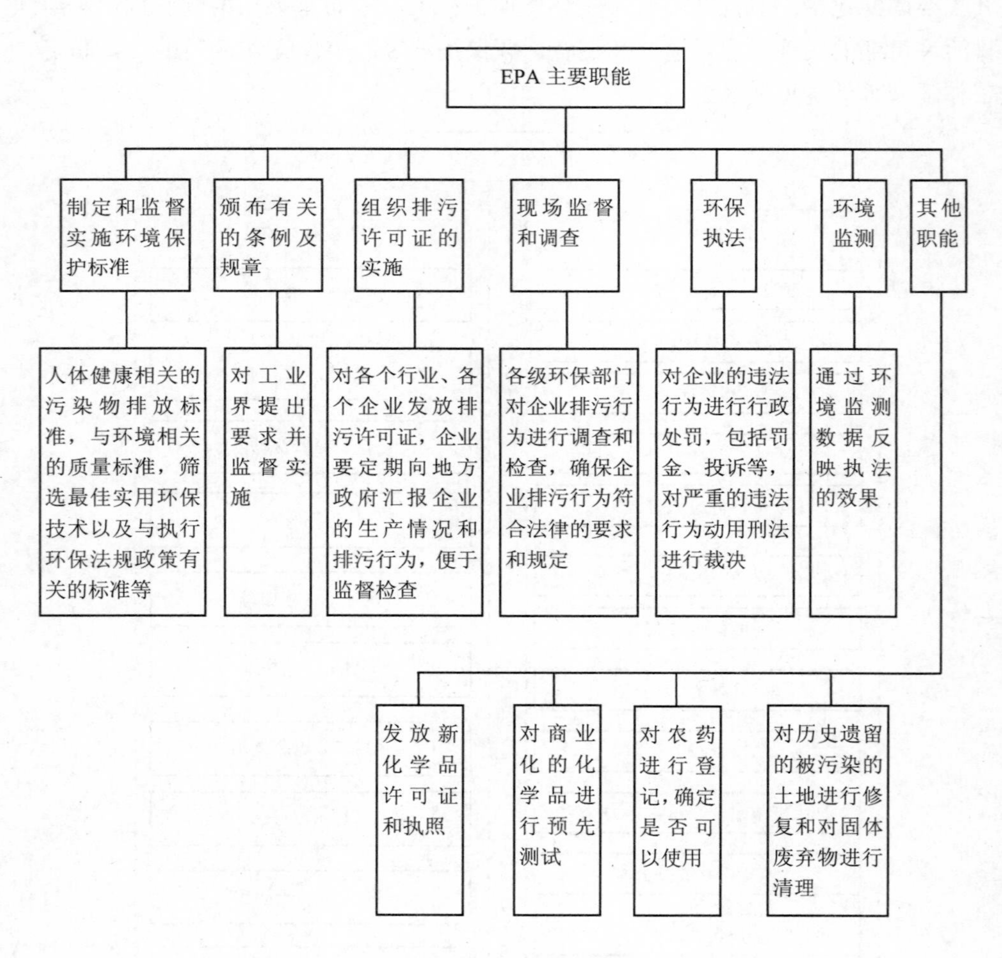

图 3-3 美国 EPA 的主要职能

EPA 在 10 个大区设立了区域环境办公室。区域办公室代表 EPA 执行联邦环境监督管理，确保环境法律法规和 EPA 项目的顺利实施。这 10 个区域办公室是美国 EPA 的重要组成部分，雇员人数占联邦 EPA 总雇员人数的一半多，在 EPA 预算中占较大比重。区域办公室向联邦 EPA 负责，重要人事的任免、工资、预算等均由 EPA 决定。

区域办公室对所在区域各州的项目实施情况（包括进度、效果、资金使用等）进行监督。不接受 EPA 监督或不按协议推进项目的州，区域办公室可建议 EPA 取消该州颁发许可证的权力或取消对相关项目资金、技术等方面的援助，联邦政府还有可能直接实施相应的州环保项目，由区域办公室制定联邦实施计划取代原有州实施计划。

美国 EPA 及其区域办公室环境监管的一个重要特征是采用经济激励的制度。通过这样的方式，地方政府的积极性和主动性被极大地调动起来，积极参与到地区办公室发起的环境管理项目中，例如主动实施各类环境保护项目等。

（3）其他联邦政府部门的环境保护职能

在环境保护职能上发挥作用的政府部门主要包括内政部、土地管理局、渔业和野生动物局、国家公园管理局、林业局、劳工部及其所属机构、国家海洋与大气局等。

除了上述政府部门外，还有一些在环境保护管理中发挥作用的行政机关，包括军事工程团、联邦能源控制委员会、消费品安全委员会、食品与药品委员会、能源利用和再生能源办公室、管道安全办公室、有毒物质安全办公室、联邦海事委员会、核能源控制委员会等。

3.1.1.2　州政府及地方政府层面

州一级的环境管理机构（包括州环境品质委员会和州环保局）对州长负责，和联邦 EPA 没有隶属关系，各州可根据本州实际情况制定自身的环保法律法规，但接受联邦 EPA 区域办公室的监督。州环保局依据各州法律独立履行环境保护的职责，但不排除在某些管理范畴中有联邦法律明文规定的情况，这时州环保局才接受联邦 EPA 的管理，或是当州没有针对环境违法行为采取有效法律行动时，联邦 EPA 可以直接跨过州政府对污染排放者采取相应的法律手段。

各州自行建立本州的环境管理机构。机构组成、预算等参考联邦的运行机制，由州长提案、经州议会审核批准生效。州环境管理机构在执行环境监管的过程中出现的矛盾和冲突，由地方法院进行裁决。较小州（如特拉华州、华盛顿特区等）

的下属县市不再单独设置环保机构，由州环保机构统一进行环境管理。面积大、人口多的州（如加利福尼亚州、俄勒冈州等），各县市单独设置环保机构，由州环保机构对其进行监督管理，基本建制为州环保机构-州环保机构地方办公室-县、市环保机构。

联邦 EPA 和州政府、当地社团、部落政府、企业、环境保护者保持伙伴关系。

3.1.1.3 管理体系的特点

（1）体制层面

国家层面，美国成立专门的环境保护机构——联邦 EPA。EPA 将分散在各个部门的环境保护职能整合，代表联邦政府全面负责环境管理，并拥有独立执行各项环境法律法规的权力。在地方层面，美国各州设有州一级的环境质量委员会和环境保护局，形成与联邦 EPA 一致的环境保护行政体系。

（2）协调方面

国会和政府间关系办公室（OCIR）负责 EPA 的主要项目及政府间问题，此外还负责与国会、地方政府保持联系。联邦政府其他协同机构在履行职责的过程中通过行使职权间接地保护环境。EPA 客户服务指导委员会，制定 EPA 客户服务计划政策，并执行客户服务计划，促进 EPA 与州政府、部落政府、企业、社会团体等各级部门以及环境保护人士的伙伴合作关系。

（3）运作机制方面

从美国的 10 大区域办公室的运作机制可知，在环境保护方面美国联邦对地方的管理手段包括：通过法律赋予独立的执法权，环境保护法规、标准的制定和实施，监督和检测，通过项目契约实现的经济手段。

（4）职能分配方面

EPA 除了拥有环境保护相关职能外，还拥有独立的执法权，这不仅是美国环境保护体制的重要特征，也是美国环境保护取得成效的重要保障。州环境保护局必须执行和监督联邦的各项环保法律法规、标准、项目等，同时享有一定的自主权，如在州范围内开展相关的环境执法和研究项目，但必须经 EPA 审批，同时要等于或高于联邦的要求。

3.1.2 环境管理政策

3.1.2.1 法律政策

自 20 世纪 70 年代初，美国环境立法开始大规模展开。经过 40 多年的发展，美国已形成了相当完善的环境保护法律体系，与环境保护相关的法律法规多达 100 多部。

（1）基本法

《美国国家环境政策法》（1970 年 1 月 1 日开始生效）是美国保护生态环境的基本法，是在各级政府行政法规、个案立法（水、大气、噪声、固体废弃物以及自然资源保护等）、行政和司法、吸收国外环境立法经验的基础上建立的。该法从保护整个人类生存环境出发，对美国的社会、环境、资源、人口、经济、文化发展进行全面协调和规划，要求美国各项政策、条例及其执行必须与本法相一致。

该法规定，对于影响人类环境质量的重大活动，须提出详细的论证和评估，包括拟开展的生产（生活）活动对环境的影响、潜在的不利环境影响和资源影响、备选的生产（生活）活动方案等。

该法还规定需成立环境品质委员会，该委员会对总统负责。1970 年起，美国总统每年向国会提交一份环境质量报告。环境质量报告内容包括：主要的自然环境、人为环境或经改造的环境状况；环境质量管理和使用以及当前和未来的趋势；自然资源是否满足全国生活和经济情况；对联邦政府、地方政府及非政府组织和个人的评价以及立法、补充方案等。

美国《国家环境政策法》的制定和完善具有重大意义，促使美国环境保护工作逐渐走上法制化轨道。政府的决策也由单纯的考虑政治环境、经济环境以及社会人文环境，扩大到自然生态环境。实施《国家环境政策法》后，由于采用了有效的环境政策和措施，美国严重的环境污染（大气污染、水污染、固体废弃物污染及噪声污染等）均得以明显改善，环境质量全面提高，公众的环保意识越来越强，打开了美国污染控制的新局面。

（2）保护各环境介质的相关立法

美国的环境保护相关立法按介质可以分为水、大气、噪声、固体废弃物、自然资源和野生动植物保护、危险废物、危险生物和核材料的环境保护，以及环境质量和管理方面的立法和法规等。

3.1.2.2　行政政策

（1）排污许可制度

排污许可制度是美国控制污染物排放的一项强有力的制度，其制度框架完善、规范详尽、措施到位、成效显著。1970 年美国制定了《废物排放许可证计划》，随后颁布的《清洁税法》和《清洁空气法》成为美国实施水污染物和大气污染物排放许可制度的基石。该制度以污染控制技术水平为基础，为排放限值和标准服务。对于开展新建、改建项目的企业，必须事先取得水污染物许可或空气质量许可，属于前置审批性管理制度；并对许可证持有人的义务进行了具体详尽的规定。排污许可制度包括许可证的发放、排放监测、监测结果报告、许可证更新等一系列监督管理措施，并通过严厉的制裁、信息公开和公众参与等手段确保制度的有效实施，对企业污染物排放的有效控制发挥了实质性的显著作用。

（2）环境技术政策和标准

技术政策是美国环境保护法律法规的重要组成部分，为美国法律法规的制定和实施提供有效的技术支持。在实施中要求实现经济和环境双重效益，注重技术的成熟性、可靠性和经济性。技术政策是制定环境保护标准的有效依据，达到上述要求并经过示范验证的环境技术被写入环境技术政策名录并以环境保护技术政策的形式发布。在不断发布新的技术政策的同时，美国政府持续不断地对新的技术开展筛选、评估、示范、验证，环境技术形成良性循环并不断提高污染控制技术水平。

环境标准是法律执行的依据，环境标准分为环境质量标准和污染源排放标准。环境质量标准是国家为保护人群健康和生态环境，对污染物容许含量所作的规定。污染源排放标准是对污染源排放所施加的技术要求，美国污染排放标准的制定以处理技术为基础，根据不同行业的工艺、处理技术、排放水平等因素制定污染物的排放标准。

美国环境技术政策在环境保护中发挥着强有力的技术支撑作用，随着技术的不断发展创新，技术政策的不断完善，美国环境质量得到了持续改善。美国 EPA 还针对污染控制技术发布了一系列内容丰富、完整的技术指南等文件，指导和规范美国各个环节环境管理的相关技术工作。

（3）环境监督性监测

美国通过实施环境标准对污染物排放开展监督性监测。监督性监测的主要目的包括：确保企业通过有效方式稳定达标；提供可靠、及时的企业超标排放信息；评估污染控制方案的有效性。美国针对监督性监测的一系列过程，包括监测授权、进厂监测、自行监测、应急授权、技术要求等都进行了法律规定。据《清洁水法》（402 条、308 条）规定，污染源（如城市污水处理厂、工厂、畜禽养殖厂等）必须获得排污许可证，必须通过联邦/各州 EPA 或企业自行监测两种方式对企业达标排放情况进行监测，同时授予监测人员进厂监测的权利——环境管理主管部门及其授权代表有权进入排放源查看任何相关资料，并对废水进行采样和监测。

监督性监测主要针对两类企业进行：重点污染源和小污染源。重点污染源主要根据污染物排放类型和排放量来确定，还包括有一定规模的有毒有害污染源以及固定源等（如每年排放 10 t 以上有害大气污染物的污染源、100 t 以上大气污染物的污染源均为重点污染源）。小污染源的划分主要考虑企业排放量，把企业（包括重点污染源）排放量按照从大到小的顺序进行排列，将累计占总排放量 80%的企业作为基线值，排放量或潜在排放量大于或等于基线值的企业作为小污染源被纳入监测范围。

监督性监测约占美国联邦 EPA 预算的四分之一，预算比例总体呈增长趋势。据调查，州环保监督性监测项目实施的经费来源于多种渠道，包括国家税收（37%）、联邦经费（37%）、费用征收（19%）、其他渠道（6%）。可对污染源排放的情况进行检查或抽查，对污水处理厂的抽查一般为每月或每周一次。例行的监督性监测不对污染源收取费用，产生的费用被列入抽查委员会的运行经费。

（4）环境影响评价制度

1969 年，《国家环境政策法》要求施行环境影响评价制度（EIA），这也是全世界范围内首次将环境影响评价制度化。《国家环境政策法》规定美国联邦政府各个机构在制定计划、方案、政策前，必须提交环境影响评价报告，要对计划、方案、政策将造成的环境影响做出详细评估。自该制度执行以来，美国环境影响评价制度逐渐植根于联邦政府各部门，也为世界各国提供了良好的借鉴和榜样。到目前为止，世界各国也在逐渐借鉴美国的成熟经验，建立起各自的环境影响评价制度。环境影响评价制度的建立，做到了在事前对环境可能造成的危害进行清晰地了解和详细评估，在思想上和行动上做好充分的准备，以应对可能产生的污染，从而避免计划、方案和政策对环境造成不可挽回的破坏，保证社会经济环境的可持续发展，是污染预防政策的典型代表制度之一。

（5）美国环境责任保险制度

随着环境污染事故的频发、社会矛盾激化以及公众环境权利意识不断增强，美国在公众责任保险的基础上建立了环境责任险（Environmental Liability Insurance）。目前，美国等发达国家的环境责任保险制度已发展得较为成熟。环境责任保险制度在减少政府环境社会经济压力、保护第三人环境利益、分散排污企业环境风险、保障排污企业的社会经济效益、强化保险公司对排污企业保护以及预防环境损害的监督管理等方面发挥了独特的作用。

美国环境责任保险的发展分为三个主要阶段。1966 年前，环境责任损害赔偿直接由公众责任保险承保。1966—1973 年期间，日益严峻的环境污染所引起的环境责任仍被纳入公众责任保险的承保范围。1973 年后，环境污染诉讼的迅猛增加产生了巨额的赔偿费用，各保险公司相继把故意造成的环境污染和渐进性的环境污染所引发的环境责任排除在公众保险责任范围之外，由此产生了环境责任保险。

随着工业化进程的发展，为了控制日益严重的工业污染，美国政府不断加强环境保护政策的力度，在《清洁水法》（1987 年）、《清洁大气法》（1970 年）、《环境应对、赔偿和责任综合法》（1980 年）等以及水、土壤、大气环境污染保护相关法律法规中，均提出了“污染者付费原则”和财产所有者的严格责任制度，同时还规定政府可以通过罚款或刑事制裁的方式，对污染者处以严厉的惩罚。如对严重违反环保标准的行为政府通过罚款或刑事制裁的方式进行处罚，法庭不仅对企业处以 25 000～50 000 美元/d 的罚款，还对个人判处 1 年以上的监禁，如果情节严重还可能关闭违规企业。巨额的赔偿往往让一些并非故意对环境造成污染的企业面临破产倒闭的风险。为规避风险、减少巨额赔偿损失，排污企业迫切需要将巨大的风险转嫁。因此美国环境责任保险制度在过去的几十年中得到了长足的发展，取得了丰富的经验，成为世界各国争相学习的对象。

3.1.2.3 经济政策

（1）环境税收政策

税收作为政府重要的经济干预手段，对于解决环境污染和生态破坏问题是不可或缺的。美国的环境税也叫做“生态税”或“绿色税”，是美国政府为实现特定的环境保护目标，筹集相关资金，同时用来调节纳税人相关行为而征收的所有税收的统称。美国国会最早于 1971 年提出对排放硫化物征税的议案，但直到 80 年代美国才设立专门的环境税收。至今，美国政府已形成一套相对完善的环境税收政策，这也是美国环境管理的特色所在。美国与环境相关的税收见表 3-3。

税务部统一征收环境税，缴入财政部，税收资金被划分为普通基金预算和信托基金。信托基金被转入下设的超级基金。超级基金由国家 EPA 负责管理，在财政上被纳入联邦财政预算管理。美国环境税收征收管理体系具有征管部门集中、征管手段现代化、水平高的优势，拖欠、逃、漏环境税收的现象很少。

随着环境税收体制的不断完善，税收手段在美国环境经济政策体系中日益体现出优越性，税收的“强制性、无偿性和固定性”的基本特征在美国环境税收中得到充分体现。对损害臭氧层的化学品征收消费税大大减少了氟利昂的使用，征收汽油税鼓励了广大消费者使用节能型汽车，征收开采税从经济上抑制了少盈利的资源开采活动，减少了 10%～15%的石油总产量，减少了汽车废弃物的产排。尽管美国汽车使用量大增，但大气中二氧化碳、一氧化碳、悬浮颗粒等污染物浓度明显下降。美国的环境税收政策效果十分显著，对生态环境状况的根本改善、环境质量的显著提高起到了重要保证作用。

表 3-3 美国与环境相关的税收

序号	税收名称	概述
1	氯氟烃税	1990 年开始征收该税。该税是按消费量来征收的美国国内消费税，以生产和进口氯氟烃类的数量为税基，以氟利昂的税率为基础税率，税额为基础税率与生产和进口氯氟烃类的数量的乘积
2	形成“超级基金”的税收	“超级基金”是美国为处理已经倾倒或泄漏的废弃物提供清理费用实现保护环境目标的专项基金。其中的化学原料消费税的课税对象就是 42 种化学原料，税率根据化学品的类别而定，纳税人为化学原料的生产者和进口商
3	形成漏油责任基金的税收	该基金由对原油生产者及原油、汽油进口商课征的消费税形成。该项税收只是对漏油事件产生环境损失的预防和补偿
4	形成地下储藏罐泄漏基金的税收	该税收由对汽油、柴油、飞机燃料和其他燃料征收的消费税构成
5	形成废弃矿井再利用基金的税收	对废弃矿井征收的税
6	对空气污染征收的税收	美国联邦和地方政府都对汽油、柴油等燃料征收燃料税且各项税率差别很大
7	开采税	该税是对自然资源（主要是煤炭、石油、天然气）开采征收的一种消费税。通过规制自然资源的开采改善环境
8	高耗油车税	该税是联邦政府对没有达到最低燃料标准的无效燃料征收的一种消费税，用于抑制无效燃料车的购买、使用
9	煤炭税	该税是联邦政府对煤炭征收的一种特殊国内货物税。该税为“煤肺病”患者提供社会保险基金
10	环境收费和税收优惠政策	环境收费主要包括水费和下水道费以及固体废弃物收费。水费和下水道费是为水污染治理筹集资金。自来水和下水道通过水表计量收费。固体废弃物收费主要用来抑制家庭产生过多的固体废弃物，按废弃物的体积进行收费。美国环境税收优惠政策主要包括投资税收抵免、税收减免、加速折旧等税收支出措施上。具体形式主要包括对酒精-汽油混合燃料的税收优惠、清洁燃料税收减免、加速折旧、销售税和财产税减免、交通津贴等

（2）守法激励政策

守法激励政策（又称为绿色优惠政策）在利益诱导机制的作用下可充分提高排污者的守法自觉性和积极性。根据该政策，某些行为人事先积极预防环境污染、环境事故发生后自觉揭发并及时纠正违法行为，降低了环境破坏带来的损失，给予这些行为人不处罚或减轻处罚的守法激励。守法激励政策包括 4 个主要操作阶段。

美国 EPA 还出台了一些针对行业的具体的守法激励方案，进一步细化相应的激励规则，如针对通讯行业、猪肉产品加工业、钢铁行业、有机化学工业等都给出了具体的执行方案。美国 EPA 的守法激励政策中最有代表性的是“环境审计政策”（1995 年），又可称为“发现、披露、纠正和防止环境违法激励政策”。环境审计政策的执行方式由美国 EPA 和受管制者共同协商决定，对满足条件者 EPA 将从宽处置，具体措施包括：不提起刑事诉讼；免除或减少基于权重计算的处罚额；不强制受管制者提交例行审计报告。EPA 在审计政策中对于激励适用情况做了具体规定，并在 EPA 与受管制者的双方协议中作出详细说明。环境审计政策引导企业加强自身环境管理，鼓励企业建立环境管理体系（EMS），并明确规定适用于免除基于权重的处罚的前提条件是受管制者已建立 EMS。

（3）排污权交易政策

美国是世界上最早建立排污权交易市场的国家，形成了最为完善的排污交易制度。排污权交易是为保护环境、控制带来环境问题的污染物质（如二氧化硫）的排放量、设定污染物的容许排放量、在法定的企业中进行分配并允许排放量超过容许排放量的企业可以根据需要从其他具有污染物剩余容许排放量的排污企业处购买污染物的容许排放量的制度。美国通过排污权交易的实践，从整体上达到了减少污染物排放量的目的。美国排污权交易制度体系由四类政策构成，主要包括补偿政策、泡泡政策、净得政策和排污量存储政策。

美国实施排污交易制度以来，形成了成熟的排污交易市场，积累了丰富的经验。其一，在排污交易实施之前必须开展大量的前期研究作为支撑。在美国排污交易市场成立初期，美国对污染物的排放作了深入研究，并开展了大量的污染排放交易试点工作，如 20 世纪 70 年代到 90 年代初美国在部分地区开展的相关交易政策研究。在前期大量研究工作基础上，建立起了成熟完善的排污交易制度；其二，排污权交易制度必须得到法律的支持。最典型的例子便是在美国排污交易市场形成初期，《清洁空气法》（1990 年修正案）中就通过法律规定，将二氧化硫排污权交易法制化，通过法律手段保障二氧化硫排污权交易的顺利实施；其三，科学的监控手段和完备的管理信息系统是确保排污交易顺利实施的必要条件。为确保总量目标、排污容量资源的合法性以及保证交易的公平公正性，美国所有的相关企业都安装了与 EPA 连网的在线连续监测设备，确保对相关企业实时监控，同时以先进的计算机网络为平台，建立了污染排放的跟踪系统、审核系统。相关交易企业、官员和公民都可以随时了解企业的排污状况和排污交易情况，通过透明度来确保排污交易市场的公平竞争；其四，良好的交易市场是确保交易顺利进行的前提。美国市场经济条件成熟、体制相对完善，为排污交易的实施打下了坚实的基础。

（4）环境产业政策

环境产业又称为环境技术产业（ETI），是指为了实现可持续发展，通过使用对环境友好的技术、产品和服务来降低环境危害和风险，提高资源的利用效率，改进工艺过程的产业。美国环境技术产业主要分为三大类。第一类是环境服务，主要包括废水、废物管理、环境分析与测试、修复服务以及咨询设计等服务。第二类是环境设备，主要包括各种污染控制相关的处理设备。第三类是环境资源，主要包括资源利用、回收以及清洁能源。

根据其发展和特点，将美国的环境产业发展分为三个阶段，第一为产生阶段（1969 年以前），此阶段环境产业已经起步（如市政供水和废物回收），规模小、分散、种类单一，且缺乏支持政策，处于环保产业的萌芽阶段。第二为发展阶段（1969—1989 年），随着美国《国家环境政策法》的颁布以及美国环境保护署（EPA）的成立，美国的环境产业迅速起步并发展壮大起来。第三阶段为成熟调整阶段（1990 年至今），美国本土的环境产业得到很大改善，美国的污染物排放量已达到控制极限，环境标准设计也促进了环境产业的进一步发展。

3.2　美国水环境重金属管理体系

3.2.1　美国水环境污染防控法律法规

3.2.1.1　水环境污染防治立法沿革

美国水环境保护起源于 1899 年颁布的《垃圾法》（*Refuse Act*），该法以清理航道为目的，禁止向通航水道排放妨碍航运的废物。

1948 年，美国制定了《联邦水污染控制法》，该法要求联邦公共卫生局调查水污染状况，同时为公共污水处理厂提供贷款及咨询服务。由于法案授予联邦政府非常有限的权力，且采用冗长的执行机制，在防止水污染的管理工作上收效甚微，其后经过多次重大修订，最终形成了著名的《清洁水法》。

1965 年，美国通过了《联邦水污染控制法》的修正案《水质法》。首次采用以州水质标准为依据的管理办法，要求州颁布水质标准，同时授权新成立的联邦水污染控制行政机关设定相关标准以补充州标准的不足。1970 年之前，美国主要由州颁布和实施“环境水质标准”，但未就污染物排放是否违反环境水质标准作出相关规定。

1970 年，美国恢复 19 世纪制定的《废物法》，但该法存在严重缺陷，没有为许可证的批准或否决提供任何标准，导致诸多执法不公的情况发生。

1969 年拉夫运河（Love Canal）事件之后，社会各阶层环境保护的意识迅速高涨，从民间到各级政府，很快形成了制止污染、保护环境的共识。1972 年，美国国会对《联邦水污染控制法》进行修正，通过了修正案《清洁水法》。《清洁水法》在美国水环境保护立法体系中主要用于控制地表水污染，是美国最完善的环境保护法律之一。《清洁水法》包括对不同类型点源和面源污染的控制、对填埋物质和雨水排放的管理、对油类物质和危险物质泄漏事故的管理。在对点源污染源的控制规定中提出了以污染控制技术为基础的排放限制。1977 年美国再次对《联邦水污染控制法》进行修订，将美国水污染防治重点由常规污染物转为有毒物质。

1972 年，美国颁布了《海洋倾倒法》(《海洋保护、研究和禁猎法》) 和《海岸带管理法》，进一步保护海洋环境。《海洋倾倒法》禁止往海洋中倾倒放射性、化学和生物武器物质、高放射性废弃物以及医疗废弃物，向海域倾倒上述物质以及其他物质（疏浚物质以外的物质）必须向联邦 EPA 申请许可证，向美国海域倾倒疏浚物质必须向陆军部长申请许可证。《海岸带管理法》用于管理海岸带的自然资源开发和土地利用，以应对人口快速增长和经济发展对沿海地区的资源和生态系统造成的压力。美国绝大部分海岸土地由州管辖，《海岸带管理法》采取了联邦政府给州政府提供补助贷款等手段刺激州政府保护和管理海岸带的管理机制。

1974 年，美国制定了《安全饮用水法》，其后于 1986 年和 1996 年进行修订，旨在通过对美国公共饮用水供水系统的规范管理确保公众健康。该法要求美国 EPA 建立基于人体健康的国家饮用水标准，防止自然和人为污染对饮用水质量造成影响。《安全饮用水法》的发布和修订，标志着美国水环境污染防治立法体系已基本完善，整个立法体系的发展历程见表 3-4。

表 3-4 美国水环境重金属污染防治法律发展历程

年份	法律法规
1899	制定《垃圾法》
1948	制定《联邦水污染控制法》
1965	通过《联邦水污染控制法》的修正案《水质法》
1970	恢复 1899 年制定的《废物法》
1972	大幅修正《联邦水污染控制法》，通过了修正案即《清洁水法》
1972	制定《海洋倾倒法》《海岸带管理法》
1974	颁布《安全饮用水法》，1986 年和 1996 分别进行修订
1977	对《联邦水污染控制法》进行修订，将美国水污染防治重点由常规污染物转为有毒物质（包括重金属）

3.2.1.2 水环境污染防治主要管理制度

美国水环境污染控制主要管理制度如图 3-4 所示。

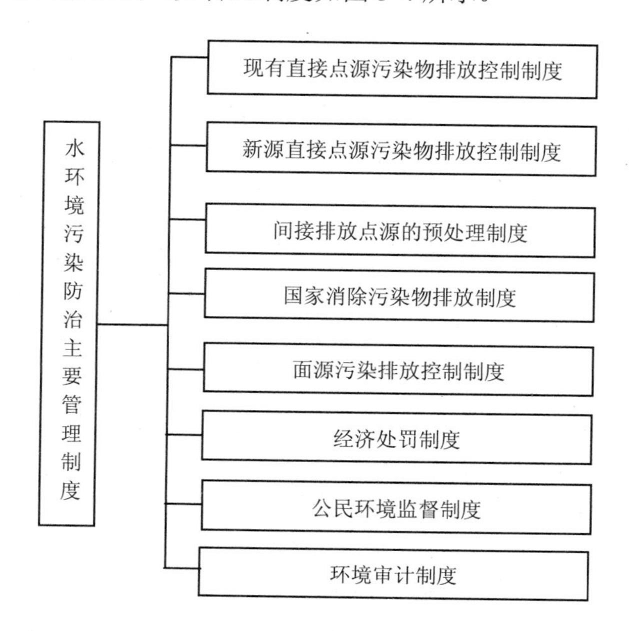

图 3-4 水环境污染防治主要管理制度

（1）排污许可证制度

《水污染控制法》（1972 年）确立了新建点源废水排放管理机制，即国家消除污染物排放制度。该法要求，任何地表水域的点源废水排放必须在获得排污许可证（又称“国家排放许可证”、“排放许可证”或“许可证”）的前提下进行，任何未取得许可证所进行的排放均会受到法律制裁。所有排污单位必须在遵守联邦法令的前提下，向联邦政府机构申请许可证，审批通过后，在联邦的监督下执行该许可证规定。国家级许可证相关的违法事件还将走联邦法律程序，经联邦调查局审查，被联邦政府检察官起诉，在联邦地区法庭审理。

美国的排污许可证可以由联邦及州、县、市 EPA 颁发。联邦 EPA 具有在全国范围内颁发排污许可证的权限。地方 EPA 颁发的许可证必须经所属联邦 EPA 的分支机构（区域办公室）审核批准才能生效。排污许可证有效期限为 5 年，此后须重新审核发放。许可证的发放程序公开透明，正式发放之前广泛征求排污单位、社会公众的意见，期限为 30 天。30 天后发放单位召开听证会确定许可证的最终内容与形式，其中排放量由排污单位预先申报并经审核确定。

《清洁水法》规定排污企业须自我监测并主动申报排污情况。为确保企业如实申报排污情况，《清洁水法》还制订了相关规定，例如严格的刑事责任等。

（2）现有直接排放点源污染物排放控制制度

根据《清洁水法》规定，1977 年 7 月 1 日之前，现有点源（除公共水污染处理厂外）应达到以当前最佳可行控制技术（BPT）为基础的出水限值；1989 年 3 月 31 日之前，所有排放有毒污染物和非常规污染物的现有直接排放点源应达到以经济上可实现的最佳可得控制技术（BAT）为基础的出水限值，除公共污染处理厂外的排放常规污染物的点源应达到以最佳常规污染物控制技术（BCT）为基础的出水限值。BPT 仅强调排放管道终端的处理，是每种或每类工业中运行良好的工厂执行的最佳平均值。BAT 包括末端处理措施之外的工厂内部的工艺革新，是已经或者可能达到的最佳控制和处理措施。

（3）新建直接排放点源污染物排放控制制度

新源是法律规定的新源执行标准（NSPS）条例公布之后开始兴建的排放源。美国政府十分重视对新源的控制，事实证明新源控制的经济代价比现源控制的代价小得多。根据《清洁水法》规定，新建直接点源的污染物排放执行新源标准。该标准反映了经实践证明的最佳可得控制技术（BAT）所能达到的最大排放削减（包括零排放）。和现有源标准 BCT 和 BAT 不同的是，新源不得以经济代价为由要求改变有关的新源执行标准。

（4）间接排放点源的预处理制度

间接排放是指将污染物排入污水处理厂并经处理后排放，而非直接排入水环境的排放行为。制定预处理标准的目的是为了预防间接排放点源污水影响公共污水处理设施的正常运转和降低公共处理设施的出水质量。《清洁水法》对间接排放点源的预处理标准进行了规制，通过制定预处理标准要求点源在将污水排入公共污水处理设施前对污水进行一定程度的净化处理。

（5）面源污染排放控制制度

随着面源污染问题的日益严峻，美国于 1987 年再次修订《清洁水法》，要求各州对面源污染进行调查并找出控制措施下不能达标的水体，针对这些水体各州应制定相应的管理计划（包括实施方案、管理措施、期限等），并最终向联邦 EPA 提交实施报告。

（6）增加违法成本的经济处罚制度

《清洁水法》规定，对于因过失而违反排放限额的任何人处以按日计的罚金。除此之外，违反规定的企业和个人将被列入黑名单，该名单由 EPA 向所有联邦机构提供，且所有联邦机构都不得与黑名单上的企业及个人签订合作协议。该项规定使违法者的违法成本远远高于盈利成本，以引导企业自觉守法。

（7）企业员工环境监督制度

企业员工监督机制是相关刑事责任的有效补充。《清洁水法》鼓励员工监督企业生产经营活动并揭发企业的相关违法行为。该法第 1367 条“雇员的保护”条款，是企业员工监督政策实施的根本保障，确保提供企业违法信息员工的权利不受到侵害，如员工认为自己因向环境保护管理机构或环保团体提供企业违法信息而被企业解雇或受到企业不平等待遇，可向劳工部长申请复核。若该违章行为确有发生，违章行为的当事人必须停止该违章行为，并给予补偿。

（8）环境审计制度

环境管理机构为及时全面地发现所有企业的违法排污现象，实施环境审计政策。1995 年，EPA 颁布《鼓励自我管理：发现、报告、纠正和预防违法行为》（2000 年修订），建立了环境审计制度。实施该制度可以在企业自动改正违法行为的前提下减少企业罚款，更为重要的是可以加强环境管理、降低企业环境成本和风险，有助于提高员工环境意识、树立企业良好的社会形象。根据该政策，企业经自我检查发现违法排污行为并主动报告和纠正行为，环境监管机构将减轻对企业的处罚。为了鼓励企业进行环境审计，某些州通过地方立法规定不得根据环境审计报告的信息对企业提起诉讼。

3.2.2 美国水环境重金属污染防控相关标准

美国的水环境重金属污染防治始于1977年《清洁水法》中公布的129种优先污染物，包括12种金属：Sb、As、Be、Cd、Cr、Cu、Pb、Hg、Ni、Ag、Tl、Zn。《清洁水法》通过建立污染防治质量基准和排放标准实现对水环境重金属的管理。

3.2.2.1 环境质量基准

美国是世界上最早开展水环境质量基准研究和制定的国家之一，至今为止已形成了较完善的水环境质量基准体系，主要包括两个大类的水环境质量基准（保护水生生物和保护人类水质基准）、规范各类基准的制订与推广的技术指南以及不断发布更新的基准相关研究成果。

美国的水环境基准对世界各国的基准制定和研究影响深远。20世纪60年代，美国相继发表了一系列水环境基准文献，形成了较为完整的水环境基准体系，联邦基准通常通过数值或描述方式来表述，为各州制订水质基准提供科学依据。美国最新的水质基准于2015年由美国国家环境保护局（USEPA）发布，涉及金属（17项，包括重金属12项），主要包括人体健康基准、水生生物基准、营养物基准、沉积物质量基准、细菌基准、生物学基准、野生生物基准等。其中和重金属相关的基准有水生生物基准（表3-5）、人体健康基准（表3-6）和野生生物基准（表3-7）。这些水质基准根据《清洁水法案》（CWA）第304（a）条款制定公开，并被写入《联邦法规典》（CFR）。针对地下水，美国采用的是饮用水标准。

此外，美国是最早开始关注水体沉积物质量的国家并率先制定了水体沉积物的重金属基准。美国环保局从1985年就开始利用“储存与修复系统”（Storage and Retrieval System）数据库中的沉积物监测数据评估沉积物污染问题，其评估阈值是将当时的水质基准用有机碳含量归一化后，通过相平衡分配法计算。EPA于1986年成立了“沉积物基准技术咨询委员会”（Sediment Criteria Technical Advisory Committee），该委员会负责专门研究推算沉积物质量基准的方法。1988年，为全面管理控制沉积物污染问题，EPA又成立了2个监督委员会，即主要负责项目管理的“沉积物监督指导委员会”（Sediment Oversight Steering Committee）和负责技术支撑的“沉积物技术监督委员会”（Sediment Oversight Technical Committee）。

这些委员会联合推出了一系列沉积物管理政策，并于 1998 年正式颁布了“污染沉积物管理政策”。

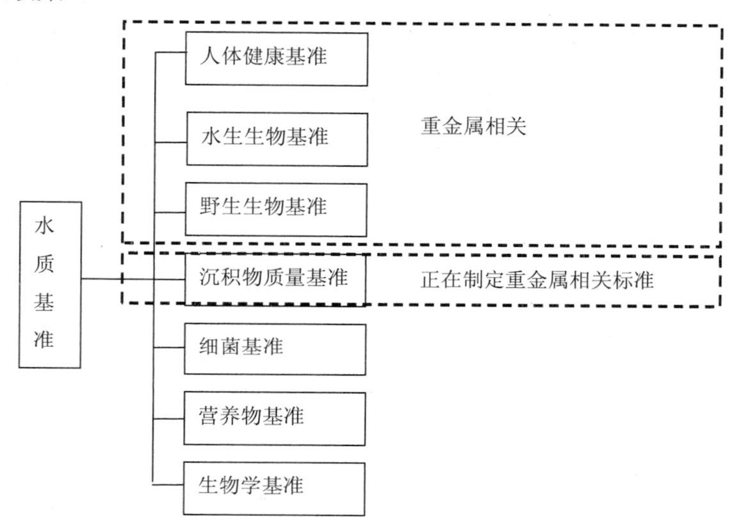

图 3-5　美国 EPA 水环境基准

（1）水生生物基准

1985 年，美国发布《推导保护水生生物及其用途的水质基准技术指南》，清晰表述了双值水质基准思想并提出了较完善的技术路线。该指南规定了试验数据的收集范围及质量要求，规定了最终急性值、最终慢性值、最终植物值和最终残留值的计算方法，以及利用上述 4 个最终值推导水生生物基准的程序和方法。指南中规定针对每个化合物制定的水生生物基准值分别用基准最大浓度（CMC）和基准连续浓度（CCC）表示，这两个浓度为防止高浓度污染物短期和长期作用对水生生物造成的急性和慢性毒性效应而设。该指南充分考虑了生物多样性，具有良好的代表性。

表 3-5　USEPA 水生生物基准

污染物	P/NP*	淡水		咸水		公开年份
		CMC（急性）/（μg/L）	CCC（慢性）/（μg/L）	CMC（急性）/（μg/L）	CCC（慢性）/（μg/L）	
As	P	340[A, D]	150[A, D]	69[A, D]	36[A, D]	1995
Cd	P	2.0[D, E]	0.25[D, E]	40[D]	8.8[D]	2001

污染物	P/NP*	淡水		咸水		公开年份
		CMC（急性）/（μg/L）	CCC（慢性）/（μg/L）	CMC（急性）/（μg/L）	CCC（慢性）/（μg/L）	
Cr（III）	P	570[D, E]	74[D, E]			1995
Cr（VI）	P	16[D]	11[D]	1，100[D]	50[D]	1995
Cu	P	2.34	1.45	4.8[D, cc]	3.1[D, cc]	2007
Pb	P	65[D, E]	2.5[D, E]	210[D]	8.1[D]	1980
Hg	P	1.4[D, hh]	0.77[D, hh]	1.8[D, ee, hh]	0.94[D, ee, hh]	1995
Ni	P	470[D, E]	52[D, E]	74[D]	8.2[D]	1995
Ag	P	3.2[D, E]		1.9[D]		1980
Zn	P	120[D, E]	120[D, E]	90[D]	81[D]	1995

注:

P/NP*: 优先污染物（P）或非优先污染物（NP）。

CMC: 标准最高浓度。

CCC: 标准持续浓度。

A: 主要来自于砷（III）的数据，但本标准采用总砷。这表明砷（III）和砷（V）对水生生物具有相同的毒性，它们的毒性是叠加的。

D: 淡水和海水标准均以水柱中溶解金属表示。见政策和技术办公室关于解释和实施水生生物金属标准的指导，可在 NSCEP 网站以及 40CFR§131.36（B）（1）获取。转换因子可在附录 A 以及序言-溶解金属转换因子查阅。

E: 该金属的淡水标准可以表示为水柱中硬度（mg/L）的函数。给出的值和 100 mg/L 硬度相对应。其他的硬度标准值可通过标准文件中提供的方程式计算。

cc: 当溶解态有机碳的浓度提高时，铜的毒性更低并且使用水-效果比率可能更适合。

ee: 推荐的水质标准可以从 Hg 标准文件中获得（EPA 440/5-84-026，January 1985）。标准文件的 23 页给出了咸水 CCC 的 0.025μg/L 主要基于 1985 年指南的最终残留值程序。1995 年大湖水生生物标准指南发行（60 FR 15393-15399，March 23，1995），该机构不再使用最终残留值程序来获得 CCCs 以更新获修订 304（a）水生生物标准。

hh: 这个推荐的水质标准来自无机 Hg（II）的数据，但是在这里被用作总汞。如果水柱中大量的汞是甲基汞，可能会保护该标准。而且，即使无机汞被转化为乙基汞，乙基被大量生物累积，因为该标准制定过程中数据不足，该标准不解释通过食物链对汞的吸收。

（2）人体健康基准

保护人体健康的水质基准（简称人体健康基准）由美国 EPA 或州制定，用来保护人体健康免受致癌物和非致癌物的毒性作用，它考虑了人体摄入水生生物以及饮水带来的健康影响。从 2000 年开始，美国 EPA 陆续颁布了《推导保护人体健康的水质基准技术指南》及其他技术支持文件，规定了推导人体健康基准的 4 个步骤，即暴露分析、污染物动态分析、毒性效应分析和基准推导方法，对于可疑的或已证实的致癌物和非致癌物采用不同的方式进行估算。前者需估算各浓度下人群致癌风险概率的增量，后者则估算不会对人体健康产生有害影响的水环境浓度。该指南对暴露分析、暴露途径、污染物动态分析等进行了相关规定。

人体健康基准推导主要基于致癌性、毒性或感官性质（味觉和嗅觉）。在少数情况下，感官性质也可构成水质基准的数据基础。这种类型的基准不是直接影响人体健康的阈值，而是防止由于饮水或食用水生生物而产生不愉快的嗅觉或味觉的阈值度。感官基准与其他类型的水质基准在保护水体指定功能方面同样有效。在数据充分时，对已制定感官基准的污染物也可制定基于致癌性或毒性的基准。美国 EPA 规定，在制定水质标准时，选择哪一项基准作为标准的科学依据主要取决于要保护的水体功能。在指定为多功能水体的情况下，应采用保护最敏感功能的基准。

表 3-6　USEPA 人体健康基准

污染物	P/NP*	人体消耗水+有机体/（μg/L）	有机体/（μg/L）	公开年份
Sb	P	5.6B	640B	2002
As	P	0.018 C, M, S	0.14C, M, S	1992
Ba	NP	1 000A		1986
Be	P	Z		
Cd	P	Z		
Cr（III）	P	ZTotal		
Cr（VI）	P	ZTotal		
Cu	P	1 300U		1992
甲基 Hg	P		0.3 mg/kgJ	2001
Ni	P	610B	4 600B	1998
Ti	P	0.24	0.47	2003
Zn	P	7 400U	26 000U	2002

注：

P/NP*：优先污染物（P）或非优先污染物（NP）。

B：通过修订该标准，来反映环境保护署 2002 年 5 月 17 日的综合风险信息系统（IRIS）中的 Q1*或参考剂量。

C：该标准基于百万分之一致癌风险。替代的风险水平可以通过移动小数点（例如，对于一个风险水平 10^{-5}，把推荐标准的小数点往右移动一个位置。

J：甲基汞的鱼组织残留标准基于鱼类总消费率 0.017 5 kg/d。

M：EPA 目前正在重新评估砷的标准。

S：该推荐水质标准仅适用于无机砷。

U：感官效果标准比优先有毒污染物的值更严格。

Z：EPA 的安全饮用水法发布了一个更严格的最高污染物水平（MCL）。详情请参阅饮用水法规 40CFR141 或安全饮用水热线（1-800-426-4791）。

表 3-7 USEPA 保护野生生物水质基准

重金属	基准/（mg/L）
Hg（包括甲基 Hg）	1.3×10^{-3}

表 3-8 USEPA 感官效果水质基准（例如：味觉和嗅觉）

污染物	感官影响标准/（μg/L）	引用源
Cu	1 000	Gold Book
Zn	5 000	45 FR79341

（3）沉积物质量基准

沉积物是水生生态系统中的重要环境组成，是许多水生生物的生存基质，也是许多污染物的最终归宿。化学品直接从沉积物传递给生物是生物接触污染物的重要途径，保护沉积物质量是保护水质的必要延伸。制定沉积物质量基准的根本目的是为了保护底栖生物免受沉积物中污染物影响。美国 EPA 建立的平衡分配法是 EPA 推荐的沉积物质量基准计算方法。

美国 EPA 正致力于制订金属沉积物质量基准。EPA 于 2005 年，出台了保护深海有机体的 6 种重金属混合物（Cd、Cu、Pb、Ni、Ag 和 Zn）基于相平衡沉积物基准（equilibrium partitioning sediment benchmarks，ESBs）的获取程序。

3.2.2.2 排放标准

《清洁水法》第 301 部分对水污染物排放限值的制定与实施提出了要求，分别按照不同的污染物类型、行业以及技术制定水污染物排放标准，如图 3-6 所示。

（1）国家排放标准

《清洁水法》将水污染物分为 3 类：有毒污染物、常规污染物、非常规污染物。有毒污染物中包括了如下重金属：Sb、As、Be、Cd、Cr、Cu、Pb、Hg、Ni、Ag、Tl、Zn。根据废水排放途径的不同，排放标准可分为两类：一类是排入公共废水处理系统废水的预处理标准；一类是直接排入通航河道废水的排放标准。关于重金属的排放标准在全美是统一的。

美国的水污染物排放标准以行业标准为主，针对不同的行业分别制定各自的预处理标准和直排标准。

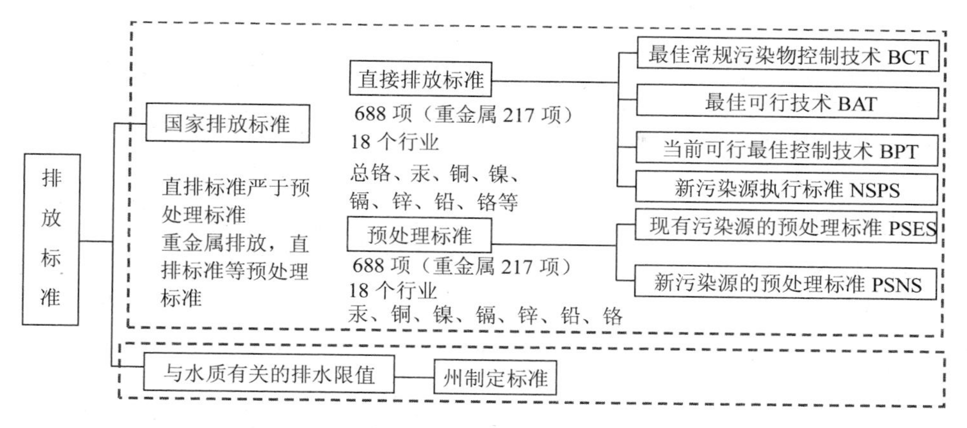

图 3-6　美国重金属污染防治水环境排放标准

1）预处理标准

预处理标准（Pretreatment standards）是对排入公共污水处理设施的工业点源所制定的排放标准，对联邦政府、州、地方政府、工厂以及广大公众的责任进行了分别规制。所谓预处理是指通过物理、化学、生物或其他过程来降低污水中所含的污染物浓度或是改变它们的性质。预处理标准比直排标准要宽松一些，但对许多有毒有害物质如重金属等，预处理标准与直接排放点源的排放标准一样严格。

《清洁水法》还对公共污水处理设施也进行了规制：政府或自治区所拥有的公共污水处理设施包括储存、治理和回收城市污水或工业液体废物的设备以及传送废水到公共处理场所的下水道、管道和其他传输设备。重金属预处理标准分为现有污染源的预处理标准（PSES）和新污染源的预处理标准（PSNS）。

此外，预处理标准体系中的禁排标准即零排放标准非常值得关注，是由联邦 EPA 制定的适用于所有工业点源，用于保护公共污水处理设施的标准，是主要针对某些特殊的污染物而制定的排放限制。这些污染物可能对公共污水处理设施产生致命危害或严重影响出水质量。

具体工业废水预处理标准的详细内容参考《清洁水法》307 部分制定的 CFR 40 第 1 章节的第 N 分节（40 CFR Ch.l）。EPA 共制定了预处理标准 361 项，涵盖 18 个行业 264 个子类，其中包含重金属控制的预处理标准 132 项，主要控制的重金属包括 Hg、Cu、Ni、Cd、Zn、Pb、Cr 等。

2）直排标准

直接排放标准对包括重金属在内的有毒污染物的控制较严。行业标准颁布之前建造的工业设施可采用基于当前可行最佳控制技术（BPT）和最佳可行技术（BAT）的直排标准，行业标准颁布之后新建的污染源直排标准则采用新污染源绩效标准（NSPS）。一个行业的当前可行最佳控制技术（BPT），是按照制定标准时该行业工厂的较佳实际废水处理水平而制定的，以此作为该工业所有排污户的最低要求。而所谓经济可行的最佳可行技术（BAT），是指已经在工业界或者实验室存在的，经济上可行的最佳控制和处理手段，能够达到比最佳控制技术更高的污染物处理率。新源绩效标准（NSPS）的设立，主要是为了在可能达到的情形下，制定更严格的技术排放标准，包括零排放。在美国已颁布的约 60 种技术排放标准中，经济可行的最佳可行技术（BAT）和新源绩效标准（NSPS）大多是比较接近的。最佳常规污染物控制标准（BCT）规定了已有工业污染源的最佳常规污染物控制标准，但 BCT 标准不涉及重金属排放标准。直排标准详细内容参考《清洁水法》307 部分的 CFR 40 第 1 章节的第 N 分节（40 CFR Ch.l）。EPA 共制定了直排标准 688 项，涵盖 18 个行业 264 个子类，其中包含重金属控制的直排标准 217 项，主要控制的重金属包括：总 Cr、六价 Cr、Hg、Cu、Ni、Cd、Zn、Pb 等。

（2）特别排放限值

如果 EPA 认为，采用基于最佳实用技术和常规污染物最佳控制技术的排放限值仍无法达到某些水域环境水质标准，应制定适用于该水域点源的特别排放限值，也就是与水质有关的排放限值，该限值由州制定，属于地方排放标准。

而企业实际执行的是许可证中规定的排放限值，此限值针对每一污染源的实际情况制定。当然，它不能违反国家和地方排放标准。因此，美国废水排放标准实际上存在国家、地方、企业 3 个层面。美国 EPA 采用了分行业、品种、负荷控制的工业废水排放标准，以每吨产品或原料为基准，每日每月容许的平均最高污染排放负荷量为基础。负荷标准对不同行业、产量、品种、工艺区别对待，符合实际情况，也避免了采用稀释手段达标的假象，且制定和执行比较快速、便捷。每个企业的污染负荷很明确，为总量控制奠定了基础，且不需要预先花费很大的人力、物力和时间去统计复杂的环境总容量，因此负荷标准的制定比较高效。

3.2.3 美国水环境重金属污染防治管理的特点

（1）具有完善的水环境污染防治立法

美国水环境污染防治法经不断修改最终形成完善的体系，是水环境重金属污染防治管理制度有效运行的根本依据。

（2）联邦政府具有水环境重金属污染防治的主导权限

1972 年联邦《清洁水法》确立了联邦政府在水环境污染防控管理工作中的主导地位，同时明确了各州的权力和义务。《清洁水法》要求联邦政府制定全国统一的水质标准、水环境政策和废水排放标准，由州政府实施新的管理体制，州可制定更为严格的环境标准。在州不能执行联邦政府的水环境决策或达不到要求时，联邦政府可越过州政府执行权限，这对保障水环境重金属污染防治任务及目标的顺利完成有重要作用。

（3）具有完善的排污许可证制度

排污许可证制度是美国控制水环境污染管理体系的核心。该法要求，任何地表水域的点源废水排放必须获得排污许可证，任何在未取得许可证的情况下进行的排放都会受到法律制裁。

联邦 EPA 具有在全国范围内颁发排污许可证的权限，地方 EPA 颁发许可证必须经所属联邦 EPA 的分支机构（区域办公室）审核批准才能生效。

（4）具有符合技术实际的排放标准体系

美国工业污染源排放标准由联邦统一制定。联邦 EPA 根据每个行业的“最佳可行技术”规定执行统一的污水排放标准。执行全国统一的排放标准可避免污染企业在各个州之间转移。对超标排放行为，EPA 以及相关部门可对排污源进行罚款或刑事处罚。此外美国 EPA 每年花费大量的资金对各行业污水处理技术进行调查以便适时修订或制定相关行业的排放标准。

（5）具有良好的水污染防治的资金机制

在联邦层面，联邦政府投资水污染防治项目的主要形式是美国 EPA 管理的政府滚动基金（SRF），该基金于 1987 年应《清洁水法》修订案要求开始启动，旨在为水环境污染防治工作建立可持续的资金渠道。该基金用经济手段鼓励地方政府建设和经营有效的城市污水处理体系，实践证明，这种经济手段对于地方政府开展水环境重金属污染防治工作非常有效，也形成了美国水环境污染防治工作最大的亮点之一。

在州层面，州水资源管理委员会分配一定的环保资金用于水环境污染防治，该资金主要来源于州政府发行公债（由州政府负责偿还）。资金的申请者主要包括政府部门、非赢利性机构以及某些有志于治理水环境污染的经营管理者。环保资金的投资方式包括贷款和赠与两种形式。投资方向主要包括地下水改善与保护、非点源污染控制、水环境保护、农业面源污染治理等。

在州内的区域层面，水质控制委员会也有一定的经费。经费主要来源于排污费。排污费可用于常规监测和抽测。由水质控制委员会设置的水质监测实验室负责区域内地表水的监测工作以及污水处理厂、工业点源等污染源的排水抽测工作，所产生的费用由排污费出。当排污者（如污水处理厂、工业污染源等）出现超标排放情况，区域水质控制委员会对其进行罚款。

（6）实施科学的总量控制手段

环境管理部门对清洁水体和污染水体施行不同的管理要求。《清洁水法》规定，清洁水体主要采用排放标准来管理，而污染水体按照日最大负荷量（TMDL）确定各企业的排放削减量以保证实现相应的水质目标。

3.3 美国大气重金属管理体系

3.3.1 美国大气环境污染防控法律法规

美国的大气环境污染防治法律法规体系始于 1970 年通过的《清洁大气法》（CAA），历经几次修正而日趋完善，例如 1977 年新增了在新源建设前需进行环境影响评价的条款；1990 年的修订则主要集中在对酸雨、城市空气污染、有毒空气污染物（包括重金属）排放的控制，并增加了化学品管理、研发工作规范、有毒污染物事故性排放等相关规定。目前，《清洁大气法》的管理范围覆盖了全美的各种生产活动，被称为最庞大的环境法律。

（1）对空气质量进行分区管理

根据《清洁大气法》规定，联邦 EPA 将全国划分为 24 个空气质量控制区，界限不与行政边界重合。

1977 年《清洁大气法》修订案将空气质量优于国家环境空气质量标准(NAAQS)的地区（清洁区）定为防止严重恶化地区（PSD 区），在该区实行防止严重恶化原则。州实施计划中也必须包含有防止空气质量严重恶化的方案。PSD 区内新建污染源须向州政府申请建设许可证，且污染源应当采用最佳实用控制技术（BACT）。根据污染物浓度的允许增加量可将防止恶化区分为 3 类：一类区内的大气质量只允许有轻微损害，不允许任何大的空气污染源存在，主要包括国际公园、国家生态自然保护区（面积 5000 英亩以上）、国家纪念公园和大的国家公园；二类区内允许大气中污染物浓度有一定程度的增加，但不可以超过 NAAQS。一类区以外的所有清洁区为二类区；三类区内允许大气中的污染物浓度有较大程度的增加，允许在该类地区发展工业，但污染物的增加不得使该地区的大气污染物浓度高于NAAQS。

此外《清洁大气法》还对未达标地区（凡是有任何一种污染物未达到国家环境空气质量标准的地区均属于未达标区）进行了规定，旨在促进这些地区的空气质量早日达标。针对未达标区采取的主要对策包括规定国家环境质量标准的达标期限、许可证制度和对机动车辆实行强制检查与保养制度。

（2）对已有排污源的控制对策

《清洁大气法》对排放源采取多种控制标准，包括排放（或绩效）标准、技术标准、设计标准、实际操作标准、总量控制标准。其中，技术、设计、实际操作标准是对排放控制设备的要求，这种控制手段具有很大的强制性，特别是技术标准对于排放源来说执行的弹性非常小。而排放标准和总量控制标准则是对排放源的末端进行监督控制，只要排放源能够在排放末端达到标准就可以。因此，相对而言这两种标准对排放源的要求比较宽松，排放源可以自主选择控制方式。在实践中所有这些标准均可单独使用或相互配合使用。

在以上多种标准中，几乎所有标准都涉及技术因素，即使实施总量标准也会有技术要求。技术标准是整个环境标准的基础。在《清洁大气法》中，技术标准使用频率最高的领域是新排放源管理。

此外空气污染物排放源在符合EPA规定的情况下，可以使用空气污染治理资金，调节排放口的排放量确保所有排放口排放的污染物总量不超过EPA的规定，这是大气污染防治的泡泡政策。

（3）对新污染源的控制对策

美国空气环境管理中对新污染源的控制主要采取许可证制度，包括运行许可证和新源建设前许可证。

1990年《清洁大气法》修正案规定采用许可证管理空气污染源。据规定，多数固定污染源必须申请运行许可证以控制大气污染物的排放。许可证上写明排放的污染物名称、数量、排污源的所有者、采取的治理措施与步骤以及监测措施、报告等信息。州可以根据本州的具体情况制定不同的排污收费标准，经美国EPA批准后生效。对于不依法交费的排放源，相关机构可对其处以罚款。

联邦政府保留对排污许可证严格的监管权，但各州保留排污许可证在执行上的弹性。排污许可证由各州按照经美国EPA审核通过的州实施计划（SIP）的要求，经排放源申请发放。州在具体实施方法上可以有创新，但是如果州没有严格执行《清洁大气法》，美国 EPA 保留将许可证发放权收回的权力。

《清洁大气法》对新源进行严格管制，从建设前的许可到运行后的排放标准等都有严格要求。而既有排放源（法律上有具体时间划分）在许多方面免除受新的法律规定的管辖。

（4）环境影响评价与建模分析的应用

《清洁大气法》规定排放源必须通过环境影响评价证明其排放污染物的量不违反 NAAQS 或者显著环境恶化项目允许的排放增量。

《清洁大气法》要求通过建模分析来探讨大气排放行为的环境后果。随着美国 EPA 和各州不断制定新的管制规范，无论是新建还是对已有设施的扩建、改建都必须对其环境空气影响进行建模分析。为不断规范环境影响评价模型分析，美国 EPA 建立了一系列空气污染扩散模型，同时还制定了《空气质量模型指南》规范建模，确保各种模型在使用上的一致性。环境影响评价与建模分析的应用是促进空气污染守法的重要力量。

3.3.2 美国大气环境污染防控法律法规对重金属的管理

美国大气环境污染防控法律法规体系中对重金属的管理主要通过制定相应的空气质量标准和排放标准。早在 1973 年，40 CFR Part 61 规定了 Be、Hg、As 的排放限值；而 1990 年《清洁空气法》修订后 40 CFR Part 63 又规定了国家有害空气污染物的排放标准，包括 Sb、As、Be、Cd、Cr、Co、Pb、Hg、Ni 等重金属的排放限值。

3.3.2.1 环境空气质量标准

国家环境空气质量标准（NAAQS）由美国 EPA 制定，分一级标准和二级标准，如图 3-7 所示。各州则制定执行和维持该标准的实施计划，报环保署批准后作为法律强制执行。

一级标准提供了保护公众健康（包括保护敏感人群），如哮喘、儿童和老人的健康。二级标准提供公共福利保护，包括降低能见度和对动物、农作物、植被和建筑物的保护。美国 EPA 针对 6 种污染物即标准污染物制定了标准并根据污染物种类而确定了不同的取值时间，美国国家环境空气质量标准见表 3-9，标准的测量单位为体积的百万分之一（ppm）、十亿分之几（ppb）以及微克每立方米空气（$\mu g/m^3$）。其中重金属铅是唯一的标准污染物，标准值为 0.15 $\mu g/m^3$。

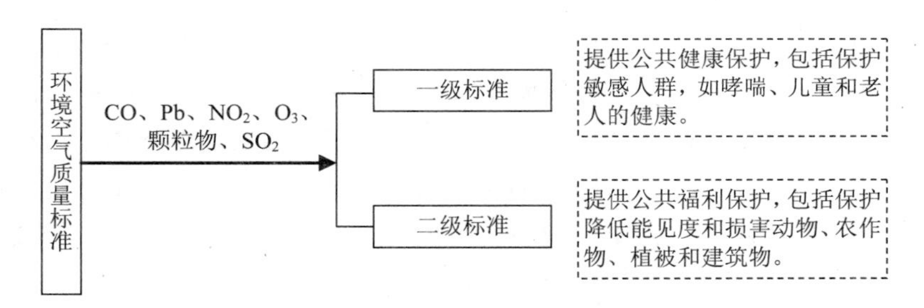

图 3-7 美国环境空气质量标准

表 3-9 美国国家环境空气质量标准

污染物 [最终引用]		一级/ 二级	平均时间	限值	形式
CO [76 FR 54294，Aug 31，2011]		一级	8 小时	9 ppm	每年超标次数不超过 1 次
			1 小时	35 ppm	
Pb [73 FR 66964，Nov 12，2008]		一级和二级	三月平均	0.15 μg/m^3	不超过
NO_2 [75 FR 6474，Feb 9，2010] [61 FR 52852，Oct 8，1996]		一级	1 小时	100 ppb	98 百分位，3 年以上平均
		一级和二级	每年	53 ppb	年平均
O_3 [73 FR 16436，Mar 27，2008]		一级和二级	8 小时	0.075 ppm	年第 4 高日平均最高 8 小时浓度， 3 年以上平均
颗粒污染 Dec 14， 2012	$PM_{2.5}$	一级	每年	12 μg/m^3	年平均，3 年以上平均
		二级	每年	15 μg/m^3	年平均，3 年以上平均
		一级和二级	24 h	35 μg/m^3	98 百分位，3 年以上平均
	PM_{10}	一级和 二级 y	24 h	150 μg/m^3	每年超标次数不得超过 1 次，取 3 年以上的平均
SO_2 [75 FR 35520，Jun 22，2010] [38 FR 25678，Sept 14，1973]		一级	1 小时	75 ppb	99%的日最高浓度，取 3 年以上的平均
		二级	3 小时	0.5 ppm	每年超标次数不得超过 1 次

3.3.2.2 大气排放标准

美国的大气污染物排放标准分为固定污染源和移动污染源两个体系，关于重金属相关标准主要集中于固定源标准体系。固定污染源大气污染物排放标准体系将大气污染物分为有毒有害污染物、常规污染物（非指定污染物和指定污染物），如图 3-8 所示。绝大多数大气排放重金属污染物被包含在毒有害污染物中，包括 Sb、As、Be、Cd、Cr、Co、Pb、Hg、Ni；常规污染物则主要包括颗粒物、一氧化碳、臭氧、二氧化硫、氮氧化物、铅。目前，铅是唯一通过国家环境空气质量标准进行规定的重金属。由于大气颗粒物往往是重金属的载体而存在于环境中，因此对颗粒物的控制也是对大气重金属污染防控的一项间接措施。具体的排放标准如表 3-10 至表 3-17 所示。

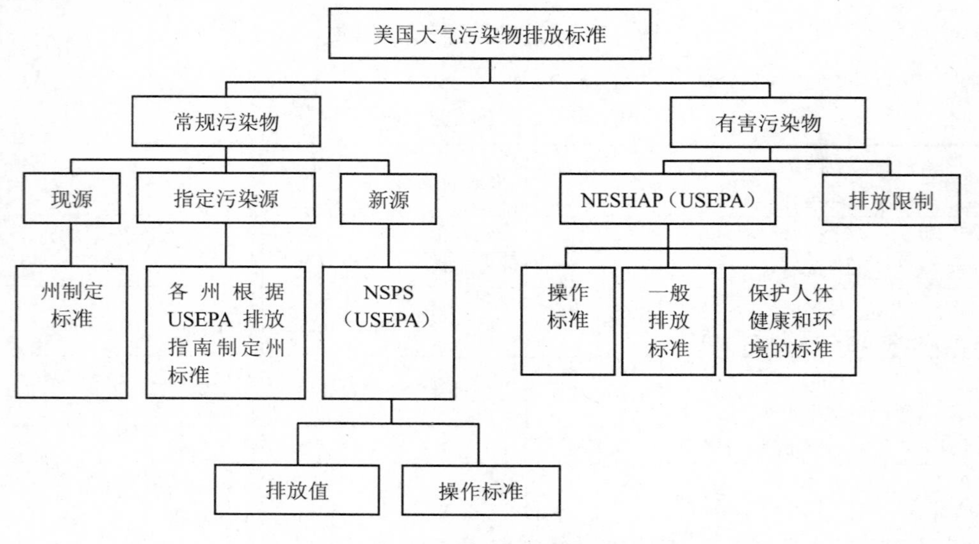

图 3-8 美国大气污染物排放标准

表 3-10 常规污染物排放标准（重金属及颗粒物）

污染物 [最终条款引用]		原生/次生	平均时间	水平	形式
铅 Lead		原生和次生	3 个月移动平均	0.15 μg/m³ (1)	日最大小时浓度值的 98%，3 年平均
颗粒物	$PM_{2.5}$	原生	年平均	12 μg/m³	年平均，3 年平均
		次生	年平均	15 μg/m³	年平均，3 年平均
		原生和次生	24 小时	35 μg/m³	98%，3 年平均
	PM_{10}	原生	24 小时	150 μg/m³	基于 3 年均值每年可超标 1 次

（1）最终条款于 2008 年 10 月 15 日签订。1978 版铅标准（季平均值 1.5 μg/m³）仍延续使用，直到一年后指定区域开始实施 2008 年标准，除了有些仍未达到 1978 年标准的地区，直到实施方案获得或保持 2008 年标准的认可。

表 3-11　新源的建议标准（重金属及颗粒物）

	焚烧炉	水泥立窑	轻集料窑	固体燃料锅炉[1]	液体燃料锅炉[1]	盐酸生产炉[1]
汞/（μg/dscm）	8	35[2]	67[2]	10	3.8×10^{-7} lbs/MMBtu[2,4]	TCL 替代
颗粒物/（gr/dscf）[5]	0.000 70[7]	0.005 8	0.009 9	0.015[6]	0.007 6[6]	TCL 替代
半挥发性金属（铅+镉）	6.5 μg/dscm	6.2×10^{-5} lbs/MMBtu[4]	2.4×10^{-5} lbs/MMBtu[4]	170 μg/dscm	4.3×10^{-6} lbs/MMBtu[2, 4]	TCL 替代
低挥发性金属（砷+铍+铬）	8.9 μg/dscm	1.4×10^{-7} lbs/MMBtu[4]	3.2×10^{-5} lbs/MMBtu[4]	190μg/dscm	3.6×10^{-5} lbs/MMBtu[3, 4]	TCL 替代

1 颗粒物、半挥发性金属、低挥发金属、应用总氯标准的固体燃料锅炉主要排放源、液体燃料锅炉和盐酸生产炉。

2 标准基于普通排放数据。

3 液体燃料锅炉使用低挥发性金属标准只针对铬。砷、铍不被计入液体燃料锅炉的总低挥发性金属中。

4 标准表达为有毒废物产生的每百万英热单位中有毒废物的质量（磅）（英热单位=1 055.06 J）。

5 gr/dscf 为每干标准态立方英尺中颗粒物质量，1 gr= 0.064 8 g。

6 排放源可选择遵从不同的颗粒物标准。

表 3-12　现源的建议标准（重金属及颗粒物）

	焚烧炉	水泥立窑	轻集料窑	固体燃料锅炉[1]	液体燃料锅炉[1]	盐酸生产炉[1]
汞/（μg/dscm）	130	64[2]	67[2]	10	3.7×10^{-6} l bs/MMBtu[2, 5]	总氯标准替代
颗粒物/（gr/dscf）	0.015[6]	0.028	0.025	0.030[8]	0.032[8]	总氯标准替代
半挥发性金属（铅+镉）	59 μg/dscm	4.0×10^{-4} l bs/MMBtu[5]	3.1×10^{-4} l bs/MMBtu[5] 及 250 μg/dscm[3]	170 μg/dscm	1.1×10^{-5} lbs/MMBtu[2, 5]	总氯标准替代
低挥发性金属（砷+铍+铬）	84 μg/dscm	1.4×10^{-5} lbs/MMbBtu[5]	9.5×10^{-5} l bs/MMBtu[5] 及 110 μg/dscm[3]	210 μg/dscm	1.1×10^{-4} lbs/MMBtu[4, 5]	总氯标准替代

1 颗粒物、半挥发性金属、低挥发物质、应用总氯标准的固体燃料锅炉的主要排放源、液体燃料锅炉和盐酸生产炉。

2 标准基于普通排放物数据。

3 dscm 意为干标准态立方米。

4 应用低挥发性金属标准的液体燃料锅炉只针对铬。砷、铍不被计入液体燃料锅炉的总低挥发性金属中。

5 标准表达为有毒废物产生的每百万英热单位中有毒废物的质量（磅）。

6 排放源可选择遵从不同的颗粒物标准。

表 3-13 对现存和新建焚烧炉的建议标准（重金属及颗粒物）

有毒空气污染物或替代品	排放标准[1]	
	现源	新源
汞	130 μg/dscm	8.0 μg/dscm
颗粒物	34 mg/dscm（0.015 gr/dscf）	1.6 mg/dscm（0.000 70 gr/dscf）
半挥发性金属	59 μg/dscm	6.5 μg/dscm
低挥发性金属	84 μg/dscm	8.9 μg/dscm

1 所有排放标准校正为 7%氧基干基。

表 3-14 对现存和新建水泥窑的建议标准（重金属及颗粒物）

有毒空气污染物或替代品	排放标准[1]	
	现源	新源
汞[2]	64 μg/dscm	35 μg/dscm
颗粒物	65 mg/dscm（0.028 gr/dscf）	13 mg/dscm（0.005 8 gr/dscf）
半挥发性金属	4.0×10^{-4} lb/MMBtu	6.2×10^{-5} lb/MMBtu
低挥发性金属[3]	1.4×10^{-5} lb/MMBtu	1.4×10^{-5} lb/MMBtu

1 所有排放标准校正为 7%氧基干基。如果有分离碱旁路烟囱，则碱旁路和主要烟囱的排放值都必须小于排放标准。

2 汞标准是年度限值。

3 标准表达为输入每百万英热单位有毒废物造成的烟囱污染物排放量。

表 3-15 对现存和新建轻集料窑的建议标准（重金属及颗粒物）

有毒空气污染物或替代品	排放标准[1]	
	现源	新源
汞[2]	67 μg/dscm	67 μg/dscm.
颗粒物	57 mg/dscm（0.025 gr/dscf）	23 mg/dscm（0.009 9gr/dscf）.
半挥发性金属[3]	3.1×10^{-4} lb/MMBtu 和 250μg/dscm	2.4×10^{-5} lb/MMBtu 和 43μg/dscm
低挥发性金属[3]	9.5×10^{-5} lb/MMBtu 和 110μg/dscm	3.2×10^{-5} lb/MMBtu 和 110μg/dscm

1 所有排放标准校正为 7%氧基干基。

2 汞标准是年度限值。

3 标准表达为输入每百万英热单位有毒废物造成的烟囱污染物排放量。

表 3-16　对现存和新建固体燃料锅炉的建议标准（重金属及颗粒物）

有毒空气污染物或替代品	排放标准[1]	
	现源	新源
汞	10 μg/dscm	10 μg/dscm
颗粒物	69 mg/dscm（0.030 gr/dscf）	34 mg/dscm（0.015gr/dscf）
半挥发性金属	170 μg/dscm	170 μg/dscm
低挥发性金属	210 μg/dscm	190 μg/dscm

1 所有排放标准校正为 7%氧基干基。

表 3-17　对现存和新建液体燃料锅炉的建议标准（重金属及颗粒物）

有毒空气污染物或替代品	排放标准[1]	
	现源	新源
汞[3]	3.7×10^{-6}lbs/MM Btu	3.8×10^{-7} lbs/MM Btu
颗粒物	72 mg/dscm（0.032 gr/dscf）	17 mg/dscm（0.007 6gr/dscf）
半挥发性金属[3]	1.1×10^{-5} lbs/MM Btu	4.3×10^{-6} lbs/MM Btu
低挥发性金属[3, 4]	1.1×10^{-4} lbs/MM Btu	3.6×10^{-5} lbs/MM Btu

1 所有排放标准校正为 7%氧基干基。

3 标准表达为输入每百万英热单位有毒废物造成的烟囱污染物排放量。

4 标准只针对铬，不包括砷和铍。

6 小时移动平均。碳氢化合物作为丙烷上报。

综上，可以看出美国大气排放标准对重金属的管理主要体现在：

（1）以化工和金属行业为主，凸显涉重金属行业针对性

美国排放标准按行业对标准进行分类。经比较分析，相关行业较为集中，主要包括电力、制造、化工、金属及其他行业，各个行业具有显著的行业特征且难以通过统一的标准进行规制。比如化工行业，市场需求大，发展势头大且资金充裕，必须针对该行业进行严格控制，制定严格的重金属排放标准，加强末端控制。

（2）排放标准体系的细致性

排放标准体系对不同行业或污染物的规制非常细致。尽管规制的行业类型和污染物种类并不十分复杂，但标准数量却很多。对于涉重行业，其规制范围广，必须包括几乎整个生产周期的各个环节，对生产环节中的某一工艺也针对不同金属进行分别处理。这种针对工艺和处理技术进行的细致划分使得任何重金属污染物在任意生产环节的排放都有法可依，通过对各个环节的严格控制保证了整个行

业的重金属污染控制。

（3）按区域分类成达标区与未达标区

重金属达标区与未达标区的划分是根据某地区铅排放是否超出 NAAQS 的规定，如果铅在某地区的浓度超标，该地区即为铅的未达标区。达标区和未达标区对新排放源的许可及既有排放源的管理不同。对于新排放源，达标区执行防止显著恶化（PSD）许可；而未达标区执行的是最为严格的新排放源评估（NSR）建设前许可。这两种许可的区别是 CAA 对它们的技术要求不同。在达标区，为了维持达标水平，新排放源在技术上必须是最佳可用控制技术（BACT）；而对于未标地区要想取得建设前许可证必须采用可用最低排放率技术（LAER），LAER 是所有 SIP 中最为严格的排放要求。对于既有排放源的管理，达标区没有强制要求，可以采取任何控制措施；而未达标区一般有技术上的控制要求，但会根据不同的污染物有所区别。

3.3.3 美国大气重金属污染防治管理的特点

（1）以立法推动管理

美国通过以立法到行政自上而下的权力过程推动大气重金属污染防治管理，在规范排污行为的同时为执法和监督提供有力的依据。

（2）实施排污许可制度

排污许可制度是美国联邦及各州实施大气污染物控制的根基，有效地规范了企业的排污行为，对美国大气污染排放控制起到了关键作用。

（3）按区域和污染源类别实施不同的管理标准

按照达标与否划分区域，对不同的污染源采取不同的管理措施。采用新源严于现源的方式，对常规污染物与有害大气污染物进行区别控制。以最佳实用技术为依据，根据行业和污染源特征制定排放标准。排放标准以较高频率更新，其实施同时受联邦与州的二级监督，其中州政府发挥了不可或缺的作用。

（4）联邦主导，植根各州

美国的环境管理奉行整体主义，也就是联邦在环境管理中占主导地位。空气污染的扩散性决定了空气重金属污染防治对有效跨界污染环境管理的要求。空气重金属污染防治以总量控制为中心，包括排污权交易制度、环境影响评价制度、排污许可证制度等内容。

根据美国 EPA 要求，为达到 NAAQS，各州必须制定针对本州的州实施计划

（SIP），经美国 EPA 批准后方在本州内执行，且联邦 EPA、邻近州以及公众均享有监督权利，对计划的实施起到积极的作用。

3.4 美国土壤重金属管理体系

3.4.1 美国土壤污染防控法律法规

3.4.1.1 土壤污染防治立法沿革

美国对土壤污染防治方面的立法认识比较早。从 20 世纪 30 年代震惊世界的“黑风暴”事件开始，美国就开始着手对土壤环境进行立法保护。经过几十年的立法和实践，美国现已经形成一套比较完善的土壤污染防治法律体系。

（1）萌芽阶段

1935 年，由于担心土壤污染影响农业生产，美国国会通过了《土壤保护法》，将土壤环境保护确立为一项国家政策，并于同年将土壤侵蚀局划归农业部，更名为土壤保护局。20 世纪 60 年代，美国政府又颁布了《联邦危险物质法》对土壤污染防治进行了相关规定。

（2）污染加剧阶段

20 世纪 70 年代中期，大量工厂搬迁后遗留了很多被工业废弃物污染的棕色地块，这些棕色地块加剧了美国土壤污染状况。为遏制棕色地块的持续增多，美国政府制定了一系列严格的法律法规，主要是 1976 年颁布的《固体废物处置法》（或称《资源保护回收法》，RCRA），该法针对陆地废弃物及有害废物规定了从摇篮到坟墓的一系列管理制度，该法授权美国 EPA 管理有害废弃物，在减少废弃物产量的同时提高废弃物的回收及再利用潜能。

（3）整治再开发阶段

1980 年，美国通过了《环境应对、赔偿和责任综合法》（CERCLA），该法是美国土壤污染防治体系的一部基本法律，主要内容包括对由有害废物和有害物质引起的损害向公众赔偿的问题，立法的主要意图在于对全国范围内的“棕色地块”进行修复。该法对不动产（包括土地、厂房、设施等）的污染者、所有者和利用者以追究既往责任的方式规定了法律上的连带无限责任，在此基础上美国建立了超级基金（Superfund），对该法实施提供资金支持，因此该法也被称为《超级基金法》。

1986 年，美国对《超级基金法》进行了第一次修正，通过了《超级基金增补和再授权法案》（SARA）。根据《超级基金法》规定，美国政府明确了谁污染谁治理的原则，即由造成土壤污染的责任方支付污染土壤的治理费用。如无法确定责任方或责任方由于客观原因无法支付清理费用，由“超级基金”支付污染治理费用。

20 世纪 90 年代，工厂搬迁后遗留了大量污染场地（棕色地块），污染场地的治理和再开发问题逐渐引起了美国社会的关注。根据《超级基金法》规定，被污染的地块必须经修复后才能被再利用，而大多数棕色地块的污染由以前使用者造成，不应由后来的开发者承担治理污染的责任和费用，因此无人开发而造成大量棕色地块的闲置。为促进棕色地块的开发，1995—1996 年，美国 EPA 制定了《棕色地块行动议程》；1997 年，美国政府制定《棕色地块全国合作行动议程》；1997 年，美国国会通过《纳税人减税法》，通过税收优惠措施刺激私人资本对棕色地块清理和再开发进行投资，在该政策的推动下，约 8 000 个棕色地块得到修复和再利用。这些增补法案从政府所有的土地和设施的污染治理、税收优惠和区域评估标准等方面完善了超级基金法的土壤污染治理体系。超级基金对污染者的责任严格界定，严重阻碍了企业特别是中小企业对棕色地块的重建和再利用。2001 年，美国通过对《超级基金法》进行修订，制订了《小型企业责任免除和棕色地块振兴法案》（棕色区域法）。该法案明确了责任人和非责任人界限，制定了区域评估制度，保护了土地所有者或使用者的权利，免除了小企业的部分责任，为棕色地块的清理再利用提供了法律保障。

美国土壤环境污染防治法律立法历程如表 3-18 所示。

表 3-18　美国土壤环境污染防治法律发展历程

年份	法律法规
1935	通过《土壤保护法》
1960	颁布《联邦危险物质法》
1976	通过《固体废物处置法》
1980	通过《环境应对、赔偿和责任综合法》，又称《超级基金法》
1986	美国国会对《超级基金法》进行了第一次修正，修正法案称为《超级基金增补和再授权法案》
1997	通过《纳税人减税法》
2001	制订《小型企业责任免除和棕色地块振兴法案》

3.4.1.2　其他相关立法

美国还从水污染防治和控制、水源地保护和农业有毒物质的控制等方面制订了一些涉及土壤污染防治的相关法律，为保护美国水资源和土壤资源、保障农业生产的安全、“棕色地块”的治理和修复、填埋场渗滤物和土壤金属修复等方面提供了法律保障，促进了土壤修复市场的繁荣、土地资源的有效利用以及城市经济的健康发展。相关立法包括《清洁水法》《安全饮用水法》《有毒物质控制法》《联邦杀虫剂、杀真菌剂和杀鼠剂法》等。

3.4.2　美国土壤重金属污染防控筛选值

美国超级基金项目公布了 15 种重金属物质的通用筛选值（Generic SSLs）和 12 种重金属物质的生态筛选值。土壤筛选指南（SSG）为开发基于风险的以保护人类健康为目的的土壤筛选值（SSLs）提供框架。这个框架为场地评价和筛选水平的开发提供了灵活的阶梯式方法。生态土壤筛选值开发指南（Guidance for Developing Ecological Soil Screening Levels，Eco-SSLs）清楚地说明了如何描述这些筛选值以及怎样用它们来筛选生态风险。

美国很多州环保机构制定了本州的土壤筛选值，如加利福尼亚州、佛罗里达州、新泽西州等州。美国 EPA 的不同大区也制定了本州的土壤筛选值，如 3 区的风险浓度值（Risk Based Concentration，RBC）、6 区的人体健康筛选值（Human Health Medium Specific Screening Levels，HHMSSL）以及 9 区的区域筛选值（Regional Screen Levels，RSL）等。其后 EPA 于 2008 年 5 月发布了一个区域筛选值表用以取代大区筛选值，并在 EPA 网站上提供了区域筛选值（RSL）的最新更新情况以供查询和下载。所有的筛选值都以 10^{-6} 目标致癌风险来表现，但是根据目标毒性商（THQ）则分别用 1.0 和 0.1 来表现。区域筛选值主要包括：总土壤筛选值、住宅土壤筛选值、工业土壤筛选值、住宅空气筛选值、工业空气筛选值、住宅自来水筛选值、基于地下水保护的住宅土壤筛选值等内容。防控的重金属主要包括 As、Cu、Cr、Cd、Co、Zn、Hg、Be、V、Sr、Ba、Tl、Ag、Pb、Ag、Zn。

值得注意的是，土壤筛选值不是国家土壤修复标准。“EPA 土壤筛选指南”规定了 14 种重金属的通用土壤筛选水平（SSLs）。通用 SSL 不一定涉及所有已知的人类暴露途径、合理的农业用途或生态威胁，因此仅靠 SSLs 不能确定土壤中重金属的浓度是否已经达到了亟须修复的程度，或是否需要采取进一步的行动和研究。在一个场地应用通用 SSLs 之前，把概念场地模型与 SSLs 的假设相比以确保场地条件和用于开发的通用 SSLs 的暴露途径相吻合非常重要。如果比较结果表明场地比 SSLs 情况更复杂，或者 SSLs 不能说明暴露途径，通用 SSLs 不能满足场地完整评估的要求，此时就需要更详细的场地特异性方法评价其他途径以及场地条件。

表 3-19 EPA 土壤筛选值分类及其来源

分类	EPA 网站来源	
	TR=1E^{-06} and THQ=1.0	TR=1E^{-06} and THQ=0.1
	（TR=1E^{-06} THQ=1.0）PDF	（TR=1E^{-06} THQ=0.1）
总土壤筛选值	http://www.epa.gov/reg3 hwmd/risk/human/rb-concentration_table/Generic_Tables/docs/master_sl_table_run_NOV2013.pdf	http://www.epa.gov/reg3 hwmd/risk/human/rb-concentration_table/Generic_Tables/docs/master_sl_table_01run_NOV2013.pdf
住宅土壤	http://www.epa.gov/reg3 hwmd/risk/human/rb-concentration_table/Generic_Tables/docs/ressoil_sl_table_run_NOV2013.pdf	http://www.epa.gov/reg3 hwmd/risk/human/rb-concentration_table/Generic_Tables/docs/ressoil_sl_table_01run_NOV2013.pdf
工业土壤	http://www.epa.gov/reg3 hwmd/risk/human/rb-concentration_table/Generic_Tables/docs/indsoil_sl_table_run_NOV2013.pdf	http://www.epa.gov/reg3 hwmd/risk/human/rb-concentration_table/Generic_Tables/docs/indsoil_sl_table_01run_NOV2013.pdf
住宅空气	http://www.epa.gov/reg3 hwmd/risk/human/rb-concentration_table/Generic_Tables/docs/resair_sl_table_run_NOV2013.pdf	http://www.epa.gov/reg3 hwmd/risk/human/rb-concentration_table/Generic_Tables/docs/resair_sl_table_01run_NOV2013.pdf
工业空气	http://www.epa.gov/reg3 hwmd/risk/human/rb-concentration_table/Generic_Tables/docs/indair_sl_table_run_NOV2013.pdf	http://www.epa.gov/reg3 hwmd/risk/human/rb-concentration_table/Generic_Tables/docs/indair_sl_table_01run_NOV2013.pdf
住宅自来水	http://www.epa.gov/reg3 hwmd/risk/human/rb-concentration_table/Generic_Tables/docs/restap_sl_table_run_NOV2013.pdf	http://www.epa.gov/reg3 hwmd/risk/human/rb-concentration_table/Generic_Tables/docs/restap_sl_table_01run_NOV2013.pdf
住宅土壤对地下水的影响	http://www.epa.gov/reg3 hwmd/risk/human/rb-concentration_table/Generic_Tables/docs/soil2gw_sl_table_run_NOV2013.pdf	http://www.epa.gov/reg3 hwmd/risk/human/rb-concentration_table/Generic_Tables/docs/soil2gw_sl_table_01run_NOV2013.pdf
化学品的特定参数	http://www.epa.gov/reg3 hwmd/risk/human/rb-concentration_table/Generic_Tables/docs/params_sl_table_run_NOV2013.pdf	http://www.epa.gov/reg3 hwmd/risk/human/rb-concentration_table/Generic_Tables/docs/params_sl_table_01run_NOV2013.pdf
综述表格	http://www.epa.gov/reg3 hwmd/risk/human/rb-concentration_table/Generic_Tables/docs/params_sl_table_run_NOV2013.pdf	http://www.epa.gov/reg3 hwmd/risk/human/rb-concentration_table/Generic_Tables/docs/composite_sl_table_01run_NOV2013.pdf

注：TR：target cancer risk；THQ：target hazard quotients。

生态土壤筛选值（Eco-SSL）同样强调不能单纯地把 Eco-SSL 作为修复水平值。为了避免低估风险而设定筛选生态毒性值。仅仅基于 Eco-SSL 值在技术上缺乏说服力。EPA 共设定了 14 种重金属的 Eco-SSL 值，包括 Sb、As、Ba、Be、Cd、Cr、Co、Cu、Pb、Ni、Sr、Ag、V、Zn。同时还分别设定了每种重金属的植物、土壤无脊椎动物、野生生物、禽类和哺乳类动物的生态土壤筛选值。

表 3-20　美国土壤筛选值

重金属	通用土壤筛选值/（mg/kg）				生态土壤筛选值/（mg/kg）			
	摄入值	可吸入微粒	迁移到地下水中的 HM		植物	土壤无脊椎动物	野生生物	野生生物
			20 DAF	1 DAF			禽类	哺乳类
有机 Hg	23	10	2	0.1	—	—	—	—
As	0.4	750	29	1	18	—	43	46
Ba	5 500	6.9×10^5	1 600	82	—	330	—	2000
Be	0.1	1 300	63	3	—	40	—	21
Cd	78	1 800	8	0.4	32	140	0.77	0.36
总 Cr	390	270	38	2	—	—	—	—
六价 Cr	390	270	38	2	—	—	—	130
三价 Cr	78 000	—	—	—	—	—	26	34
Pb	400	—	—	—	120	1 700	11	56
Ni	1 600	13 000	130	7	38	280	210	130
Sr	390	—	5	0.3	0.52	4.1	1.2	0.63
Ag	390	—	34	2	560	—	4.2	14
Tl	—	—	0.7	0.04	—	—	—	—
Zn	23 000	—	12 000	620	160	120	46	79
V	550	—	6 000	300	—	—	7.8	280

3.4.3　美国土壤重金属污染防治管理的特点

（1）完善的法规体系和管理系统

美国的土壤污染防治法律法规体系细致完善，注重各生态要素之间的相互关联性，注意与水、固体废物等其他环境保护相关法律法规的综合协调。除了重视土壤污染防治外，还加强了危险废物、水污染、农药和化学品污染等各方面的立法和管理。特别是棕色地块的修复和清理工作较为复杂，采用综合立法对土壤重金属的综合治理起到了重要作用。

在法律的基础上，建立了相对完善的土壤污染防治和管理机制，包括土壤污染调查管理框架以及该框架下的延伸管理体系。

（2）严格的责任认定和追溯制度

在土壤重金属污染防治上，根据“谁污染谁负责”、“污染者付费”的原则，建立起相对公平的责任认定机制。首先，扩大了污染的责任主体，《超级基金法》将污染土壤治理责任的承担者作为潜在的责任主体，包括设施所有者或使用者、排放污染物设施的拥有者和使用者、未发生或有可能发生污染危险的责任人等，责任主体视不同情形承担民事、行政和刑事责任。其次，采用严格无限责任原则，即无论污染行为是故意还是过失，只要有污染事实发生就应当承担责任，并且污染责任具有追溯性、连带性以及代位性。

（3）建立了有效的经济手段

①建立土壤污染防治基金法律制度

通过建立专门的土壤污染防治基金推动土壤污染整治。为解决治理土壤污染耗资巨大的问题，超级基金建立了两个相关的基金（有害物质反应基金和关闭后责任信托基金），用于支付由于有害物质的排放造成的财产和自然环境损害所需的清除费用和相关赔偿。有害物质反应基金可承担大部分有害物质排放所需的各种费用，其中87.5%源于化学制品强制税收，12.5%来源政府一般税收拨款。关闭后责任信托基金（关闭后基金），来源于向合格有害废弃物处理设施排放有害废弃物的征税，该征税始于1983年，可用于支付因遵守《资源保护和回收法》合理关闭的设施所需要的有害物质清理费用。

②税收、政府补助等优惠制度

通过税收优惠措施刺激私人资本对棕色地块清理和再开发方面的投资。特别是对于用于棕色地块污染治理方面的开支，在治理期间，免征所得税的相关规定对于吸引私人资本起到了关键的作用。

美国还积极采用政府补助的手段推动社会团体参与到土壤修复，如“棕色地块经济自主再开发计划”提供的棕色地块修复、评估、周转性贷款、环境培训4种补助金（1994年）等。

（4）具有较为完善的土壤污染防治技术体系及市场

美国不仅制定了一系列土壤污染防治的技术标准、指南、导则、规范用于指导和规范污染土壤调查、整治等相关工作，而且还具有比较成熟的土壤及地下水修复技术体系及实践经验，政府通过资金投入、污染场地整治示范区项目等方式培育土壤污染整治市场以及监管土壤污染整治专业机构，已经形成了良好的土壤修复市场。这些均为土壤污染防治提供了重要的技术支持和保障。

（5）注重公众力量的发挥，确立公众参与机制

公众对土壤污染防治工作的积极参与主要表现在监督和募集资金两个方面。《超级基金法》规定公众对基金的使用进行监督，此外通过公众的广泛参与，政府能够从社会上募集大量的污染清理修复资金，从而确保土壤污染防治工作的有效开展。

3.5　美国固体废弃物重金属管理体系

3.5.1　美国固体废弃物污染防治法律法规

美国在固体废弃物污染防治方面起步很早，是相关立法较为系统的国家之一。相关立法包括基本法和针对不同污染物和行业的法案，其中基本法包括《固体废弃物处理法案》（1965 年）、《资源恢复法案》（1970 年）、《资源保护及回收法案》（RCRA）（1976 年）、《危险及固体废弃物修正案》（1984 年、1988 年、1996 年）、《污染预防法》（1990 年）、《环境应对、赔偿和责任综合法》（也称《超级基金修正及再授权法案》）；其他法案包括《有毒物质控制法案》（1976 年）、《含汞可充电电池管理法案》（1996 年）等。

表 3-21　美国固体废弃物污染防治法律发展历程

年份	法律法规
1965	制定《固体废弃物处理法案》
1970	制定《资源恢复法案》
1976	制定《资源保护及回收法案》（RCRA）
1976	制定《有毒物质控制法案》
1984	制定《危险及固体废弃物修正案》
1988	修订《危险及固体废弃物修正案》
1990	修订《污染预防法》
1996	修订《危险及固体废弃物修正案》
1996	制定《含汞可充电电池管理法案》

（1）《固体废弃物处理法案》

20 世纪 60 年代之前，美国没有对固体废弃物的处理进行相应的规制。开放式垃圾焚烧随处可见，固体废弃物处置成为一个大问题。1965 年制定的《固体废弃物处理法案》规定应采用对环境负责的方式来处理生活、市政、商业和工业垃圾。该法案把固体废弃物划分为危险固体废弃物和常规固体废弃物。危险固体废弃物表现出毒性、反应性、易燃性和腐蚀性，主要包括常规工业固体废弃物。

（2）《资源恢复法案》

1970 年 10 月 26 日，尼克松总统签发了《资源恢复法案》，规定了由美国 EPA 经营的主要研究项目以及用于开发新的具有创新性的处理固体废弃物方法。通过对美国 EPA 提供国家和地方政府技术和经济帮助来计划和开发资源恢复和固体废弃物处理体系。

（3）《资源保护回收法》

《资源保护回收法》（RCRA）是美国固体废物管理的基础法律，该法于 1976 年颁布，并分别于 1984 年、1986 年作了修订。该法建立了固体废物的管理体系，阐述了美国固体废物管理的各项纲要并授权美国 EPA 为实施纲要制定相应法规和制度。美国 EPA 制定了固体废物管理战略及其细节。战略强调推动固体废物再生利用的关键因素是发展再生材料市场，制定了推动固体废物再生利用的管理办法。

RCRA 详列了 100 多项关于固体废弃物及危险废弃物排放、收集、储存、运输、处理、处置、回收利用的规定，主要固体废弃物管理、危险废物管理、危险废物地下储存库的管理。RCRA 将固体废弃物分为大源、小源和豁免小源进行管理。并且通过跟踪制度和许可证制度这两大制度对危险废物进行管理。

（4）《危险及固体废弃物修正案》（HSWA）

修正案规定需清理在 RCRA 通过前后由于不当的废物管理措施而造成的污染。该法令规定责任方寻求许可证来处理、贮存、处置危险废物的清理场地环境污染物不考虑泄漏时间。EPA 的校正行动权力实质上被 HSWA 扩大，允许该机构处理 RCRA 允许或不允许的设施中所有环境媒介中危险废物或危险废物的构成。

（5）《环境应对、赔偿和责任综合法》

《环境应对、赔偿和责任综合法》要求清理被污染的危险废弃物场所，该法案针对危险物质创建了信托基金，也叫超级基金。超级基金主要来源于企业由于使用原油和化学原料缴纳的税收以及环境税。

（6）《有毒物质控制法案》

美国《有毒物质控制法案》（TSCA）于 1976 年正式开始实施。该法对新化学品和现有化学物质分别进行规定，不仅要求新化学品实行事前制造告知制，而且要求评估其对人体健康和环境的有害性及暴露的可能性；对于列入“现有化学物质名录”的化学物质，必须对其制造、进口数量、指定用途和可能受暴露威胁的工人数目等信息进行报告，必要时还要进行有害性试验和评估。

（7）《含汞电池和可充电池管理法》

1996 年美国颁布《含汞电池和可充电池管理法》。该法分别对废镉镍电池、小型密封铅酸电池和其他废充电电池的生产、收集、运输、储存等作出规定。该法要求禁止在碱锰电池和碳锌电池中添加汞，分阶段禁止使用含汞电池，要求生产有利于回收利用和处置的各类电池，要求高效低成本收集、回收或适当处置各类电池，要求引导公众关注各类废电池的收集、回收和处置。此外该法还规定，为了便于有效地再生利用和处置各类需控制电池，生产商必须使用规定标识，且严格按规定运输、收集、储存。鼓励企业投资废电池的再生利用和处置以及新型电池的研发、生产。

（8）《标识、转运废旧镍镉电池管理法》

《标识、转运废旧镍镉电池管理法》主要用于规范废旧镍镉电池标识、转运过程的具体事项。

3.5.2　美国固体废弃物污染防控法律法规对重金属的管理

对含重金属的固体废弃物的防控主要是通过相关标准进行管理。EPA 把固体废弃物分为无害固体废弃物和有害固体废弃物两大类，因此针对固体废弃物的污染防治标准也分为无害固体废弃物和有害固体废弃物两类。与重金属污染防治相关的固体废弃物相关标准主要包括固体废弃物处理设施标准和危险废弃物污染防治相关标准。

3.5.2.1　无害固体废弃物相关标准

RCRA 鼓励通过对无害固体废弃物的管理，最大限度地回收材料并促进资源的回收再利用。根据 RCRA，美国 EPA 对危险固体废弃物进行规制，也可以授权州进行相关规制；无害的固体废弃物主要由州和地方政府进行规制。EPA 已经颁布了关于非危险固体废弃物的一些规定，主要解决处置设施的设计和操作问题。

为了促进安全固体废弃物处置单元的使用，美国 EPA 制定了市政固体废弃物填埋场（MSWLFs）以及其他固体废弃物处置设施的特定设计和操作标准。许多州也在它们的固体废弃物项目中采用这些标准。

（1）制定该标准的目的

- 控制地下水污染。美国近一半的人口从含水层和其他地下水体获取饮用水。同时地下水被广泛地用于农业、工业和娱乐业。垃圾填埋场如果在设计时没有考虑到防止泄漏或者进行监测会造成污染。清理受污染的地下水是一个长期的昂贵的过程，而且有的情况下不一定完全成功。受影响的社区往往同时承担清理费用以及为其他饮用水源提供饮用水的费用。该规定囊括了保护地下水的设计标准，防止地下水井遭到污染。
- 防止新建垃圾填埋场对地下水的污染。伴随着城市固体废弃物的增加，新建填埋区遭受的公共阻力越来越大。该规定旨在确保新建或扩建的垃圾填埋场不对地下水造成污染。

针对上述两个目的，相关部门制定了具体的标准，包括选址要求、操作及设计标准、最终覆盖和关闭后的维护要求等。法规还要求通过地下水监测来检测从垃圾填埋场泄漏的污染物。

（2）覆盖对象

该法规适用于接收家庭废物，包括垃圾、废物、来自家庭的化粪池废物等，但不适用于接收工业非毒性废物的填埋场、地面储存池、废弃物堆场和土地利用单元（这些单元的业主和运营商必须遵守 40 CFR Part 257 条款）。

（3）条例的实施：联邦、州、部落、业主/运营商的责任

1）在通过的州和印第安部落执行

州和部落都有权开发纳入联邦填埋标准的自身许可程序来确保业主/运营商遵守，同时也可设立比联邦政府更严格的制度。环保局的职责则是审查和批准这些计划。

美国 EPA 正在开发州/部落实施细则，将划定接收环保局审批的要求。对于许可证程序，州或部落必须有签发许可证或其他形式的事先批准的能力，必须建立条件要求业主/经营者遵守填埋法规。州或部落也必须在公众参与的前提下通过合规监察及执法行动保证对法规的执行。为确保方案批准的有效性，州或部落可根据当地需要和条件灵活自由地实施标准。

2）在没有通过项目的州/印第安部落实施

由于大多数州可能在法规通过的生效日期以前不施行，因此业主/经营者必须

执行联邦法规，并遵守州/部落要求。

（4）公民职责

公民在固体废弃物管理中也发挥了重要作用。个人通过参与有关垃圾填埋场选址和发放许可证的各种公众集会活动帮助确保相关设施符合国家或部落的规章制度。同时，公民也有权起诉不遵守联邦法规的垃圾填埋场业主/运营商。

（5）对小垃圾填埋场的豁免

在 6 000 家受标准规制的城市垃圾填埋场中，约 50%被定义为“小”填埋场。这些小型填埋场由于每天服务少于 10 000 人的社区，因此接受的城市固体废物不超过 20 t。在这种情况下，小垃圾填埋场的设计、地下水监测以及修复措施所等带来的运营成本较高，从而导致人均年处置估价显著提高。

针对上述情况，相关法规规定在不影响人体健康或环境的条件下可缩减一些开销较大的要求。可以对小填埋场的业主/经营者从设计、地下水监测以及修复措施等方面进行豁免。

（6）相关规定

有关城市固体废弃物填埋场的相关标准主要分为 6 类，包括选址、运营、设计、地下水监测和修复、关停和关停后维护、财政保障。

其中在填埋场的设计标准中提到，由 EPA 批准，业主/运营商可以建立符合州/部落负责人审批通过的填埋场。在审批设计时，负责人必须确保它符合美国 EPA 的性能标准，即污染物最高含量（MCLS）将不会超过最上面含水层的“相关符合点”，这个点由批准建设的州/部落负责人确定。EPA 已为一些固体废弃物设立了 10 种重金属的 MCLS，见表 3-22。

表 3-22　最高污染物水平（1991 年 10 月 9 日）

重金属	MCLS/（mg/L）
As	0.05
Ba	1.0
Cd	0.01
Cr（VI）	0.05
Pb	0.05
Hg	0.002
Ag	0.05

3.5.2.2 危险废弃物相关标准

资源保护和回收法（RCRA）的副标题 C 作了关于危险废弃物的相关规定。RCRA 规定商业、企业以及联邦、州和当地政府机构危险废物的产生、运输、处理、贮存、处置，并制定了详细的标准，包括《危险废物识别和列表》《适用于发电机的危险废物标准》《危险废物运输者适用标准》《危险废物处理、储存和处置设施业主和运营商临时状态标准》《特定危险废物和特定类型危险废物管理设施标准》《在 A 标准许可证下操作的危险废物业主和运营商标准》《通用废物管理标准》等。

监管方面，RCRA 规定的危险废物分为两类。一类是被列出的危险废物，包括非特定源废物（F-list）、特定源废弃物（K-list）、废弃商业化学产品（P-list 和 U-list）。另一类是特征性危险废弃物，包括具有易燃性、腐蚀性、反应性和毒性的危险废弃物。含一定量重金属的废弃物就是特征性危险废弃物。

特征性危险废弃物标准包括对 7 种重金属的规制。固体废物（除人造煤气厂的废物）如果表现出毒性特征，使用毒性特性溶出程序，代表性样品的提取物中含有任何浓度等于或大于在表 3-23 中给出的重金属的相应值，即为对应重金属的危险废弃物。

表 3-23 重金属毒性特征的最高浓度

重金属	CAS NO. 2	规定浓度/（mg/L）
As	7440-38-2	5.0
Ba	7440-39-3	100.0
Cd	7440-43-9	1.0
Cr	7440-47-3	5.0
Pb	7439-92-1	5.0
Hg	7439-97-6	0.2
Ag	7440-22-4	5.0

[55 FR 11862，Mar. 29，1990，as amended at 55 FR 22684，June 1，1990；55 FR 26987，June 29，1990；58 FR 46049，Aug. 31，1993；67 FR 11254，Mar. 13，2002；71 FR 40259，July 14，2006]

3.5.3 美国固体废弃物重金属污染防治管理的特点

（1）固体废弃物污染防治法规完善

美国制定了一系列的法律推进固体废弃物的污染防治管理工作，这些法律法规和标准分别规定了政府、企业和民众在重金属污染防治过程中的责任，通过制定固体废弃物污染防治目标来敦促各州制定相关的法规；对不遵守政策与法规的企业和民众则提出了强制性的制裁措施。

（2）企业是固体废弃物污染防治的重要力量

传统的污染防治措施是在生产的末端进行，美国实施的新防治体系则通过固体废弃物资源化的方式来实现染防治，同时也规定了生产者对其产生的固体废弃物负重要责任。政府环境保护政策的倒逼机制使得企业成为开展固体废弃物污染防治的主导推动力，也有效地发展了循环经济。

（3）具有全生命周期的固体废物监管系统

美国对于含害废物管理提出了“从摇篮到坟墓”的追踪概念。含重金属有害废物的生成或制造是“摇篮”，而废物处理、储存和处置工厂（TSD，包括焚烧、脱水、固体废物处理设施以及填埋、表面蓄水等设施）则是“坟墓”。这种全生命周期的固体废物管理系统是实现控制固体废弃物污染的关键。

3.6　小结

（1）在法规标准上，同各国一样，美国的重金属污染防治法规标准等都分散在对各个环境要素的管控中，无论是水环境、大气环境、固体废物及土壤环境，美国都建立了相当完善和庞大的法律法规及标准体系，它们之间既有纵向的联系又有横向的衔接。这些法规标准清晰地规定了在重金属防治工作中政府、企业及民众的职责，确定了严格明确的制裁措施，且内容详尽科学，可操作性强。美国完善的环境污染防治制度不仅与其健全的立法有关，也与其健全的社会保障制度、高水平的经济发展程度和文化教育水平、踏实的行政实效、较少的贪污腐化现象等密切相关。美国完善的重金属污染防治体系得益于这种强有力的法律保障。

（2）在管理体制上，美国联邦政府取得了重金属污染防治工作的主导管理权限。USEPA 代表联邦政府执行统一的环境管理职责，拥有独立执行联邦各项环境法律法规的执法权，各州在 USEPA 指导下通过制定自己的州实施计划具体贯彻执行环保政策，形成与中央一致的环境保护行政管理体系。这种体制既保证了全国环境保护政策的一致性和严格性，又保持了各州本身的自主性和灵活性。同时，各民间环保组织或普通群众在国家环境管理事务中发挥了极其重要的监督作用。

（3）在管理手段上，以行政管理为主，辅以经济手段。通过灵活有效的管理体制行使管理职能，并在推行环保计划时非常注重管理资源的安排，为计划的顺利执行提供了保障。在经济上，通过税费征收制度、押金返还制度和政府补贴制度等经济手段激励企业开展重金属污染防治工作。

（4）在防控措施上，排污许可制度是美国水环境和大气环境重金属污染防治的主要手段，通过排污许可证制度控制了所有可能对水、大气环境排放重金属的污染源（包括企业、市政、政府部门），可将水、大气环境的各项管理要求有效统一，协调了不同管理政策的要求；对于新增污染源，同时采用开展环境影响评价和制定新源排放制度有效控制重金属污染物的产生与排放。对含重金属的固体废物，建立了从源头到最终处理处置的全过程监管体制。对土壤环境，注重从危险废物、水环境、大气环境和化学品的管理进行防治，建立了较为先进的超级基金制度进行调查、评估和清理。

（5）在公众参与上，美国注重发挥公众的力量，以法律的形式确定公众参与制度。如安全饮用水法规定了公民起诉制度，超级基金法规定了公众参与制度等。公众参与在美国重金属污染防治工作中发挥了重要作用。

第 4 章　台湾地区重金属污染防治管理体系

4.1　台湾地区环境管理体系

4.1.1　台湾地区环境保护行政管理体系发展过程

我国台湾地区的环境保护署成立于 1987 年 2 月。在此之前的环境保护管理模式先后经历了隶属于多个部门的分散式管理及隶属于单一部门的集中式管理 2 个阶段。

（1）第一阶段：隶属于多个部门的分散式管理（1982 年以前）

最早的环境管理体系隶属于内政部门卫生司和经济部门工业局。卫生司主要负责与环境卫生相关的事项，例如传染病防治、地方疾病防治、国际检疫、环境卫生、保健设施及医药管理等；工业局则主要负责企事业单位的废物排放管理，例如工业废气、废水及公害防治协调等事项。

1971 年台湾地区卫生署成立，下设环境卫生处。该部门除负责与环境卫生相关的管理工作外，还将此前经济部门工业局的部分管理职能收归其中，例如垃圾、水肥等污物处理的指导及监督，大气及水污染等公害的研究、指导及监督事项。经济部门则成立水资源统一规划委员会，下设水污染防治科管理水污染防治事项。

在这个阶段，地方层面的环境管理体系较为混乱，并无统一的管理架构，分管环境保护工作的管理部门杂乱无章：多数由卫生局（处）负责，成立清洁大队和水肥处理委员会，或是清洁管理所；少数由建设厅负责，设立水污染防治所。例如：1955 年台湾省卫生处设置环境卫生实验所，负责饮用水卫生、污水处理、垃圾及水质处理、一般环境卫生、空气污染、放射线卫生及噪声防治等调查、研究、督导及示范工作；1974 年又在建设厅下成立了水污染防治所，管理污染防治计划的规划，拟定水区、水污染治理规划，废水处理设施的施工、发证、纠纷处理，废水处理设施操作的督导、稽查、防治技术研究等工作。

（2）第二阶段：隶属于单一部门的集中式管理（1982 年至 1987 年）

由于环境管理体系不够统一，管理模式分散混乱，行政部门决定建立完整的环境保护行政组织体系，并于 1979 年 4 月通过了《台湾地区环境保护方案》。1982 年 1 月，台湾地区卫生署环境卫生处正式升格为“环境保护局”，统筹了原环境卫生处、原属经济部门和警政署的管制业务，具体包括：空气污染及环境卫生、水污染防治、交通噪声管制等。此外，环境保护局还新增了环境影响评估、废弃物处理及毒性物质的管制业务等。在行政管理部门集中归并的同时，还成立了南区环境保护监视中心，负责执行全区域性与涉及省市间的公害防治业务。

地方层面的环境管理模式也逐渐趋于统一：1983 年台湾省水污染防治所与环境卫生实验所合并成立了台湾省环境保护局，隶属台湾省卫生处；1982 年台北市与高雄市分别将环境清洁处与环境管理处扩大组织，同时改组成立环境保护局；1984 年起各县市政府卫生局第二课负责管理环境保护事宜。

（3）第三阶段：独立于其他部门的专责管理（1987 年至今）

20 世纪 80 年代中后期，环境保护工作的重要性日渐凸显，台湾地区决定成立专门的管理机构负责环保业务。1987 年 8 月 22 日，台湾地区卫生署环境保护局升级为“台湾地区环境保护署”，下设综合计划、空气质量保护及噪声管制、水质保护、废弃物管理、环境卫生及毒物管理、管制考核及纠纷处理、环境监测及信息等七个业务处。

地方层面上，各县市政府也逐渐强化环保工作的基层执行能力，于 1988 年至 1991 年逐步设立环境保护局。至 2003 年 1 月连江县环境保护局成立后，地方政府均已成立了环境保护局，我国台湾地区的环境保护组织基本完备。

4.1.2 台湾地区环境保护署施政发展历程

台湾地区环保署成立后，环保施政工作的发展基本上以四年为一个阶段，各个阶段的施政重点有所不同（如表 4-1 所示），初期主要以健全环保法制体系、完善环保机构建制、策划环保宣传教育计划等工作为主，后续逐渐将施政重点转变到环保执法、污染物总量控制等日常性和计划性的工作上。随着环保施政逐渐步入正轨，从 2000 年开始，环保署的工作重点开始针对具体的环境载体或污染类型，例如河川整治、空气污染防治、事业废弃物的处理等，并逐渐从单纯的管制向采取预防、辅导及协助企业开展污染防治措施上转变。

表 4-1 台湾环境保护署各阶段的工作重点

阶段	施政重点
第一阶段（1987—1991 年）	➢ 健全环保组织体系的立法与修订：以“预防原则”、“污染者负担费用原则”、“合作原则”、“民营化原则”为主，全面检讨修订环保法令规章等； ➢ 健全环保组织体系：在原台湾省各县市政府成立环境保护局，并充实人力、车辆及其他物资。另外在环保署下面成立了环境检验所和环境保护人员训练所两个附属机关； ➢ 制订各项环保教育计划：策划环保教育专项行动计划，施行全民环境教育等。例如：举手之劳做环保、飞鹰计划（减少空气污染）、海鸥计划（不乱丢弃垃圾）、海豹计划（海底打捞垃圾）、外星人计划（分别回收废金属类、废塑料类、废玻璃以及废纸）等。
第二阶段（1992—1995 年）	➢ 执法与稽查：严格控制污染源与污染量的增长，修订严格的污染源排放管制标准，扩大规范领域及列管对象； ➢ 积极立法、组织和教育：制定《垃圾处理方案》《台湾地区垃圾资源回收（焚化）厂兴建计划》《鼓励公民营机构兴建营运垃圾焚化厂推动方案》，普设垃圾卫生填埋场及焚化厂； ➢ 积极预防，规范开发行为：1994 年 12 月公布了《环境影响评估法》，在各类工业企业规划阶段考虑各项环境因素，实现环境永续发展的目标； ➢ 推动绿色消费及环保标章制度：积极研究制订《台湾地区环境保护计划》，规划进入 21 世纪的环境保护蓝图，并于 1995 年 7 月开始征收空气污染防治费。
第三阶段（1996—1999 年）	➢ 积极推动国家环境保护计划，追求环境永续发展； ➢ 加强环保行政分工，增加诱因，建立健全的行政体系； ➢ 加速推动《清净台湾地区计划》，积极建设垃圾处理及污水下水道公共设施； ➢ 结合各目的事业主管机关拉动各界发挥环境保护的责任； ➢ 提倡绿色消费，积极参与国际环保工作。
第四阶段（2000—2003 年）	➢ 事业废弃物处理：成立“事业废弃物管制中心”，加强从源头到末端的追踪，台北市于 2000 年 7 月起实施《垃圾费随袋征收》、于 2002 年 7 月起推行《购物用塑料袋及免洗餐具限制使用计划》； ➢ 重金属污染管制：于 2001 年 12 月成立“重金属污染源事业污染管制大执法行动专案小组”，并负责“重金属污染源污染管制大执法”相关事宜，以有效改善重金属废水污染环境的情况； ➢ 河川污染管制：2000 年推动受理养猪户拆除补偿申请，2001 年执行高屏溪流域养猪户拆迁工作，到 2002 年 1 月大部分养猪户陆续减养； ➢ 土壤及地下水污染整治的立法：台湾地区环保署于 2000 年公布《土壤及地下水污染整治法》，同步配套颁布了相关的子法和公告，并持续进行修改和完善；

阶段	施政重点
第四阶段（2000—2003 年）	➢ 环境保护及永续发展：2002 年台湾地区环保署公布《环境基本法》，确立了环境永续发展的方向及行动纲领。
第五阶段（2004—2007 年）	➢ 积极采取预防、辅导和协助：不仅仅局限于管制，使经济发展与环境保护两者兼顾； ➢ 积极参与国际相关环境议题会议； ➢ 垃圾全分类零废弃、绿色消费、信息公开、全民参与等。
第六阶段（2008 年至今）	➢ 着力于环保领域的远景计划：制订“节能减碳酷地球”、“资源循环零废弃”、“去污保育护生态”、“清净家园乐活化”作为优先发展课题，以期温室气体排放量于 2050 年达到 2000 年排放量的 50%。

4.1.3 台湾地区环境保护行政管理体系主要架构

台湾环境保护的行政管理体系在机构设置上主要由台湾地区环境保护署和地方县市环保局组成，包括 5 个直辖市级环保局、14 个县级环保局和 3 个县辖市级环保局。

（1）台湾地区环境保护署主要架构

台湾地区环境保护署主管全区域内环境保护的行政事务，下设综合计划处、空气质量保护及噪声管制处、水质保护处、废弃物管理处、环境卫生及毒物管理处、管制考核及纠纷处理处、环境监测及信息 7 个业务处室；公害纠纷裁决委员会、法规委员会、诉愿审议委员会、空气污染防治基金管理委员会、资源回收管理基金管理委员会和土壤及地下水污染整治基金管理会 6 个委员会；永续发展室、整洁方案室、能资方案室、温减管理室和生态小区推动管理室 5 个辅助管理部门。

综合计划处主要负责与环境保护政策、环境保护教育和环境影响评估相关的制度的规划、制定、推动和辅导等工作。空气质量保护及噪声管理处负责空气质量保护规划、固定污染源防制、移动性污染源防制及噪声振动管制的工作。水质保护处负责水质管理监督、事业废水管制、污水下水道系统及生活污水管理、海洋污染防治和淡水河系污染整治。废弃物管理处负责一般废弃物政策的协调和推动、源头减量及资源回收工作的推动、事业废弃物及公民营废弃物清除处理业机构管理、其他废弃物及土壤污染的防治事项等。环境卫生及毒物管理处负责环境用药及毒化物的管理、毒化灾及天灾、饮用水管理和环境卫生管理等。管制考核及纠纷处负责环保事务的相关考核、环保标章、公害投诉、公害纠纷处理及鉴定等工作。环境监测及信息处负责环境监测规划管理、空气质量监测网站管理、环境信息规划设计及环境信息操作维护等工作。

目前，由于土壤及地下水污染整治基金管理会涵盖了土壤及地下水领域的大部分行政管理职能，已从单纯的基金管理组织升级为台湾地区环保署下属的重要职能部门，统管土壤及地下水的污染整治和防治工作。

（2）地方县市环境保护局主要架构

台湾地区地方县市环境保护局的架构设置有以下特点：

➢ 业务科室基本涵盖了所有环境要素的相应管理职责。

各级环保局的整体架构已基本完善，尤其是在业务科室的设置上，都已涵盖各环境要素或污染物的监管科室，例如：废弃物管理科、空气噪声防制科、水污染防治科、土壤污染防治科等。

➢ 除业务科室外，废弃物处理机构也直属地方环保局。

台湾地区直辖市环保局的下设机构除业务科室和行政科室外，还包括废弃物的各类处理机构，例如新北市政府环保局下设了 3 个垃圾焚烧厂和 1 个垃圾填埋场，高雄市政府环保局下设了中区资源回收厂和南区资源回收厂，台北市环保局则包括了 1 个垃圾填埋场和 3 个垃圾焚烧厂。

➢ 地方的环境污染防制（治）基金、废弃物清除处理基金、环境影响评估委员会和公害纠纷调处委员会不隶属于环保局，为环保局的平行机构。

各委员会和基金会在行政院层面上，隶属于环境保护署，这些委员会（基金会）分别为：公害纠纷裁决委员会、法规委员会、诉愿审议委员会、空气污染防治基金管理委员会、资源回收管理基金管理委员会和土壤及地下水污染整治基金管理会。但在地方层面上，各委员会为各级环境保护局的平行机构，直接隶属于地方政府[直辖市政府、县（市）政府]，由地方政府负责各委员会和基金会的管理。各基金会定期筹拨资金至地方环保局，对地方环保管理起到支持和监督的作用。

4.1.4　台湾地区环境保护法规体系

20 世纪，各国环境保护意识兴起、开始推动环境保护工作并着手环境保护立法的起因基本上有两种类型：一种是在污染灾害还未发生或未大面积发生时，国家便积极地开始环境立法，例如美国、英国、德国等；另一种则是在公害造成大量污染，甚至已危害到人体健康时才开始推动环保立法工作，例如日本及我国台湾地区。

台湾地区在 20 世纪 70 年代之前，工业基本以手工与低附加值的原料产品制造为主，未出现高污染行业，因此没有与环境相关的法律法规，基本属于环境保护立法的空白期。进入 70 年代后，由于工业发展迅速，公害频现，当时还发生了出口美国的瓷盘被验出含有镉而遭大批量退货的事件，自此才开始进入环境保护立法的启蒙时期。一些公害防治法规在这个时期的初期已具雏形，例如 1974 年的《水污染防治法》《废弃物清理法》以及 1975 年的《空气污染防制法》等。同时，台湾地区相关政府部门在环境政策的推动上起到了很大作用，例如 1987 年拟定的《现阶段环境政策纲领》，成为了环境立法与政策执行的重要依据，又比如在环境影响评估法未制定完成前，于 1985 年核定发布了《加强推动环境影响评估方案》。90 年代后，环境保护立法进入了迅速发展的阶段，到 2000 年左右，环境法规基本上都已制定完毕，例如：《水污染防治法》《空气污染防制法》《土壤及地下水污染整治法》《废弃物清理法》《噪声管制法》《海洋污染防治法》《毒性化学物质处理法》与《公害纠纷处理法》等。

目前，台湾地区的环境保护法规体系已比较完善，由九大部分组成：基本法及组织法、土壤及地下水污染整治、水及海洋污染防治、废弃物清理、大气及噪声污染防制、环境影响评估、毒性物质管理、公害纠纷处理及其他法规。

4.2 台湾地区水环境重金属污染防治管理体系

4.2.1 台湾地区水环境重金属污染防治法律法规

台湾地区对于水环境问题的防治和管理，前期主要以水资源开发及防洪为主，其后随着水体污染严重，工作重点转变为保护水体水质，后期可持续发展理念逐渐深入，水环境的管理以节约用水、回收利用、保护水源、防治污染、整治河川等工作为主。

由于早期的工业多为中小企业，因此水资源以支持灌溉促进农业增产为主，水环境未出现较为严重的问题。1973 年台湾地区的曾文水库建造完成，水资源不再全力支持农田灌溉，随着十大建设、十二项建设计划的积极推动，产业用水和生活用水量也随之增加，不断产生的污染物持续进入水体，超过了水体的涵容能力，水环境污染逐渐呈现，尤其是 1973 年急水溪下游鱼塭发生的水污染事件，让政府部门意识到水污染防治问题的重要性。为防止水污染情况进一步恶化，确保水资源的清洁，维护生态系统，改善生活环境并最终保障人体健康，政府部门于 1974 年和 1976 年分别公布了《水污染防治法》和《水污染防治法施行细则》，并成立“水污染防治所”专司其职，主要管制工厂、矿场废水，防治水污染。

《水污染防治法》执行以来，已修订过五次（1983 年、1991 年、2000 年、2002 年、2007 年），同时也逐步完善了水污染的管理架构和相关子法。在许可制度的保障下，现行的《水污染防治法》对水环境问题的管理方式从早期单纯的执法采样，发展为预防管理，例如：节约用水、回收利用等可持续发展的理念。

4.2.1.1　水污染防治法的内容及相关制度

《水污染防治法》全文共 75 条，配套的法令和行政规则主要包括：《水污染防治法施行细则》《地面水体分类及水质标准》《放流水标准》《土壤处理标准》《事业水污染防治措施及排放废（污）水管理办法》与《废（污）水排放收费办法》等。

水污染防治法体系对水环境问题的管理基本上可归纳为：主管机关管理的事项、对点源污染物的管理、对面源污染物的管理和相关的处罚制度。

（1）主管机关管理的事项

■　制订水污染防治方案

《水污染防治法》规定，主管机关订定水污染防治方案，每年向立法部门报告执行进度。还分别对各级主管机关的权限进行了界定：台湾地区环保署拟定全地区的水污染防治方案，地方主管机关应拟定辖境内水污染防治实施方案，同时要求报送台湾地区行政院核定后方可实施，以每五年为一个检讨期，必要时需进行修正。

■　水体区域划定、水体分类及水质标准制订

《水污染防治法》规定，台湾地区环保署应依水体特征及其所在地的情况，划定水区，制订水体分类及水质标准。《地面水体分类及水质标准》中分别对陆域、海域地面水体分类及水质标准进行定义。

■　开展水质监测工作

为建立水环境基本资料的数据库，以拟定相关的防治方案，《水污染防治法》规定，各级主管机关应设立水质监测站，采样检验，定期公布结果，并采取适当的措施。在母法的施行细则里也规定，直辖市、县（市）主管机关应将监测结果及统计资料按季公告，并报送台湾地区环保署。同时还颁布了《水体水质监测站设置及监测标准》，为水体监测工作的开展提供相关的技术依据。

■ 污染防治工作的辅导

《水污染防治法》规定各目的事业主管机关应对企业废（污）水处理及排放情况的改善工作进行辅导，相关的辅导办法由目的事业主管机关制定。目前台湾地区由经济部工业局委托“中国技术服务社”，成立“工业污染防治服务团”，对厂商的改善防治工作进行辅导。

■ 相关的执法工作

《水污染防治法》规定，各级主管机关须派员携带证明文件，进入事业、污水下水道系统或建筑物污水处理设施的场所，进行下列查证工作：1）检查污染物来源及废（污）水处理、排放情形；2）索取有关资料；3）采样、流量测定及有关废（污）水处理、排放情况的动态影像录制。目前台湾地区稽查取缔的相关工作主要由环保署督查大队及各县（市）环保局负责执行。

■ 污染原因的鉴定

《水污染防治法》规定，水污染受害人须向主管机关申请鉴定其受害原因；主管机关会同有关机关查明后，责令排放水污染物者立即改善，受害人同时可请求适当赔偿。但由于在实际操作中，损害原因及损害来源的鉴定工作较为困难，因此在公害纠纷法公布实施后，有关水污染纠纷的案件，均依照公害纠纷处理程序办理。

■ 制订相关子法

根据母法的规定，主管机关应制订相关办法及标准，以作为执行工作的依据，目前环保署已发布实施了大量相关重要子法。

（2）对点源的污染管制

《水污染防治法》对点源的污染控制主要通过两种制度进行实施：命令与控制制度、经济制度。

■ 命令与控制制度

为防止各行业废水对水环境造成污染，《水污染防治法》的命令与控制制度中强调了废水总量管制、废水排放许可制度、申报义务制度、查核管制制度以及突发污染事故的处理办法。

根据《水污染防治法》第九条第一项的规定，水体的全部或部分，有因事业、污水下水道密集，以放流水标准管制，仍未能达到该水体的水质标准者；或经主管机关认定需特别保护者，地方主管机关应依该水体的涵容能力，以废（污）水排放的总量管制方式进行管制。目前台湾地区水质管理的趋势，已逐渐由过去以技术为基础的控制方法（例如放流水标准），转变为以承受水体水质为基础的总量管制制度。

废水排放的许可制度是一种事前管理的方式，要求企业在建设之前即考虑到污染防治的问题，并设置必需的防治设施。此外，依据水污染防治法的相关规定，企业若有变更，也需先制定水污染防治措施计划及相关文件，送直辖市、县（市）主管机关或台湾地区环保署的委托机关审查核准。

对于申报义务制度，《水污染防治法》规定，有下列各种情况必须进行申报工作：贮留废水、处理设施的操作、放流水及用电记录、总量管制水体、试验及监测计划与贮存公告指定的物质。若申报不实或递交虚假记录的，将会依照相关条例的规定进行处罚。

《水污染防治法》中对执法和监督工作的相关规定也较为完善，即查核管制制度，参见本章节（1）中“相关的执法工作”。

突发事故管理制度不仅规定了事业或污水下水道系统排放废（污）水的紧急应变措施，也规定了相关输送管道和贮存设施有泄漏污染物情况时的紧急应变措施，均需在 3 小时内通知当地主管机关，情节严重者，必须立即停业，部分或全部停工。

■　经济制度——水污染防治费

水污染防治费制度，是结合了行政管理与经济手段两种管理工具的制度。依据《水污染防治法》的相关规定，台湾地区环保署对于排放废（污）水于地面水体的事业、污水下水道系统及家庭，应依其排放的水质水量或依台湾地区环保署规定的计算方式核定其排放的水质水量，征收水污染防治费。征收的污染防治费专款专用，供台湾地区水污染防治所用，主要包括：1）地面水体污染整治；2）饮用水水源水质保护区水质改善；3）水污染总量管制区水质改善；4）公共污水下水道系统主、次要干管的建设；5）污水处理厂及废（污）水截流设施的建设；6）水肥投入站及水肥处理厂的建设；7）废（污）水处理设施产生的污泥，集中处理设施的建设；8）水污染防治技术的研究发展、引进及策略的研发；9）执行收费工作相关的必要支出及所需人员的聘用；10）其他有关水污染防治工作。

（3）对面源的污染管制

面源的污染管制主要包括对农药与肥料的过量施用、不当的山坡地开发及其他活动的管理。《水污染防治法》规定，直辖市、县（市）主管机关，视辖境内水污染状况，划定水污染管制区并进行公告，同时报送台湾地区环保署。在水污染管制区内，不得有下列行为：

1）用农药或化学肥料，有可能导致主管机关指定的水体受到污染；

2）在水体或其沿岸规定距离内弃置垃圾、水肥、污泥、酸碱废液、建筑废料或其他污染物；

3）使用毒品、药品或电流捕杀水生生物；

4）在主管机关指定的水体或其沿岸规定距离内饲养家禽、家畜；

5）其他经主管机关公告禁止的可导致水体受到污染的行为。

（4）处罚制度的相关规定

前面各制度涵盖的相关行为,《水污染防治法》都规定了不同程度的处罚方法，概括为行政处罚和刑罚。行政处罚包括：按次处罚并通知限期改善、按日连续处罚、停工或停业、撤销排放许可证或勒令停业。刑罚包括：有期徒刑、拘役、罚金、拘役并罚金等。

4.2.1.2 水污染防治法规对重金属的管理规定

（1）作为重要污染物的监测制度

《水污染防治法施行细则》第七条规定了水质监测站的设定办法，并明确了水质监测站的采样和监测制度，包括采样频率和监测项目。其中监测项目包括：水温、氢离子浓度指数、溶氧量、重金属、其他经台湾地区环保署依水体特性指定的项目。

施行细则的该项规定，表明重金属作为水体重要污染物之一，需定期进行监测。完善的数据库系统亦可为后续的重金属污染防治工作、环境质量标准及污染排放标准的修订、水环境重金属污染状况的改善情况提供技术依据。

（2）作为有害物质的认定办法

2002 年 8 月 30 日，台湾地区环保署发布了《有害健康物质之种类》，明确规定有害健康物质的种类如下：氟化物、硝酸盐氮、氰化物、镉、铅、总铬、六价铬、总汞、有机汞、铜、银、镍、硒、砷、多氯联苯、总有机磷剂、总氨基甲酸盐、除草剂、安杀番、安特灵、灵丹、飞布达及其衍生物、滴滴涕及其衍生物、阿特灵及地特灵、五氯酚及其盐类、毒杀芬、五氯硝苯、福尔培、四氯丹、盖普丹。

台湾地区环保署将有害人体健康的污染物种类，包括水体中常见的有毒有害重金属及其化合物写入具有法律效力的公告中，充分表明台湾地区的水污染防治法体系立法目的为：防治水污染、确保水资源之清洁、维护生态体系、改善生活环境、增进国民健康。这种立法目的较为全面，既维护生态体系又保护生活环境，从而实现最终目的——增进国民健康。

（3）作为环境受纳物的管理方式

■　分行业

由于不同行业排放的废水污染物种类不同，因此《水污染防治法》的配套子法中，对企业、污水下水道系统及建筑物污水处理设施的放流水重金属浓度，以及几种特殊行业的放流水重金属浓度进行了分别管理。其中《放流水标准》中明确规定了重金属为共通管制事项，可见台湾地区对于水体重金属污染物控制的重视程度。各类重金属的相关排放标准详见 4.2.2 节。

■　分受纳介质

在重金属排放标准的管理中，除了对行业加以区分，对排放受纳介质也进行了区分。在《放流水标准》的基础上还制订了《海洋放流管线放流水标准》和《土壤处理标准》，分别规定了排放于海洋的事业或污水下水道管线废水重金属浓度和排放、渗透于土壤废水的重金属浓度。具体的排放浓度详见 4.2.2 节。

（4）其他相关管理办法的规定

■　《水污染防治措施及检测申报管理办法》

该管理办法于 2006 年 10 月 16 日发布施行，主要对应进行防治措施及检测申报的事业或污水下水道系统别进行了分类，也规定了应申报的水质项目，其中包含重金属检测项目的见表 4-2-表 4-5。

表 4-2　废（污）水及放流水水质申报项目表

<table>
<tr><th colspan="2">事业或污水下水道系统类别</th><th>应申报的水质项目</th></tr>
<tr><td colspan="2">金属表面处理业</td><td>总铬、镉、六价铬、锌、镍、铜、总汞、铅、砷</td></tr>
<tr><td colspan="2">电镀业</td><td>总铬、镉、六价铬、锌、镍、铜、总汞、铅、砷</td></tr>
<tr><td colspan="2">晶圆制造及半导体制造业</td><td>总铬、镉、六价铬、锌、镍、铜、总汞、铅、砷</td></tr>
<tr><td colspan="2">印刷电路板制造业</td><td>六价铬、镍、铜、总汞、铅、砷、镉</td></tr>
<tr><td colspan="2">光电材料及组件制造业</td><td>总铬、镉、六价铬、锌、镍、铜、总汞、铅、砷、镓、铟、钼</td></tr>
<tr><td rowspan="2">其他由台湾地区环保署指定的事业</td><td>1. 非属前述的事业</td><td>铅、镉、总汞、甲基汞、砷、六价铬、铜</td></tr>
<tr><td>2. 特定物质贮存堆置场</td><td>镉、铅、总铬、六价铬、总汞、甲基汞、铜、银、镍、硒、砷</td></tr>
<tr><td rowspan="3">工业区专用污水下水道</td><td>1. 石油化学专业区</td><td>总铬、镉、六价铬、锌、镍、铜、总汞、铅、砷</td></tr>
<tr><td>2. 科学工业园区</td><td>总铬、镉、六价铬、锌、镍、铜、总汞、铅、砷、镓、铟、钼</td></tr>
<tr><td>3. 石油化学专业区及科学工业园区以外的工业区</td><td>总铬、镉、六价铬、锌、镍、铜、总汞、铅、砷</td></tr>
</table>

表 4-3 土壤监测申报项目表

事业或污水下水道系统类别	监测申报项目
畜牧业、动物园、制糖业、公共污水下水道系统	铜、锌、砷、镉、铬、总汞、镍、铅

表 4-4 地下水监测水质申报项目表

事业或污水下水道系统类别	监测申报项目
畜牧业、动物园、制糖业、公共污水下水道系统	砷、镉、铬、铜、铅、锌

表 4-5 海洋放流管线排放废（污）水至海洋的海域环境监测申报项目表

事业或污水下水道系统类别	监测申报项目
事业或污水下水道系统	1. 海水：依原废（污）水及放流水水质申报项目内容办理；另应申报溶解氧、总油脂、沉降固体量、重金属、酚类、总有机碳、总磷、总氮 2. 沉积物：总有机碳、重金属 3. 贝类：累积性重金属、碳氢化合物、农药 4. 海洋生物底栖生物：鱼类、大型无脊椎动物、浮游生物（含基础生产力）

除一般废（污）水外，该管理办法还特别对径流废水进行规定：若企业在污水或下水道系统贮存或堆放废照明光源、废干电池、农药废容器、特殊环境卫生用药废容器、废铅蓄电池、废润滑油、废机动车辆，及其处理过程产生的再生料或衍生废弃物时，应收集并处理径流废水。

■ 《水污染防治措施计划及许可申请审查办法》

该审查办法于 2006 年公布实施，主要规定了水污染排放许可的申请管理办法。其中第五条规定了必须进行水污染防治措施计划的各类情况：1）设计或实际最大废水产生量每日 50 m^3（t/d）以上；2）企业共同设置的废（污）水（前）处理设施或贮留设施，设计或实际最大废水产生量总计每日 50 m^3（t/d）以上；3）企业单独或共同设置的废（污）水（前）处理设施、贮留设施，产生的原废（污）水中所含铅、镉、汞、砷、六价铬、铜、氰化物、有机氯剂、有机磷剂或酚类浓度超过放流水标准。

第六条则对应申请排放地面水体许可证的企业进行了规定：1）公共污水下水

道系统；2）工业区专用污水下水道系统；3）指定地区或场所专用污水下水道系统，其设计最大污水产生量每日 50 m^3（t/d）以上或产生的原污水中所含铅、镉、汞、砷、六价铬、铜、氰化物、有机氯剂、有机磷剂或酚类浓度超过放流水标准。

该审查办法通过建设前的污染防治计划和运营前的排污许可制度对水环境重金属的污染防治进行了较好的管理。

■　《环境保护专责单位或人员设置及管理办法》

该管理办法于 2008 年颁布实施，办法规定含有重金属放流水的公私场所、企业或污水下水道系统应设置专门的环境保护部门。具体的重金属类别包括：铅、镉、汞、砷、六价铬、铜。

（5）依托法律的重金属污染源监管执法

针对 20 世纪 80 年代后期开始频现的重金属废水排放至灌溉沟渠后污染农田的事件，台湾地区环保署于 2002 年 1 月 23 日发布了《重金属污染源事业污染管制大执法行动项目计划执行作业要点》，制订《重金属污染源事业污染管制大执法行动专案计划》，锁定了台北县、桃园县、台中县市、彰化县、台南县市和高雄县 8 个县市的电镀业、金属表面处理业、其他金属处理业、塑胶安定剂及制革业等工厂，展开全面清查执法行动。为切实执行该计划，还专门成立了“重金属污染源事业污染管制大执法行动专案小组”，针对工厂废水非法排放的去处进行管理，从源头上根除重金属的污染。

4.2.2　台湾地区水环境重金属污染防治相关标准

4.2.2.1　重金属环境质量标准

《地面水体分类及水质标准》定义了陆域、海域地面水体分类及相关水质标准，是依照水体特征规范其适用性及其相关环境基准，而非限制水体的用途。地面水体的水质标准又分为保护生活环境和保护人体健康的环境基准。在保护生活环境的相关环境基准方面，以水体用途为重点，并以水质保护作为辅助因素；而在保护人体健康相关环境基准方面，则规范对人体有累积性或危害性的化学物质，此类物质经三级处理方式无法降低其浓度，仅能依靠水体本身的涵容能力降解，因此对所有水体适用单一化水质标准。同时，地面水体分类与水质标准是以防止废水的排放超过水体用途标准为目的，因此可视为废水排放的第二道防线，也是饮用水水源标准的前置管理。

该标准对陆域地面水体分类及用途的规定见表 4-6，对重金属浓度进行规定的保护人体健康相关环境基准见表 4-7（仅列出了与重金属相关的基准值）。

表 4-6 陆域地面水体分类及用途

水体用途	甲类	乙类	丙类	丁类	戊类
游泳	√				
一级公共用水	√				
二级公共用水	√	√			
三级公共用水	√	√	√		
一级水产用水	√	√			
二级水产用水	√	√	√		
一级工业用水	√	√	√		
二级工业用水	√	√	√	√	
灌溉用水	√	√	√	√	
环境保育	√	√	√	√	√

注：地面水体之水源依其用途及水质状况划分为七类：

1）一级公共用水：指经消毒处理即可供公共给水之水源。

2）二级公共用水：指需经混凝、沉淀、过滤、消毒等一般通用之净水方法处理可供公共给水之水源。

3）三级公共用水：指经活性炭吸附、离子交换、逆渗透等特殊或高度处理可供公共给水之水源。

4）一级水产用水：在陆域地面水体，指可供鳟鱼、香鱼及鲈鱼培养用水之水源；在海域水体，指可供嘉腊鱼及紫菜类培养用水之水源。

5）二级水产用水：在陆域地面水体，指可供鲢鱼、草鱼及贝类培养用水之水源；在海域水体，指虱目鱼、乌鱼及龙须菜培养用水之水源。

6）一级工业用水：指可供制造用水之水源。

7）二级工业用水：指可供冷却用水之水源。

表 4-7 保护人体健康相关环境基准 单位：mg/L

重金属	基准值
镉	0.01
铅	0.1
六价铬	0.05
砷	0.05
汞	0.002
硒	0.05
铜	0.03
锌	0.5

4.2.2.2　重金属排放标准

对于污水排放标准，台湾地区的水污染防治法体系采取了分行业、分受纳介质的管理模式。

《放流水标准》作为一部适用于各企事业单位的污水排放标准，将重金属作为共通管制事项，其规定的重金属类别和最大浓度限值见表 4-8。

表 4-8　《放流水标准》规定的废（污）水中重金属类别及最大限值　单位：mg/L

适用范围	项目	最大限值
企业、污水下水道系统及建筑物污水处理设施的废（污）水共同适用	镉	0.03
	铅	1.0
	总铬	2.0
	六价铬	0.5
	甲基汞	不得检出
	总汞	0.005
	铜	3.0
	锌	5.0
	银	0.5
	镍	1.0
	硒	0.5
	砷	0.5

其他与重金属污染物相关的特定行业废水排放标准包括：《光电材料及组件制造业放流水标准》《石油化学专业区污水下水道系统放流水标准》《科学工业园区污水下水道系统放流水标准》和《晶圆制造及半导体制造业放流水标准》，这些排放标准对废水中重金属污染物的类别、最大浓度限值分别给出了规定，见表 4-9。

表 4-9　几种特定行业放流水标准对重金属浓度的限值　单位：mg/L

重金属类型	限值			
	光电材料及组件制造业放流水	石油化学专业区污水下水道系统放流水	科学工业园区污水下水道系统放流水	晶圆制造及半导体制造业放流水
镉	0.03	0.03	0.03	0.03
铅	1.0	1.0	1.0	1.0

重金属类型	限值			
	光电材料及组件制造业放流水	石油化学专业区污水下水道系统放流水	科学工业园区污水下水道系统放流水	晶圆制造及半导体制造业放流水
总铬	2.0	2.0	2.0	2.0
六价铬	0.5	0.5	0.5	0.5
甲基汞	—	不得检出	不得检出	—
总汞	0.005	0.005	0.005	0.005
铜	3.0	3.0	3.0	3.0
锌	5.0	5.0	5.0	5.0
银	0.5	0.5	0.5	0.5
镍	1.0	1.0	1.0	1.0
砷	0.5	0.5	0.5	0.5
铟	0.1	—	—	—
镓	0.1	—	—	—
钼	0.6	—	—	—

此外，由于企事业单位的废（污）水除了排放至地表水体，也可能排放到海洋或土壤中，所以《海洋放流管线放流水标准》和《土壤处理标准》分别对上述两种排放情况涉及的重金属污染物作了具体的规定，见表 4-10，表 4-11。

表 4-10　海洋放流管线放流水标准中对重金属的限值　　单位：mg/L

项目	甲类海域	乙类海域
砷	3.0	3.0
镉	0.5	0.5
总铬	2.0	2.0
铜	2.0	2.0
铅	5.0	5.0
总汞	0.1	0.1
锌	4.0	4.0
镍	1.0	1.0

表 4-11　土壤处理标准中对排入土壤中废水重金属的限值　　单位：mg/L

水质项目	限值	备注
砷	0.2	
镉	0.01	
总铬	0.1	

水质项目	限值	备注
铜	0.2	
	3.0	饲养猪、牛的畜牧业适用
铅	0.1	
总汞	0.005	
镍	0.5	
锌	2.0	
	5.0	饲养猪、牛的畜牧业适用

4.2.3　台湾地区水环境重金属污染防治管理体系的特点

（1）在管理目的上突出国民健康，较为务实

水污染防治法体系中，首先在立法目的上突出了以增进国民健康为最终目的，其次在环境质量标准中也区分了以保护环境为目的和保护人体健康为目的的不同水质基准值。此外，台湾地区环保署还专门发布公告限定重金属为有害人体健康的物质之一。法律体系中这种以人为本的做法值得借鉴：对水环境重金属的管理目的除保护和改善环境、保障饮用水安全和促进经济社会全面协调可持续发展之外，更高层面的管理和最终的法律价值应该是人类的健康。

（2）在管理体系上权力高度集中，责任明确

水污染防治法体系中多次规定各主管机关应负责的事项，母法对主管机关的定义为：台湾地区环境保护署为台湾地区的主管机关；在直辖市则为直辖市政府；在县（市）为县（市）政府。这种实行权力高度集中的监督管理体系，有利于各个主管机关在实际监管过程中各就其位依法履行自己的职责，在归责制度上也便于明确应承担法律责任的主体。例如对于重金属的监督管理上，台湾地区环境保护署成立了专门的重金属污染源事业污染管制大执法行动专案小组，持续对各个直辖市、县（市）辖域内的重金属污染源企业进行执法监督。

（3）在监督措施上强调计划，有效预防

《水污染防治法》对于排放废水的行业采取许可管理制度，包括建设前应制定污染治理计划的制度和运营前应申报排污许可的制度。对于重金属污染企业的管理，规定了必须递交污染治理计划和许可的污染行业和重金属污染物类别。这种对重金属污染企业有计划的监督措施，体现了水污染防治法体系防患于未然的预防监管理念。

（4）在保障机制上全方位推进，整治有力

为保障水环境重金属污染防治工作的顺利实施，立法体系中规定了较为充分的资金保障制度、科技保障制度和司法保障制度等。在科技保障制度上，规定各级主管机关基于水污染防治研究需要，得提供与研究有关的企业、污水下水道系统或建筑物污水处理设施的个别或统计性数据给学术研究机关、环境保护事业单位、技术顾问机构、财团法人。在资金保障制度上，设置了专门的水污染防治费征收条例，并规定水污染防治费主要用于地面水体的污染整治、饮用水水源保护区水质改善、水污染总量管制区水质改善、各类污水处理公共设施的建设、水污染防治技术研究发展、引进和策略的研发等。在司法保障制度上，规定了较为严格的处罚制度和相关赔偿制度。

这种全方位的有效保障体系，使水环境重金属污染防治管理的各项工作均得到了有效的推进。

4.3 台湾地区大气环境重金属污染防治管理体系

台湾地区自 20 世纪 60 年代起逐步推动各项经济建设计划，发展炼油、石化、钢铁等工业，经济高度发展、人民生活水平大幅改善的同时，空气污染负荷也日益加重。对于空气污染的防制工作，最早可追溯至 1955 年台北市的生煤管制，当时以限制使用生煤以控制黑烟排放的管理方式为主。直到 1975 年 5 月 23 日公布《空气污染防制法》之后，空气污染管制工作才算正式步入正轨（见表 4-12），针对空气环境中重金属的污染防治管理工作也陆续开展。

表 4-12 空气污染管制策略的发展历程

时期	时间	管制策略
萌芽阶段	1975 年以前	管制使用生煤排放黑烟的行为
起步阶段	1975—1981 年	管制个别工厂的污染物排放浓度
发展阶段	1982—1991 年	主管机关两次升级，管制高污染工业行业，同时着手管制交通工具的污染排放，以及高污染燃料的管制
成熟阶段	1992—1998 年	引进预防性管理措施，如固定污染源许可制度，车型审验制度，采用经济诱因策略，实施空气污染排放收费制度
转型阶段	1999 年以后	健全空气污染防制费的征收制度，同时引进更积极的总量管制策略

4.3.1　台湾地区大气污染管制法及策略

台湾地区大气污染控制的立法开始于 1975 年，命名为《空气污染防制法》。该法于 1982 年 5 月 7 日第一次修正公布，1991 年 2 月 1 日第二次修正公布。第三次修正案于 1997 年 1 月 6 日报请地区行政院，历经 2 年后于 1999 年发布实施。其后又于 2002 年、2005 年、2006 年、2011 年和 2012 年分别进行了相关修正。

结合空气污染防制法体系，台湾地区对空气污染的管制策略主要包括：整体管理策略、经济诱因改善策略、固定污染源管制策略、移动污染源改善策略等。

（1）整体管理策略

■　建立相关的环境标准

《空气污染防制法》在 1992 年以前，最重要的管制工具就是“排放标准”，这是环境标准的一种。制订排放标准的意义在于，提供一个更有弹性的管制方式给污染者，无论采取何种控制措施，只需达到排放标准即可继续开展生产活动。

另一类环境标准，则是在《空气污染防制法》第二次修订时增加的《空气品质标准》。制订环境品质标准的意义在于，明确理想、恰当的空气污染程度，使人们可以评估其受空气污染的损害程度，这也是主管机关设计政策的目标和成效评估准则。

最后一类环境标准是在第三次修订时加入的“技术标准”，意义在于规范污染源必须使用某一特定污染防制技术，例如《空气污染防制法》中第二条所定义的最佳可行控制技术，指已商业化并可行的污染物排放最大减量技术。

■　划定空气污染防制区、空气质量区

依据《空气污染防制法》第五条及《空气污染防制法施行细则》第七条的规定，台湾地区环保署于 2010 年 7 月 12 日公告划定了空气污染防制区，将台湾地区各县市依据其空气质量概况分别赋予不同的空气污染防制区等级，并自 2010 年 12 月 25 日起实施。防制区分为下列三级：一级防制区，指大型公园及自然保护（育）区等依法划定的区域；二级防制区，指一级防制区外，符合空气质量标准的区域；三级防制区，指一级防制区外，未符合空气质量标准的区域。一级防制区内，除维系区内住户民生需要的设施、大型公园经营管理的必要设施或台湾军事设施外，不得新增或变更固定污染源。二级防制区内，新增或变更的固定污染源污染物排放量达到一定规模的，其污染物排放量须经模拟试验后证明不超过污染源所在地防制区及空气质量受到影响的邻近防制区污染物容许增量限值。三级防制区内，既存的固定污染源应削减污染物排放量；新增或变更的固定污染源污染物排放量达一定规模的，应采用最佳可行控制技术，且其污染物排放量经模拟试验后证明不超过污染源所在地防制区及空气质量受到影响的邻近防制区污染物容许增量限值。

此外，为评估空气质量变化趋势，解析污染传输情形及制订合理控制对策，台湾地区环保署根据各地污染特性、地形及气象条件等，将台湾地区划分成7个空气质量区（简称空品区）及离岛地区（如表4-13所示），以有效监测各地空气质量状况，并在各区内分别设置了不同级别的自动监测站。

表4-13 台湾地区划分的空气质量区及自动监测站设置情况

空气质量区	涵盖的县市	自动监测站数量
北部空品区	基隆市、台北市、新北市及桃园县	19个一般测站 4个交通测站 1个“国家”公园测站 2个背景测站
竹苗空品区	新竹市县及苗栗县	5个一般测站 1个工业测站 1个背景测站
中部空品区	台中市、彰化县及南投县	9个一般测站 1个工业测站 1个其他测站
云嘉南空品区	云林县、嘉义市县及台南市	9个一般测站 2个工业测站
高屏空品区	高雄市及屏东县	11个一般测站 2个交通测站 1个工业测站 1个“国家”公园测站 1个背景测站
宜兰空品区	宜兰县	2个一般测站
花东空品区	花莲县及台东县	2个一般测站 1个其他测站
离岛地区	连江县、金门县及澎湖县	3个一般测站

■　空气污染总量管制削减策略

台湾当局意识到，环境负荷持续增长，要改善污染源集中地区的空气质量，必须实施总量管制。通过相关的经济诱因（例如：比指定目标多削减的差额排放量，可以保留自用、抵换或交易），使污染者有削减意愿，从而选用最有利的改善措施，达到主管机关规定的总量削减目标。因此根据《空气污染防制法》中的相关规定，为了改善区域空气质量，对于区域不符合标准的空气污染物，进行总容许排放量的限制措施。

实施总量管制，限定既存污染源削减排放总量，使区域排放量小于各阶段总量削减目标，同时又能允许新污染源设置，兼顾了经济发展与环境保护。

（2）经济诱因改善策略

■　征收空气污染防制费，保障空气污染防制工作资金来源

台湾地区自 1995 年 7 月 1 日开始向固定污染源（工厂）及移动污染源（车辆）征收空气污染防制费，依其排放硫氧化物的油（燃）料费用征收，并成立附属单位将征收所得的空气污染防制费专款专用于空气污染防制工作，同时也明确规定了可供支用的相关事项。

1998 年 7 月 1 日起台湾地区环保署开始实施第二阶段固定污染源空气污染防制费征收的执行作业，根据固定污染源硫氧化物及氮氧化物实际排放量征收，并将征收所得的 60%拨付地方各县市直接使用。另因营建工程所造成的空气污染问题逐渐凸显，自 1997 年 7 月 1 起，由县市政府征收营建工程的空气污染防制费。

■　推动固定源奖励及减免制度

2008 年台湾地区环保署颁布了《公私场所固定污染源空气污染防制设备空气污染防制费减免办法》，办法对设置并有效操作固定污染源空气污染防制设备的生产者，通过减免固定污染源空气污染防制费方式，减少其空气污染防制费的支出，达到改善空气质量的目的。

此外，台湾地区环保署积极鼓励居民使用低污染车辆，并对旧车淘汰者给予相应的补助，对洁净燃料（例如液化石油气等）的降价销售也给予一定的补助。

（3）固定污染源管制策略

■　依行业特性制订管制标准

同一排放标准并不适用于所有行业，因此台湾地区环保署依照不同固定污染源的不同行业分别制订操作规范及排放标准，目前已公告的管制标准有水泥、钢铁、铅冶炼、陶瓷砖瓦、沥青、电力、汽车表面涂装、挥发性有机污染物、焚化

炉、PU 合成皮、半导体制造业及干洗业等行业或污染物。

■ 固定污染源许可证制度

在《空气污染防制法》第二次修正中纳入了固定污染源的许可制度。相关法条分别规定了固定污染源设置或变更、公私场所迁移或产业变更以及贩卖使用生煤等其他致空气污染物质的活动必须进行排污许可申报：

- 公私场所具有经台湾地区环保署指定公告的固定污染源，应于设置或变更前，制订空气污染防制计划，向直辖市、县（市）主管机关或台湾地区环保署委托的政府其他机关申请核发设置许可证，并依许可证内容进行设置或变更；
- 公私场所因迁移或变更产业类别，应重新申请核发设置及操作许可证；
- 贩卖或使用生煤、石油焦或其他易致空气污染的物质时，应先检测有关数据，向直辖市、县（市）主管机关申请，经审查合格核发许可证后才可以开展相关业务。

固定污染源在操作、排放前必须完全符合标准，是一种重视预防管理的管制精神，这样的规定使相关的排放标准更具有管制力。

■ 企业污染治理技术辅导

对于固定污染源，主管机关除了采用命令式的管制方式（达到排放标准、排放许可等）外，还积极采取各种辅助性的管制措施。《空气污染防制法》第三章第四十五条明确规定"各种污染源之改善，由各目的事业主管机关辅导之"。近年来，台湾地区环保署邀请各方面专家学者，组成评定及技术辅导小组，对企业进行"体检"，并将评鉴意见、改善技术提供给企业，作为污染治理的参考方案。

■ 固定污染源自动连续监测、检测及遥测

《空气污染防制法》规定，公私场所具有经台湾地区环保署指定公告的固定污染源，应于规定期限内设置自动监测设施，连续监测其操作情况或空气污染物排放状况，并向主管机关申请认可；其经指定公告应联机者，其监测设施应于规定期限内完成与主管机关联机。同时还规定了自动监测或检验测定的结果，应作成纪录，并依规定向当地主管机关申报。

■ 营建工地及街道扬尘管制

该项管制制度主要是要求营建工地施工过程中除应符合固定污染源空气污染物排放标准外，还应防止排放逸散粒状污染物。自 2009 年 1 月 8 日发布实施《固定污染源逸散性粒状污染物空气污染防制设施管理办法》后，台湾地区环保署将逸散粒状污染物的公私场所固定污染源全面纳入管理体系。2010 年 9 月 6 日及 10 月 4 日又分别召开固定污染源逸散性粒状污染物空气污染防制设施管理办法修正草案研讨听证会。

（4）移动污染源改善策略

移动污染源改善策略主要包括：

1）对新车的污染排放标准进行重点管制，《交通工具空气污染物排放标准》逐步严格化，及时更新各个阶段的汽油车和柴油车等的排放标准，以促使经营者生产或进口低污染的车辆；

2）对使用中的汽油车和柴油车进行定期检验，对机动脚踏车和柴油车进行不定期检验。并采用奖励检举的方式，对柴油车排放黑烟、汽油车及机车排放白烟等污染车辆进行监督；

3）制订油品成分及性能标准。油品质量改善是对使用中车辆污染排放改善积极有效且较为方便的管制方式。根据《空气污染防制法》第 36 条规定，制订《车用汽柴油成分及性能管制标准》，并自 2000 年开始施行；

4）通过鼓励使用油气双燃料车、购买电动辅助自行车、推动柴油车使用液化天然气（LNG）及液化石油气（LPG）、推动使用电动车及油电混合车等低污染车辆等相关的管制措施，从源头上控制移动污染源。

4.3.2　台湾地区大气环境重金属污染防治相关标准规范

台湾地区对大气环境重金属的管理始于 1992 年，台湾地区环保署依据《空气污染防制法》第 20 条第 2 项的规定发布了《废弃物焚化炉空气污染排放标准》，其后又陆续发布了《固定污染源空气污染物排放标准》和《铅二次冶炼厂之铅排放标准》，用以对企业排放废气中的各类重金属污染物进行管制。其中《废弃物焚化炉空气污染物排放标准》中重金属部分于 2006 年 12 月 25 日进行了相应的修订，修订标准值比原标准值严格近十倍。

4.3.2.1　重金属环境质量标准

（1）现阶段的规定

在多种重金属污染物中，现阶段台湾地区仅就空气中的铅制订了质量标准，即月平均值为 1 $\mu g/m^3$。

（2）后续修订环境质量标准的准备工作

目前只有少数国家或区域对部分重金属项目制订空气质量标准、指针值、目标值或环境质量基准（见表 4-14），例如 WHO-Air Quality guideline for Europe 曾针对无机金属元素（砷、镉、铬、铅、锰、汞、镍、铂、钒）进行系统性的评估并提出建议指针值（guideline value）。因此，台湾地区主管机关也通过各种调研、监测等手段，摸清各空气品质区的重金属浓度，为后续修订空气质量标准做好前期的准备工作。

自 2006 年起台湾地区环保署逐年进行全区域性环境空气重金属监测工作，2007 年完成 22 站次监测，2008 年则完成 44 站次监测，2009 年完成 15 站次监测，2010 年完成 15 站次监测。台湾地区大气重金属浓度分布情况见表 4-15。

表 4-14　各国家、地区或组织对空气重金属质量标准的规定　　单位：μg/m³

重金属种类	台湾地区	WHO	欧盟	新西兰	美国	英国	日本
砷	—	—	0.006	0.005 5	—	—	0.006
镉	—	0.005	0.005		—	—	—
铬	—	—	—	三价铬 0.11 六价铬 0.001 1	—	—	—
汞	—	1	—		—	—	0.04
铅	1 月平均	0.5	0.5	0.2 3 个月移动平均	0.15 3 个月滚动平均	0.25	—

注：如未特别注明，均为年平均值。

表 4-15　台湾地区大气重金属浓度分布情况　　单位：μg/m³

监测地点		砷	镉	铬	铅
台中港	TSP		8.5	29.30	573.60
台中市	$PM_{2.5}$		4.30	33.50	283.10
	$PM_{2.5\text{-}10}$		3.80	9.00	90.60
台中以南 10 县市 47 个采样点（各县市平均值）	PM_{10}	0.08～2.5	0.07～1.29	0.77～16.4	2.44～38.7
全台 15 个监测站	PM_{10}	0.30～20.5	ND-3.37	ND-26.6	3.53～163

4.3.2.2　重金属排放标准

（1）现行重金属排放标准

台湾地区对于重金属的污染管制，主要是通过制订相应的固定源排放标准和行业排放标准对重金属的浓度加以限制，具体见表 4-16。

表 4-16 台湾地区空气污染物重金属排放标准 单位：mg/m³

法规名称	最后修订日期		实施标准
固定污染源空气污染物排放标准	2011 年 1 月 5 日		铅及其化合物：10 镉及其化合物：1
铅二次冶炼厂空气污染物排放标准	1999 年 3 月 17 日		铅及其化合物：10
废弃物焚化炉空气污染物排放标准	2006 年 12 月 25 日	处理量未达 4 t/h	2007 年 1 月 1 日前建设的废弃物焚化炉 铅及其化合物：0.5 镉及其化合物：0.04 汞及其化合物：0.1 2007 年 1 月 1 日后建设的废弃物焚化炉 铅及其化合物：0.5 镉及其化合物：0.04 汞及其化合物：0.05
废弃物焚化炉空气污染物排放标准	2006 年 12 月 25 日	处理量达 4 t/h 以上	2007 年 1 月 1 日前建设的废弃物焚化炉 铅及其化合物：0.2 镉及其化合物：0.02 汞及其化合物：0.05 2007 年 1 月 1 日后建设的废弃物焚化炉 铅及其化合物：0.2 镉及其化合物：0.02 汞及其化合物：0.05

（2）重金属排放监测的相关执法和调研执法工作

台湾地区环保署自 2003 年起，陆续针对潜在的重金属污染源进行烟道排气检测与调查，已进行调查的行业包括：燃煤发电锅炉、燃煤汽电共生锅炉、焚化炉、电弧炉、烧结炉、水泥旋窑、非铁金属熔炼业、半导体业、资源回收业及光电业等，2007 年进行了 5 座次固定污染源排放重金属检测工作，2008 年进行 7 座次检测，2010 年进行 4 座次检测，检测结果皆符合排放标准。

为加强重金属的排放管制，环保署还委托了中兴工程顾问公司设立台湾地区重金属排放资料库并进行排放现况的调查，包括《汞排放调查及可行控制技术评估》和《固定污染源重金属排放量调查与控制技术评估及减量管制策略研拟》等计划，调查结果给出的各行业重金属排放清单见表 4-17。

表 4-17 台湾地区大气重金属排放清单

污染源	排放量/（mg/a）（占排放量百分比%）			
	砷	镉	汞	铅
一、燃烧源				
（一）废弃物焚烧产源				
都市垃圾焚烧炉	0.158 2（3.82）	0.044 8（5.25）	0.168 1（11.92）	1.029 3（10.04）
一般废弃物焚烧炉	0.000 1（0.00）	0.000 1（0.02）	0.000 0（0.00）	0.002 3（0.02）
有害废弃物焚烧炉	0.000 6（0.01）	0.000 6（0.07）	0.000 7（0.05）	0.011 1（0.11）
事业废弃物焚烧炉	0.049 9（1.25）	0.016 2（1.90）	0.026 9（1.91）	0.184 8（1.80）
医疗焚烧炉	0.000 5（0.01）	0.005 4（0.63）	0.001 1（0.08）	0.302 9（2.96）
（二）电力能源产源				
燃煤发电锅炉	2.096 8（52.38）	0.285 4（33.45）	0.213 9（15.17）	3.255 9（31.77）
燃煤汽电共生锅炉	0.354 5（8.86）	0.158 9（18.62）	0.248 9（17.66）	1.364 7（13.32）
（三）其他高温产源				
水泥旋窑	0.951 2（23.76）	0.096 9（11.36）	0.171 1（12.14）	0.339 8（3.32）
二、金属冶炼/制程排放				
二级铅冶炼	0.002 3（0.06）	0.002 3（0.26）	0.000 2（0.02）	0.190 5（1.86）
二级铝冶炼	0.126 9（3.17）	0.014 2（1.66）	0.013 3（0.94）	0.126 2（1.23）
二级铜冶炼	0.012 3（0.31）	0.012 5（1.47）	0.015 9（1.13）	0.249 0（2.43）
二级钢冶炼	0.000 5（0.01）	0.000 2（0.02）	0.000 0（0.00）	0.000 8（0.01）
二级镁冶炼	0.003 4（0.08）	0.000 1（0.01）	0.000 0（0.00）	0.000 5（0.01）
烧结炉	0.013 9（0.35）	0.048 1（5.63）	0.080 9（5.74）	0.833 1（8.13）
电弧炉：一般碳钢	0.066 9（1.67）	0.061 0（7.15）	0.130 3（9.24）	1.810 2（17.66）
电弧炉：不锈钢	0.011 9（0.30）	0.062 5（7.33）	0.039 4（2.80）	0.300 5（2.93）
电弧炉：合金钢	0.000 4（0.01）	0.000 9（0.11）	0.005 8（0.41）	0.010 2（0.10）
集尘灰回收设施	0.004 6（0.12）	0.001 4（0.17）	0.053 2（3.77）	0.014 4（0.14）
三、其他				
半导体	0.025 5（0.64）	0.000 0（0.00）	0.000 0（0.00）	0.000 0（0.00）
光电业	0.065 3（1.63）	0.000 0（0.00）	0.000 0（0.00）	0.000 0（0.00）
火葬场	0.002 0（0.05）	0.000 0（0.00）	0.196 9（13.97）	0.004 0（0.04）
稻草露天焚烧	0.047 2（1.18）	0.007 1（0.84）	0.002 0（0.14）	0.081 2（0.79）
农业废弃物	0.013 3（0.33）	0.034 6（4.05）	0.040 8（2.90）	0.136 1（1.33）
合计	4.002 6（100.00）	0.853 1（100.00）	1.409 6（100.00）	10.247 7（100.00）

（3）重金属排放标准修订的建议

针对现行的重金属排放标准及排放清单，台湾地区相关调研报告已认识到目前对重金属限值的欠缺，例如燃煤锅炉是全球重要的人为重金属固定排放源，尤其大气汞的排放更是高居人为排放源首位。在台湾地区，燃煤发电锅炉和燃煤汽电共生锅炉同样是最主要的重金属排放源，因此相关的排放标准亟待制订，以有效管制重金属排放，目前《电力设施空气污染物排放标准》的修正草案中已加入汞的排放限值，但尚未公告。

4.3.2.3 其他重金属相关管理规范

（1）采样或检测设施的相关规范

台湾地区环保署 2002 年 8 月 15 日公布了《检查鉴定公司场所空气污染物排放状况之采样设施规范》，其中第五项第（四）条规定：采样平台应能开展安全采样作业，并应设置防锈防腐材料支撑平台，使平台可以负荷至少 200 kg 的重量。此外，对重金属空气污染物排放标准的管制对象规定了采样平台应足以负荷至少 1 000 kg 的重量，不得发生崩塌、掉落情形。在第（八）条中还对重金属的采样口进行了相关规定，排放管道的内径需外加 1 m 以上的长度。

2012 年 9 月 20 日修正发布的《特殊性工业区缓冲地带及空气质量监测设施设置标准》中，将金属冶炼业定义为特殊工业区，并指出炼铜、锌、镉、铝、镍、铅、钢铁等工业均属于金属冶炼业。在特殊工业区内进行的监测项目中包括悬浮微粒（PM_{10}）的镍、砷、镉、铅及其化合物，以及总悬浮颗粒物（TSP）的六价铬。

（2）对移动源重金属排放的相关辅助控制措施

汽油中为促使机械运转比较有力，添加了重金属铅，但在燃烧过程中会排放到空气中，进入人体后，将会累积在骨骼、血液、肺部、肾脏及脑部，造成运动神经的麻痹、贫血，或是腹部的痉挛和高血压，甚至影响儿童智力的发展。因此，从 1987 年，台湾地区环保署对油品开始管制，并于次年 9 月 30 日发布了《新车一律限用无铅汽油执行要点》，规定各类使用汽油引擎的新汽车和机车都必须使用无铅汽油，同时规定了石油公司在 1989 年 12 月 31 日前，全面供售无铅汽油。

1999 年 8 月 26 日，台湾地区环保署又发布了《含铅量每升 0.026 克以上之汽油及 1989 年 1 月 1 日起含铅量每升 0.013 g 以上之汽油，为易致空气污染之燃料》，规定自 2000 年 1 月 1 日起不得使用含铅量每升 0.013 g 以上的汽油。如需使用含铅量每升 0.026 g 以上的汽油，必须向主管机关申请许可。

4.3.3 台湾地区大气重金属污染防治管理体系的特点

（1）立法体系突出对污染物的防治和对污染区域的管制

台湾地区对空气污染控制的立法体系，突出“防制”二字，既包括防治也包括管制。因此在对污染物（包括重金属）的管理上，通过母法的相关条例和诸多子法加以限定。例如突出“预防”的固定源许可制度、移动源燃油品质源头控制制度对重金属污染物的排放进行管理，又比如突出“管制”的固定源排放标准及相关行业标准对重金属污染物的浓度进行限制管制。此外，划定“防制区”、“空气质量区”、“总量控制区”等的区域控制计划措施也兼顾了预防和管制两种理念。

（2）对油品中铅的控制较为重视

台湾地区对于油品中铅的控制工作起步较早且持续开展。前后共使用了 10 年左右的时间完成了有铅汽油到无铅汽油的替代过程。使用无铅汽油，其一可以防止铅本身对空气的污染，其二可以防止对触媒转化器的损坏，以防对空气造成更大的污染。

（3）立法较早，但对重金属的防制开展较晚

台湾地区 1975 年便颁布了《空气污染防制法》，当时的环保主管机关还仅仅是地区行政院卫生署下设的“环境卫生处”，足见台湾地区对空气污染防制工作的重视性。但对于重金属的污染防制从 1992 年才开始，而且其后对于相关的空气质量标准、固定源污染物排放标准和特定行业重金属的排放标准修订和完善的力度不够。

（4）空气质量标准中重金属的类别只有铅

现行的空气质量标准中仅给出了铅的月平均浓度值。根据台湾地区空气质量的相关调研报告，尽管空气环境中砷、镉、镍等重金属浓度皆符合欧盟 2012 年环境空气质量基准，但由于其他发达国家和地区已逐渐制订多种重金属的空气质量标准，台湾地区空气质量标准中还缺乏砷、镉、铬、汞等常见重金属指标。

（5）废气排放标准中涉及重金属污染的行业类别不足

涉及重金属废气排放的污染行业和设施种类众多，主要包括电力行业的燃煤发电锅炉、燃煤汽电共生锅炉，高温产能行业的水泥旋窑，金属冶炼行业的二级铜锌冶炼、烧结炉、电弧炉，光电业及半导体业等。但目前废气排放标准对重金属排放进行特殊规定的设施和行业仅有废弃物焚烧炉和铅二次冶炼厂。

（6）废气排放标准中对汞的关注欠缺

汞排放已经成为全球关注议题：摄食含甲基汞的水生生物，尤其是鱼类，是

汞进入人体的最主要途径。而水体的汞及鱼体的甲基汞则主要源自于大气汞的沉降。大气沉降的无机汞在水中经微生物转化而形成剧毒性的甲基汞，再经由食物链的生物累积与生物放大作用，经食用后进入人体。

基于台湾地区食物以及人体内汞浓度较高的事实，应考虑将固定污染源的汞排放列为优先管制名单，尤其是燃煤发电锅炉及燃煤汽电共生锅炉这两个最主要的排放源。

（7）空气污染防制费制度中未包含对重金属类别的征收标准

空气污染防制费的征收是一种很好的污染控制措施，但台湾地区的相关征收政策中，仅规定了对常规污染物（例如硫氧化物、氮氧化物）的征收标准，对于重金属这类有毒有害污染物却没有制订相应的征收标准（包括行业类别、污染物种类及相关的征收费率等）。应效仿《土壤及地下水污染整治法》中对于涉重金属类行业的征收政策（见 4.4.1.2 节），尽早完善空气污染防制费的相关规定。

4.4 台湾地区土壤环境重金属污染防治管理体系

4.4.1 台湾地区土壤及地下水重金属污染整治法律法规

4.4.1.1 土壤及地下水污染整治法规（修）订历程

台湾地区的环境保护立法工作是在公害已造成大量污染，甚至危害到人体健康时，才开始重视和着手准备。土壤及地下水污染整治的立法过程也同样如此。

（1）法规空白阶段

环保法规的发展轨迹，早期大都偏重于水与空气的污染管制，台湾地区的环保立法也基本体现了这样的发展历程，因此在 20 世纪 80 年代灌溉用水遭工业废水污染事件频发之前，并未制订任何与土壤及地下水相关的法律法规。从 1970 年至 1985 年，台湾地区制定（或修订）的重要环境法律主要包括：《饮用水管理条例》《水污染防治法》《空气污染防制法》《废弃物清理法》。

（2）法规筹备阶段

1982 年桃园县观音乡高银化工厂排放含镉废水至灌溉渠道，造成 17 hm^2 农田遭到污染且稻米中镉含量超过标准，这是台湾地区首件因工业废水污染农田，进而影响到食用作物安全的案例；1984 年桃园县芦竹乡“基力化工”排放含镉废水至灌溉渠道，导致稻米镉含量超过标准，经调查后划定的污染面积达 83.4 hm^2。

台湾地区环保署于 1985 年开始分区调查中北部九个县市灌溉区土壤中重金属的含量，发现灌溉水受污染的农田中，镉、铜、铬、汞、镍、铅、锌等七种重金属的含量，比未受灌溉水污染的土壤中的重金属含量高出 3～6 倍。至此台湾地区开始重视污染物的最终载体——土壤及地下水。

但早期台湾地区开展的调查多偏重于食用作物农田，且调查的土壤污染物种类单一，例如 1973 年台湾植物保护中心仅针对全省水稻田土壤含砷量进行调查。自 80 年代中期开始，才开始大范围、分阶段、分等级地对土壤及地下水污染情况进行详细的调查：大样区（1600 hm^2）采样调查工作（1982—1986 年）、中样区（100 hm^2 或 2.5 hm^2）采样调查工作（1987—1990 年）、小样区（1 hm^2）采样调查工作（1992—1999 年）、细密调查采样工作（2000—2001 年）、农地土壤重金属调查与场址列管工作（2002 年）。这些调查与场址列管工作极具意义，在一定程度上为土壤污染整治立法的筹备工作奠定了坚实的实践基础。

调查工作的结论使环保管理机构认识到必须通过立法来解决土壤污染问题：一方面遏止土壤品质的持续恶化，另一方面则亟须修复已被污染的土壤及地下水。1991 年 4 月台湾地区环保署拟定了《土壤污染防治法（草案）》，并于同年 7 月经台湾当局核定后送立法院审议。然而在该法草案审议期间，部分市县又陆续发生数起土壤污染事件（1992 年彰化县和美镇东西二圳多种重金属污染案；1997 年云林县台湾色料厂 PVC 安定剂、颜料类及硬脂酸镉污染案），且污染事件中的相关责任、经费筹措与土地管制、利用等问题本法草案应对不足，亟须重新调整修订草案才能符合实际需要。其后环保署从立法院撤回草案，到 1999 年 6 月，环保署再次制定完成《土壤污染整治法（草案）》，送立法院审议。当时有不少专家和立法委员倡议：土壤与地下水密不可分，应将地下水也一并纳入到草案中，因此经立法院联席会议审查，确定将该法更名为《土壤及地下水污染整治法》，并于 2000 年 2 月 2 日公布施行。

（3）法规发展阶段

《土壤及地下水污染整治法》发布后，于 2003 年 1 月 8 日修正了三个条文，于 2010 年 2 月 3 日修正了污染行为人、污染土地关系人、污染控制场址、污染管制区，增订了底泥、底泥污染、底泥品质指标等相关的条文。

同时，为了使母法更具有实际操作性，台湾地区环保署于 2001 年 10 月发布了《土壤及地下水污染整治法施行细则》，对整治法中的相关概念、制度、措施进一步做细化的规定。包括各个主管机关及其职责，污染整治必要措施的内容，进行污染检测工作的程序与记录污染的项目，土壤污染评估的内容，划定污染场址提出整治计划的具体步骤与相关细节，各种公文（评估报告、整治计划、公告等）的写作要求等一系列的问题。其后又陆续发布了其他配套的法令与行政规则。一些重要的法规命令和行政规则见表 4-18。

表 4-18 《土壤及地下水污染整治法》配套的法令及行政规则

发布年度	名称
2001 年	《土壤及地下水污染整治基金管理委员会组织规程》 《土壤及地下水污染整治基金收支保管及运用办法》 《土壤污染监测基准》 《土壤污染管制标准》
2001 年	《地下水污染监测基准》 《地下水污染管制标准》 《土壤及地下水污染整治费收费办法》
2002 年	《土壤及地下水污染管制区管制办法》
2003 年	《土壤及地下水污染控制场址初步评估办法》 《整治场址污染范围调查影响环境评估及处理等级评定办法》
2011 年	修订《土壤污染监测标准》《地下水污染监测标准》 《土壤底泥及地下水污染物检验测定品质管制准则》
2012 年	《底泥品质指标之分类管理及用途限制办法》
2013 年	《土壤及地下水污染场址初步评估暨处理等级评定办法》 《土壤及地下水污染整治场址环境影响与健康风险评估办法》

经过多年的修订和完善，现行的台湾地区土壤污染整治立法体系内容具体、配套机制完备、操作性强，自实施以来，已成为台湾地区环保署处理土壤污染事件的重要法律依据，集中体现了台湾地区土壤污染防治工作的特点，较完整地展示了台湾地区土壤污染防治的立法体系。

但由于污染事件仍在不断出现，部分法律条文不能解决新的问题，再加上其他发达国家持续更新相关标准，因此台湾地区的土壤及地下水污染整治法也在进一步完善中：

2013 年 12 月 16 日台湾地区公布了《土壤污染管制标准》和《土壤污染监测标准》的修订草案，将土壤类型加以细分，并根据不同类型的土壤制订不同的管制和监测标准。

4.4.1.2 台湾土壤及地下水污染整治法规对重金属的管理规定

台湾地区对土壤及地下水污染开始重视，并着手相关立法工作，在很大程度上是由于重金属污染农地土壤的情况逐渐凸显，因此在《土壤及地下水污染整治法》及配套的法规命令和行政规则中，将重金属的污染防治（整治）放在极其重要的位置，针对重金属的法条也在不断地完善更新。

（1）过渡时期污染的管理办法

《土壤及地下水污染整治法》公布实施后，由于多数授权法规还未发布，因此台湾地区环保署专门制订了《土壤及地下水污染整治法公布施行后过渡时期执行要点》，并根据该要点开展土壤及地下水污染整治相关工作。

依据该执行要点第二条的规定，过渡时期直辖市、县（市）主管机关进行土壤重金属质量状况的调查监测工作时，应依台湾地区环境保护署公告的《台湾地区土壤重金属含量标准及等级分区表》（表 4-19）及《环保机关执行台湾地区土壤重金属含量等级区分表工作内容说明》（表 4-20）的相关规定执行业务。

表 4-19 台湾地区土壤重金属含量等级区分表 单位：mg/kg

重金属项目	第一级	第二级	第三级（背景值）	第四级（观察值）	第五级	
					监测值	农地优先整治值
As（砷）	＜1	表土＜4	49	1 060	＞60	＞60
		里土＜4	4～15	1 660	＞60	＞60
Cd（镉）		＜0.05	0.050.39	0.401 0*	＞10	＞10*
Cr（铬）		＜0.10	0.1010	1 116	＞16	＞40
Cu（铜）		111	1220	21 100	＞100	＞180
Hg（汞）		＜0.10	0.100.39	0.402 0*	＞20	＞20*
Ni（镍）		＜2	210	11 100	＞100	＞200
.Pb（铅）		＜1	115	16 120	＞120	＞200
Zn（锌）	＜1.5	1.510	1125	2 680	＞80	＞300

注：（1）As 及 Hg 为全量，Cd、Cr、Cu、Ni、Pb 及 Zn 为 0.1 N 盐酸萃取量；重金属含量以三位有效数字表示为原则。

（2）*栽种稻米之农地土壤，其镉与汞含量大于 1 mg/kg 时，应比照第五级地区，进行监测与整治事宜。

表 4-20 环保机关执行台湾地区土壤重金属含量等级区分表工作内容说明

等级		意义说明	执行工作内容
第一级		土壤中缺乏铜、锌等农作物生长所需元素，尚无重金属污染问题	调查资料应存档备查
第二级		土壤重金属含量低于环境背景值，尚无重金属污染问题	调查资料应存档备查
第三级（背景值）		大部分土壤重金属含量在正常范围，为环境背景值	调查资料可作为土壤重金属含量的背景资料，地方环保机关可依辖区需要，进行调查工作
第四级（观察值）		一、除农地土壤中镉与汞应考虑对稻米的影响外，应确认重金属的污染来源，并加强污染源的调查与管制 二、栽种稻米的农地土壤，其镉与汞含量大于 1 mg/kg 时，应比照第五级地区，列为土壤污染防治重点地区，优先进行监测与整治事宜	一、该地区土壤重金属含量高于第三级背景值，但因各地区环境状况与土壤性质均有差异，故是否为外来重金属的影响，应进一步确认 二、如该地区确有外来污染情形，应加强污染源的稽查管制工作 三、土壤镉、汞含量列为本级的农地，栽种稻米时，应考虑镉、汞含量。农地土壤镉、汞含量大于 1 mg/kg 时，地方环保机关应将资料送农政、卫生及相关机关参考，并比照第五级地区列为土壤污染防治重点地区，进行污染源管制与土壤监测、整治工作。有关稻米的检测，由农政或卫生机关依权责办理 四、列为本级的农地，如生长稻米不符合食品卫生管理法规的食用大米重金属限量标准有关镉、汞含量时，地方环保机关应会商有关机关，提出应休耕的地区范围，并配合相关机关进行后续处理工作
第五级	监测值	一、土壤中有外来重金属介入，应列为土壤污染防治重点地区 二、本地区应加强污染源稽查管制、污染物移除并进行土壤定期监测，以遏制污染恶化并避免污染影响 三、本地区如有环境特殊需要，需办理土壤污染整治事宜	一、地方环保机关应将其列为土壤污染防治重点地区，建立附近污染源数据文件，并依环境保护相关法令加强污染稽查、管制及移除工作 二、地方环保机关应视当地环境需要，定期监测土壤重金属含量，并依其程度优先进行整治工作 三、列为本级的地区资料，各级环保机关

等级		意义说明	执行工作内容
第五级	农地优先整治值	一、土壤重金属含量列为此范围的农地，应进行监测值范围的管制与监测工作 二、本地区应依环境需要与农民意愿，优先办理土壤污染整治事宜	应送农政、卫生及相关机关参考，其他机关如有需要，地方环保机关亦应提供 四、列为本级的农地，如生长稻米不符合食品卫生管理法规的食用大米重金属限量标准有关镉、汞含量时，地方环保机关应会商有关机关，提出应休耕的地区范围，并配合相关机关进行后续处理工作 五、土壤中重金属列为本级的农地，其对农作物生长、人体健康是否造成影响，应依农政、卫生或环保等相关法规为进一步之判定处理

随着法律体系的不断完善，配套法规及公告的相继实施，该执行要点现已废止，但充分体现了当时对重金属污染情况调查工作的重视程度。

（2）土壤与地下水调查作业办法

2011 年 1 月 13 日台湾地区环保署发布了《目的事业主管机关检测土壤及地下水备查作业办法》，规定工业区、加工出口区、科学工业园区、环保科技园区、农业科技园区及其他台湾地区环保署公告特定区域的各目的事业主管机关或其所属机关，定期检测土壤及地下水质量状况，做成数据提送直辖市、县（市）主管机关备查。同时也对检测项目作了相关规定，明确了土壤检测项目应至少包括土壤污染监测标准及土壤污染管制标准所列重金属项目，而地下水检测项目应至少包括地下水污染监测标准项目及地下水污染管制标准所列单环芳香族碳氢化合物、多环芳香族碳氢化合物、氯化碳氢化合物及重金属项目。

这样的要求是基于土壤及地下水不同的污染特征所定，根据《2001 年度土壤及地下水污染整治年报》对台湾地区土壤及地下水污染列管场址的相关统计，在土壤污染物种类比例方面，以重金属（砷、镉、铬、铜、铅、锌、汞、镍）污染场址数最多，占总比例的 86.97%，如图 4-1 所示。

地下水污染物种类比例方面，以氯化碳氢化合物（如三氯乙烯、氯乙烯、二氯乙烯、二氯甲烷、氯苯）污染场址数最多，占总比例的 40.24%；其次是芳香族碳氢化合物（如苯、甲苯、萘、乙苯、二甲苯），占总比例的 30.49%；受重金属污染则占 18.29%，如图 4-2 所示。

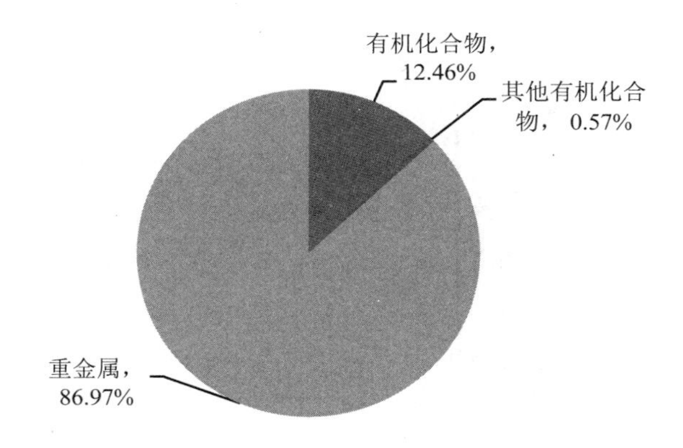

图 4-1　台湾地区土壤污染物种类比率

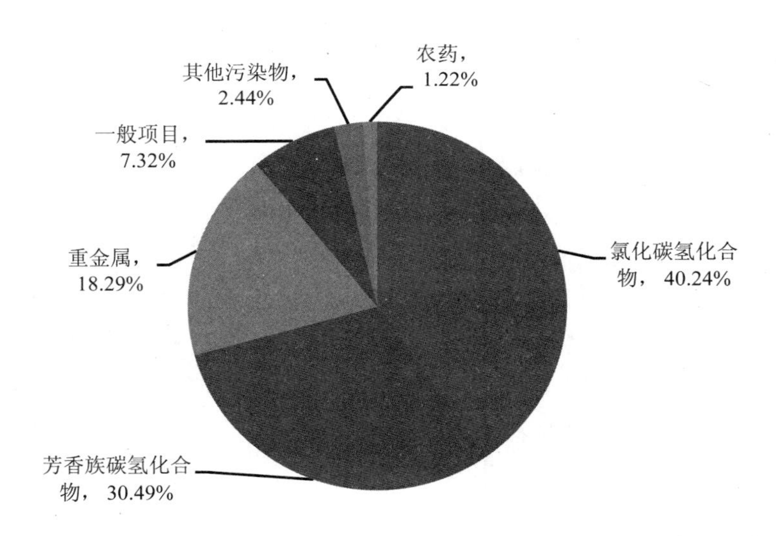

图 4-2　台湾地区地下水污染物种类占比

（3）土壤及地下水污染整治费收费办法

2001 年公布了《土壤及地下水污染整治费收费办法》，其后历经若干次修改，并逐渐重视对重金属的生产、加工、制造行业以及与重金属相关行业的整治费征收。

规定应征收整治费的重金属及重金属化合物种类有：汞、铅、砷、镉、氯化汞、重铬酸汞、铬酸铅、铬酸氧铅、氧化镉、硝酸镉、硫酸镉、碳酸镉、铬酸铜、重铬酸铜、铬酸锌、重铬酸锌、三氧化铬、氨基磺酸镍、氯化镍、硫酸镍、镍、铜、钢胚。其中镍、铜、钢胚为 2011 年 3 月 7 日修订后的新增征收对象，原因是考虑到铜、镍为土壤污染管制标准项目。

此外，2011 年修订的条文中，还增加了对固化物的整治费征收：考虑到废弃物经中间处理后，固化法为最终处理方式，固化物进入最终掩埋场后，经过长时间累积可能会渗出重金属，具有潜在的污染风险。

（4）早期较为重视农地的重金属污染控制

20 世纪 80 年代中期开始的土壤污染状况调查主要是针对农田中的重金属含量，该项调查工作结合了土壤、农业及毒理等学科的专家，历经四年的时间，针对以农地为主的 116 万余 hm^2 土壤，以 1600 hm^2 为单位，检测其中砷、镉、铬、铜、汞、镍、铅、锌等 8 种重金属含量（其中砷、汞为全量浓度，其余金属则以 0.1 N HCl 萃取浓度为准），并以暂定的五级标准来区分[详见本节（1）]，以其中的第四级（高含量）作为疑受重金属污染，而超过此界限的则列为第五级，其重金属含量会对作物或人类造成毒害。如果重金属含量属于第四级，接下来做重金属含量的细密调查时，则将原大样区（1 600 hm^2）再平均分为 16 个中样品区（100 hm^2）。如果重金属含量属于第五级，接下来做重金属含量的细密调查时，则将每个中样品区（100 hm^2）再细分为四个小样品区（25 hm^2）。这种土壤重金属的分级标准为后续的法律法规制订奠定了基础。

其后相关主管部门又进一步深入开展对农田重金属的调查工作，并编制了《民国 76—79 年台湾地区重金属含量调查资料参考结果》1 套（共 15 册），颁布了《农田土壤重金属含量细密调查采样作业规范》，并于《土壤及地下水污染整治法》发布后，制订了《农地土壤重金属调查与场址列管计划》等。

经过各县市细密调查的结果发现，土壤中重金属含量为四级以上的疑受污染农地高达 5 万 hm^2 之多。表 4-21 为中样区细密调查时列为四、五级的面积。

（5）后期逐渐重视对工业重金属的污染管制

台湾后期逐渐重视对工业重金属的污染管制。随着法律体系的不断完善，相关配套法规和行政规则都逐渐对工业生产过程中涉及重金属污染土壤及地下水的情况进行管制。例如在《目的事业主管机关检测土壤及地下水备查作业办法》中，明确规定了各工业区、加工出口区、科学工业园区及环保科技园区的目的事业主管机关应定期检测土壤及地下水中的重金属浓度，报主管机关备查。此外，2013年12月16日发布的《土壤污染监测标准》和《土壤污染管制标准》预告修订文本中，新增了“工业及产业密集区”的重金属标准。

表4-21　台湾地区土壤重金属含量中样区细密调查列为四、五级面积

地区（表土）	辖区面积/hm^2	耕地面积/hm^2	四级			五级		
			面积/hm^2	占耕地面积/%	占辖区面积/%	面积/hm^2	占耕地面积/%	占辖区面积/%
宜兰县	213 746	28 343	5 830	20.57	2.73	0	0.00	0.00
台北县市	232 436	40 572	790	1.95	0.34	40	0.10	0.02
桃园县	112 096	4490	1 740	3.88	1.43	150	0.33	0.12
新竹县市	153 169	35 184	1 410	4.01	0.99	130	0.37	0.09
苗栗县	182 032	37 139	877	2.36	0.48	22	0.06	0.01
台中县市	221 490	65 531	775	1.18	0.35	5	0.01	0.01
彰化县	107 440	70 331	5 190	7.38	4.79	160	0.23	0.15
云林县	129 048	87 245	14 880	17.06	11.53	10	0.01	0.01
南投县	410 644	82 226	1 865	3.00	0.45	0	0.00	0.00
嘉义县市	196 170	79 716	1 320	1.66	0.64	0	0.00	0.00
台南县市	219 166	105 485	7 560	7.17	3.45	185	0.18	0.80
高雄县市	259 309	58 330	5 130	8.80	1.74	85	0.15	0.03
屏东县	277 560	76 714	980	1.28	0.35	0	0.00	0.00
台东县	351 525	48 030	0	0.00	0.00	0	0.00	0.00
花莲县	462 857	44 001	1 640	3.73	0.35	0	0.00	0.00
合计	3574 724	882 216	49 987	5.66	1.40	787	0.09	0.02

（6）对重金属环境背景值较高的某些地区进行特殊管理

2013年12月18日修正《地下水污染管制标准》时，考虑到根据过去的调查资料，因受地质因素的影响，某些地区的地下水砷从地层环境释放出，不属于外来污染所致，因此规定可根据“地下水背景砷浓度潜势范围及来源判定流程”（图4-3）分析地下水中砷浓度高于管制标准是否为外来污染导致，如非外来污染所致，经台湾地区环保署同意后，可不适用《地下水污染管制标准》。同时，标准中也具体归纳了台湾具备上述地下水砷污染特性的分区，也即潜势范围：包括浊水溪冲积扇、嘉南平原、屏东平原、兰阳平原等四区。

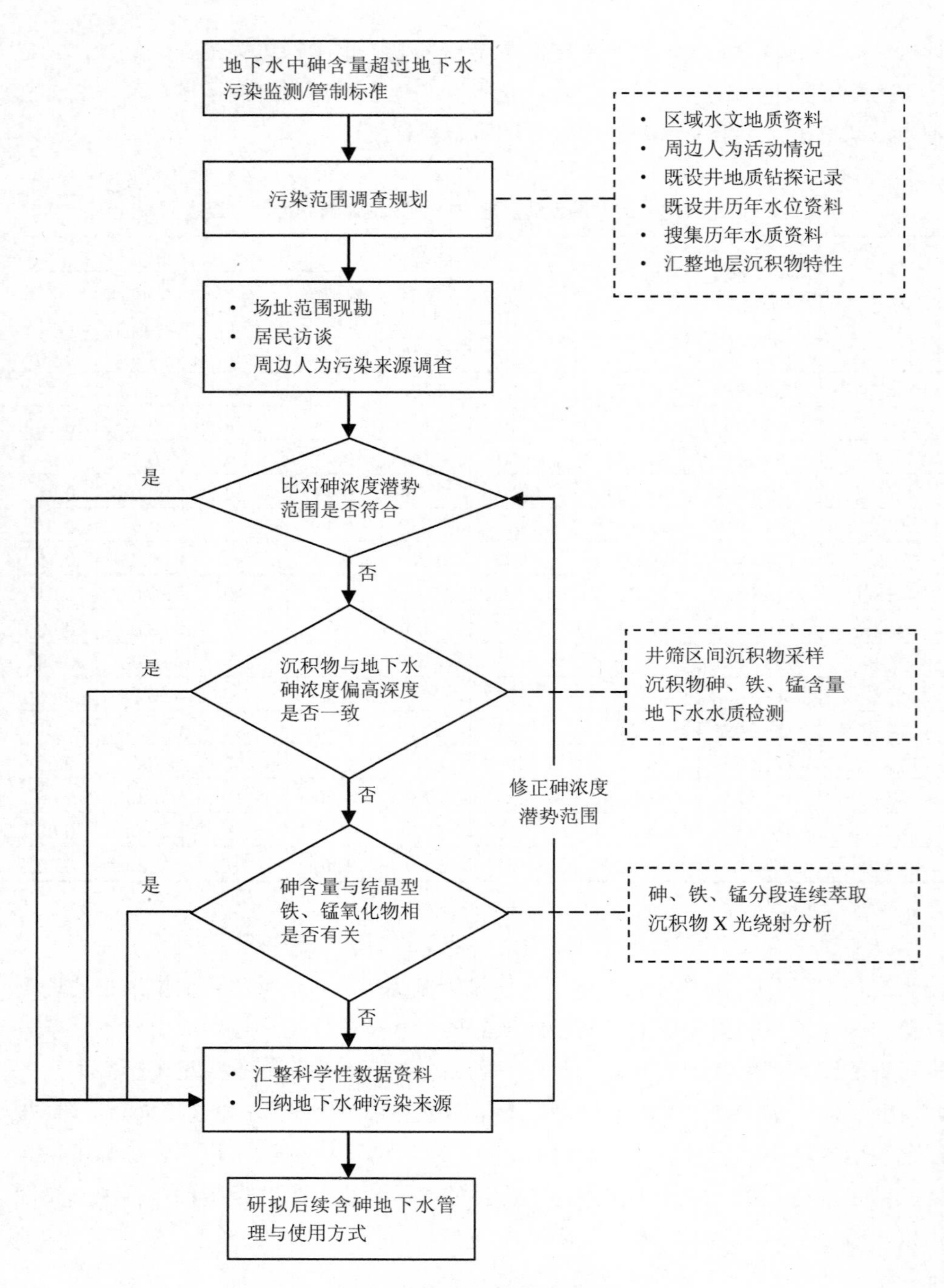

图 4-3　地下水砷污染来源判定流程

4.4.2　台湾地区土壤及地下水重金属污染防治相关标准

土壤及地下水污染整治法体系中对于重金属的管制标准主要包括：《土壤污染监测标准》《土壤污染管制标准》《地下水污染监测标准》《地下水污染管制标准》《底泥品质指标之分类管理及用途限制办法》。这些标准中，监测标准主要是基于土壤污染预防的目的，而管制标准则防止土壤污染情况进一步恶化。

4.4.2.1　土壤及地重金属下水污染监测标准

（1）《土壤污染监测标准》

该标准于 2011 年 1 月 31 日发布，是将原《土壤污染监测基准》的内容进行调整并加以修订。标准中仅规定了对于重金属的监测标准值，并对食用作物农地的重金属标准严格对待，具体标准值见表 4-22。

表 4-22　土壤污染监测标准　单位：mg/kg

监测项目	监测标准值
砷（As）	30
镉（Cd）	10（食用作物农地的监测基准值为 2.5）
铬（Cr）	175
铜（Cu）	220（食用作物农地的监测基准值为 120）
汞（Hg）	10（食用作物农地的监测基准值为 2）
镍（Ni）	130
铅（Pb）	1000（食用作物农地的监测基准值为 300）
锌（Zn）	1000（食用作物农地的监测基准值为 60）

2013 年 12 月 16 日，台湾地区环保署又发布了对该标准的修订预告，主要调整内容为：修订砷、镉、铬、铅、锌共 5 项重金属的监测标准值，并将原“食用作物农地”调整为“农业用地与饮用水水源水质保护区”，新增“工业及产业密集区”重金属监测标准。另外在一般地区对铬的监测标准区分了三价铬和六价铬。修订后的监测标准见表 4-23。

表 4-23　2013 年 12 月 16 日发布的监测标准修订草案　单位：mg/kg

监测项目	监测标准值		
	农业用地与饮用水水源水质保护区	一般地区	工业及产业密集区
砷（As）	24	24	30

监测项目	监测标准值		
	农业用地与饮用水水源水质保护区	一般地区	工业及产业密集区
镉（Cd）	1	10	50
铬（Cr）	总铬 175	三价铬 550 六价铬 5	六价铬 10
铜（Cu）	120	220	1000
汞（Hg）	2	10	50
镍（Ni）	130	130	500
铅（Pb）	120	120	150
锌（Zn）	650	1200	—

（2）《地下水污染监测标准》

该标准于 2011 年 2 月 10 日发布，是将原《地下水污染监测基准》的内容进行调整并加以修订。起初的标准中笼统地将所有污染物制订统一的监测标准，2013 年 12 月 18 日修订发布的新标准则将监测项目区分为两类，一类为“背景与指针水质项目”；另一类为“列管项目”，其标准与地下水污染管制标准一致，且各项监测标准值为管制标准值的二分之一，8 种重金属即属于列管项目类。

4.4.2.2 土壤及地下水重金属污染管制标准

（1）《土壤污染管制标准》

为配合母法对土壤及地下水的管制，2001 年 11 月 21 日发布了该标准。标准中规定了 8 类重金属的管制值，并与《土壤污染监测标准》一样，特别将食用作物农地加以区分并严格对待，具体标准值见表 4-24。

表 4-24 土壤污染管制标准对重金属的规定 单位：mg/kg

管制项目	管制标准值
砷（As）	60
镉（Cd）	20（食用作物农地的管制标准值为 5）
铬（Cr）	250
铜（Cu）	400（食用作物农地的管制标准值为 200）
汞（Hg）	20（食用作物农地的管制标准值为 5）
镍（Ni）	200
铅（Pb）	2 000（食用作物农地的管制标准值为 500）
锌（Zn）	2 000（食用作物农地的管制标准值为 600）

同样在 2013 年 12 月 16 日，台湾地区环保署发布了对该标准的修订预告，修订内容与《土壤污染监测标准》基本相同。修订后的管制标准见表 4-25。

表 4-25　2013 年 12 月 16 日发布的管制标准修订草案　　单位：mg/kg

管制项目	管制标准值		
	农业用地与饮用水水源水质保护区	一般地区	工业及产业密集区
砷（As）	30	30	60
镉（Cd）	5	20	100
铬（Cr）	总铬 250	三价铬 1 000 六价铬 10	六价铬 20
铜（Cu）	400	400	2000
汞（Hg）	5	20	100
镍（Ni）	200	200	1000
铅（Pb）	150	150	300
锌（Zn）	900	2000	—

（2）《地下水污染管制标准》

该标准于 2001 年 11 月 21 日发布，标准中将地下水分为两类：饮用水水源水质保护区内地下水和其他区域的地下水。

由于发达国家地下水污染管制标准对铅的要求都较为严格（表 4-26），因此在参考国外地下水及饮用水水质标准后，台湾地区环保署于 2013 年 12 月 18 日修正了《地下水污染管制标准》中铅的管制值，将铅的最大限值由现行的 0.05 mg/L 调整为 0.01 mg/L，并新增了附件“地下水背景砷浓度潜势范围及来源判定流程”。现行的管制标准见表 4-27。

表 4-26　发达国家地下水铅管制标准　　单位：mg/L

国家或地区	铅管制标准	制订时间
澳洲	0.01	1999
日本	0.01	1999
韩国	0.01	2003
加拿大魁北克省	0.01	2011
瑞典	0.01	2002
法国	0.01	2003
爱尔兰	0.01	2003
荷兰	0.015	2000

表 4-27 地下水污染管制标准对重金属的规定 单位：mg/L

管制项目	管制标准值	
	第一类	第二类
砷（As）	0.050	0.50
镉（Cd）	0.005 0	0.050
铬（Cr）	0.050	0.50
铜（Cu）	1.0	10
铅（Pb）	0.010	0.10
汞（Hg）	0.002 0	0.020
镍（Ni）	0.10	1.0
锌（Zn）	5.0	50

注：第一类为饮用水水源水质保护区内之地下水；第二类为第一类以外之地下水。

4.4.2.3 底泥重金属污染管理办法

为使目的事业主管机关或各级主管机关办理各项底泥质量的监测、检测或调查工作有具体的依据，2012 年 1 月 4 日颁布了《底泥品质指标之分类管理及用途限制办法》，并规定进行上述工作时，需与底泥品质指标进行比对。办法中对于底泥质量污染物的管理采用了上限值和下限值的分类管理方法，具体见表 4-28。当底泥中各类重金属浓度高于下限值且低于上限值的，主管机关应针对该项目增加检测频率；若重金属浓度高于上限值，除增加检测频率外，还应通知农业、卫生等部门检测水产品中的相关污染物浓度。如发现浓度偏高，上述部门应通知相关市、县（市）的主管机关，并由主管机关督促地表水体管理部门开展环境影响与健康风险、技术及经济效益等方面的评估，同时判断是否需要开展整治工作。

表 4-28 底泥品质指标重金属项目及其上、下限值规定 单位：mg/kg

重金属	上限值	下限值
砷（As）	33.0	11.0
镉（Cd）	2.49	0.65
铬（Cr）	233	76.0
铜（Cu）	157	50.0
汞（Hg）	0.87	0.23
铅（Pb）	80.0	24.0

重金属	上限值	下限值
镍（Ni）	161	48.0
锌（Zn）	384	140

4.4.3　台湾地区土壤重金属污染防治管理体系的特点

完善的法律体系以及对重金属强化管理的行政体系，使得台湾地区近些年来对重金属的污染防治管理步入正轨，其土壤重金属污染防治管理体系有以下特点。

（1）立法较早，为重金属的污染防治管理提供法律依据

台湾地区的土壤及地下水立法工作于 1991 年便开始着手准备，草案历经 10 年左右的反复修改，最终于 2000 年发布实施。法律的颁布，为土壤环境中重金属的污染防治和整治工作提供了有力的保障。

（2）明确"污染者负责"的原则，并适度扩大责任主体，建立完善的法律归责制度

《土壤及地下水污染整治法》的第 8 条和第 9 条明确规定了企业用地在进行转让时，让与人必须进行相关的污染评估调查，并提供相应的检测结果和报告。需要进行评估调查的情况还包括变更经营者、变更产业类别和营业用地范围等。台湾地区环保署采用这样的措施确保了污染源头有据可循、污染归责有法可依。同时，也在一定程度上对土壤及地下水的污染起到了预防的作用。

此外，《土壤及地下水污染整治法》的归责制度适度扩大了污染责任主体，明确污染行为人及重大过失的污染土地关系人承担"连带清偿责任"和"连带赔偿责任"。这样的重罚政策在一定程度上预防和阻止了污染事件的发生，并且使污染场址的整治费用有了明确的归依。

（3）强调对已遭受污染的土壤及地下水的整治

《土壤及地下水污染整治法》在制订过程的初期命名为《土壤污染防治法》，后因政府部门意识到土壤和地下水已受到严重污染，制订一部侧重于"预防"的、内容较为抽象的"防治法"意义不大，因此改为构建十分具体且可操作性强的法律体系。两者之间的区别见表 4-29：

表 4-29 整治法与防治法的区别

	整治法	防治法
管制定位	事后概念	事前概念
管制时间	较后	较前
管制范围	较具体	较抽象、政策面
管制重心	整治、紧急应变、直接管制	监测、总量管制、事前管制、资讯系统

由此可知，《土壤及地下水污染整治法》最终的定位为“整治法”，而非“防治（制）法”，就是强调事后的污染整治修复，规范较为具体的污染处理程序：污染防治→调查评估→列管管制→整治复育→解除列管→土地再利用。同时也通过一些归责制度赋予了整治工作的法定强制力，以避免延误污染场地的整治工作。

《土壤及地下水污染整治法》第三章“调查评估措施”、第四章“管制措施”和第五章“整治复育措施”中对污染整治机制均有较详细的规定。

《土壤及地下水污染整治法》规定控制场址经初步评估后，有危害人民健康及生活环境之虞时，报台湾地区环保署审核后公告为整治场址。所在地主管机构依控制场址或整治场址的土壤、地下水污染范围，划定和公告土壤、地下水污染管制区，报台湾地区环保署备查，并对管制区的土地使用和人为活动予以管制。整治场址的污染行为人或土地关系人提出整治计划，且明列出低于管制标准的整治基准，如因地质条件、污染物特性或整治技术等因素，无法整治低于管制标准时，则依据环境影响与健康风险评估结果，提出整治目标。若整治场址污染行为人不明或不遵行整治规定时，所在地主管机关视财务状况、整治技术可行性及场址实际情况，进行调查评估，制定整治计划。

（4）注重土壤、地下水及底泥之间污染的关联

《土壤及地下水污染整治法》制订过程中，专家和立法院委员商议，将地下水纳入该法中进行统一管理，因为土壤和地下水有着不可分割的联系，无论污染还是整治，两者都不应该完全割裂开来，且土壤污染最终会导致地下水污染。

《土壤及地下水污染整治法》的配套标准，例如最初的《土壤污染管制基准》《地下水污染管制基准》到现今的《土壤污染管制标准》《地下水污染管制标准》以及《土壤污染监测标准》和《地下水污染监测标准》，这些标准从草案的拟定到最终发布，都是平行开展、同步进行的，体现了相关工作者在标准研究阶段认真考虑了两个关联介质的交互影响，并参考了发达国家的通用做法。

2010 年 2 月 3 日《土壤及地下水污染整治法》中又增订了有关“底泥”介质的定义和相关管制条例，进一步完善了土壤领域污染防治管理的对象。

同时，台湾地区环保署及地方各级环境保护局的机构设置上，多数将土壤和地下水污染防治的主管部门统一，防止造成主管机关管辖权限冲突和管理混乱，提高防治（整治）工作的效率。

（5）采用“多样化”、“多标准”、“多区域”的治理（管理）制度

多样化：《土壤及地下水污染整治法》中，除了包括传统的命令-控制式的管理模式，也包括了信息公告、公众参与及经济激励的现代管理模式。

多标准：《土壤及地下水污染整治法》中针对不同介质制订了不同类型的标准：《土壤污染管制标准》《土壤污染监测标准》《地下水污染管制标准》《地下水污染监测标准》《底泥品质指标之分类管理及用途限制办法》。同时也规定当整治场址治理目标因特殊因素无法低于管制标准时，可依环境影响与健康风险评估结果制定整治目标。

多区域：《土壤及地下水污染整治法》的配套标准中，对于各类污染物的管制和监测进行了区域上的划分，例如对于地下水的划分：第一类地下水（饮用水水源地保护区内的地下水）和第二类地下水（第一类以外的地下水）。对于土壤种类的划分：食用作物农地和一般土地。虽然很多发达国家和地区都采用人体健康或生态风险评估的方法学制定了不同用地方式（如居住用地、工业用地、商业用地、娱乐休闲用地等）的土壤环境基准（土壤筛选值），但专门制定农业或类似用地方式土壤环境基准或标准的国家和地区并不多。目前，全球仅有加拿大、英国、新西兰、荷兰、日本、韩国、泰国、我国及我国台湾地区制定了农业或类似用地的土壤环境基准/标准。

（6）效仿美国成立土壤及地下水污染整治基金，为重金属的污染整治提供资金保障

《土壤及地下水污染整治法》中第 6 章第 28 条规定台湾地区环保署为整治土壤、地下水污染，对公告之物质，依其产生量及输入量，向制造者及输入者征收土壤及地下水污染整治费，并成立土壤及地下水污染整治基金。2001 年台湾地区环保署发布了《土壤及地下水污染整治基金收支保管及运用办法》，用以指导土壤及地下水污染整治基金的运行和管理，并明确采用了类似“美国超级基金（Superfund）”的模式。成立土壤及地下水污染整治基金会的目的在于建立一套财务筹备机制，当政府为减轻土壤及地下水污染事件的污染危害而采取应急措施时，

或由政府代为处理一些紧急危害污染场址时，处理费用先由基金代垫付或协助开展整治工作，后续再由污染行为人负清偿责任，建立污染求偿制度。

截至2012年基金累计收入约83亿元（台币），累计支出约44亿元（台币），剩余约38亿元（台币）；2001—2012年基金收支图如图4-4所示。

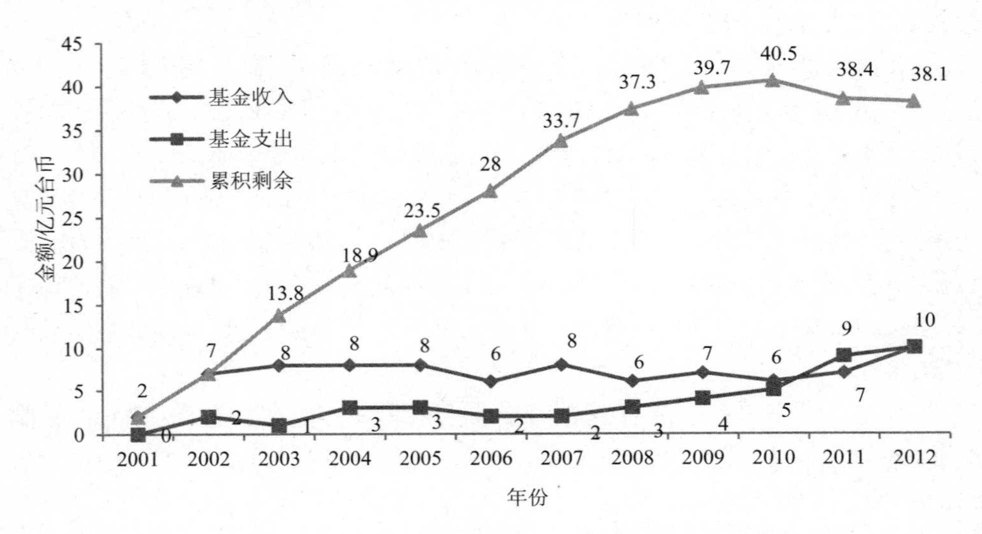

图4-4 台湾地区土壤及地下水污染整治基金收支情况

（7）信息公开，为重金属的污染防治和持续整治提供监督平台

土壤及地下水整治基金管理会作为一个行政管理部门，专门设立了官方网站，提供可供公众查阅的相关信息，包括被重金属污染列管的各类场址、污染管制区、土壤品质、地下水品质、区域性监测井等。公众可通过这样的平台了解所在地域的土壤环境状况，这种做法保障知情权的同时，也监督污染行为人、潜在污染责任人或污染土地关系人及时修复污染场地。

（8）依托科研、国际交流、教育等平台，辅助管理重金属污染问题

台湾地区环境保护署为鼓励土壤及地下水污染整治研究机构及学术研究单位，自2010年起推动补助土壤及地下水污染调查、评估、底泥及整治修复等技术研发工作，以提升土壤及地下水污染整治技术的发展与推动，并于2012年10月22日制订发布了《土壤及地下水污染整治基金补助研究及模场试验项目作业办法》，大力支持各类研究和模拟试验，近几年对重金属污染整治相关研究的支持力度也在不断增加。同时土壤及地下水污染整治基金管理会也积极开展各类国际交

流活动，吸取国外在土壤重金属污染防治管理上的宝贵经验。

此外，台湾地区的环保主管机关也十分重视环境教育，在各级环保局的网站上均设有适合儿童阅读的版本，台湾地区环保署的官方网站更是细化到厂商、研究人员、学生等各类人员适宜阅读的不同版本。

4.5　台湾地区固（液）体废弃物重金属污染防治管理体系

4.5.1　台湾地区固（液）体废弃物管理法律法规

台湾地区水、空气、土壤及地下水环境的法律体系架构均为一个母法配套若干子法（包括法规命令、行政规则、相关公告等），而对于固（液）体废弃物管理的法律则包括三个母法体系及其配套的子法，具体为：资源回收再利用法、应回收废弃物相关法律法规和废弃物清理法。这种多法律体系相结合的方式表明了台湾地区废弃物管理体系的架构已比较完善，见图 4-5。

台湾地区固（液）体废弃物管理策略主要如下：

（1）以资源永续循环作为管理目的

由于多数国家或地区都在积极推动资源永续循环和节能减排等相关政策，台湾地区也顺应国际趋势，将后续的环保政策实施主线定位为“资源永续立目标，循环利用创新局”。为减少最终废弃物的处理量，并使废弃物中的有用成分循环再利用，台湾地区环保署于 2002 年颁布了《资源回收再利用法》，并于次年颁布了配套的施行细则，其后又陆续发布了其他相关子法，例如《再生资源再使用管理办法》、《限制产品过度包装检验收费标准》等。相关法律实施以来，主管机关对于废弃物，尤其是对于一般废弃物处理的观念，已由“妥善处理”转向“零废弃”。

（2）以源头分类减量作为管理基础

1997 年台湾地区环保署开始推行“资源回收四合一计划”，结合小区居民、回收商、地方政府和回收基金四个对象，实施资源回收、垃圾减量工作。起初是由居民自发成立回收组织，将各户产生的一般废弃物进行妥善分类，再经由回收点、地方清洁队或民营回收商，将可利用的资源和垃圾分开收集。同时回收基金对地方清洁队和民营回收商也给予一定的补助。

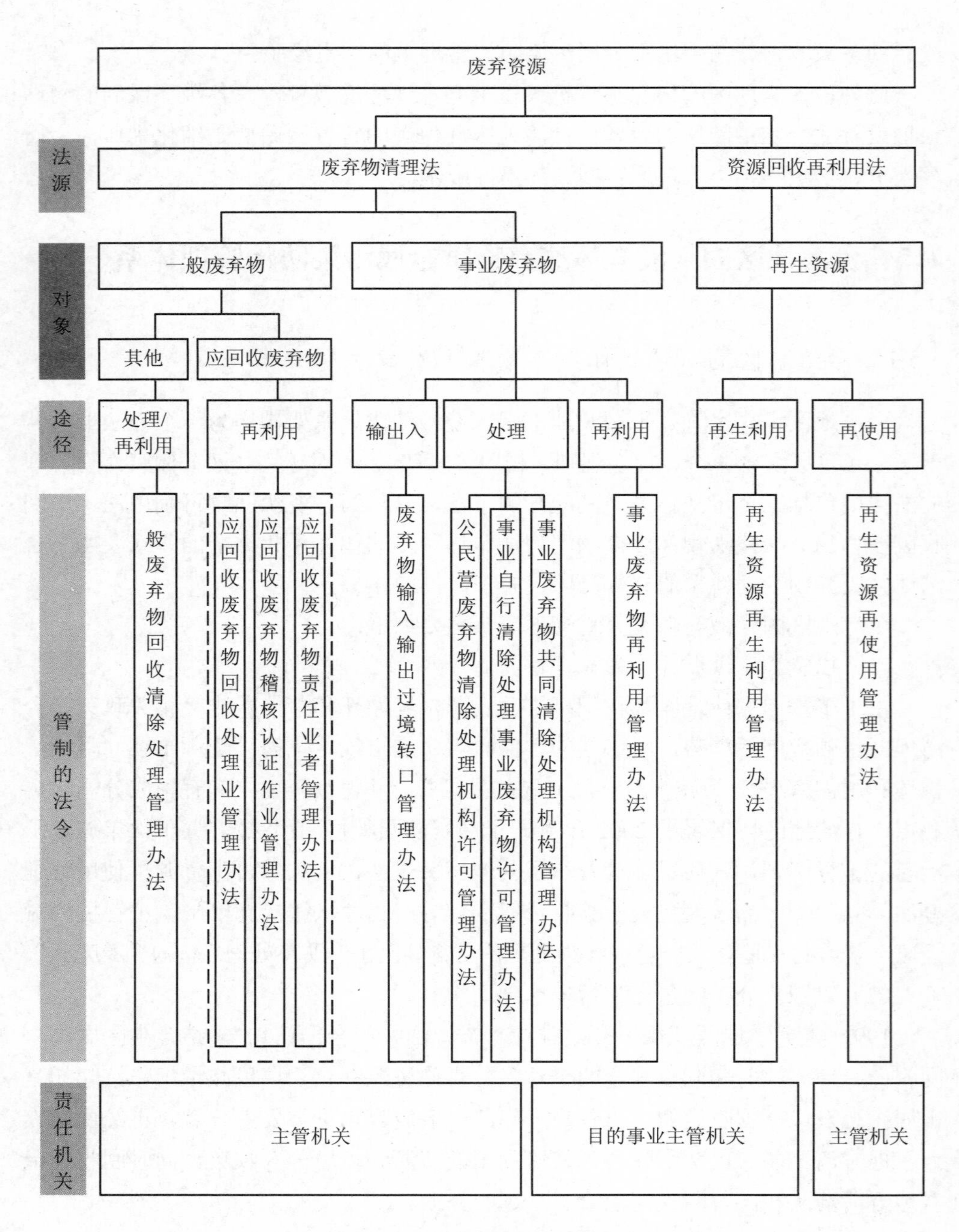

图 4-5　台湾地区现行的废弃物管理架构

"垃圾强制分类政策"则是从 2005 年 1 月 1 日起实施。根据《废弃物清理法》第十二条规定，居民在丢弃垃圾时，应将垃圾分类为资源垃圾、厨余及一般垃圾，分别送至资源回收车、垃圾车加挂的厨余回收桶及垃圾车。"垃圾强制分类政策"分两个阶段逐步推动，第一阶段自 2005 年起于 10 个县市实施；第二阶段则于 2006 年起在台湾地区全面实施。通过上述强制分类政策的实施，资源回收量及厨余回收率皆大幅提升。

（3）以有效清理作为管理手段

■　一般废弃物

根据《废弃物清理法》第二条的规定，废弃物分为两种：一般废弃物和事业废弃物。其中一般废弃物主要由家庭或其他非企业所产生的垃圾、粪尿、动物尸体等足以污染环境卫生的固体或液体废弃物组成。

一般废弃物的管理规定主要体现在两部子法上：《一般废弃物回收清除处理办法》和《一般废弃物清除处理费征收办法》。

《一般废弃物回收清除处理办法》首先将一般废弃物分为巨大垃圾、资源垃圾、有害垃圾、厨余和一般垃圾，并在后续的法条中分别对相应垃圾类型的清理方式和注意事项进行了规定。在处理办法的第二章"一般废弃物清理"中，又分述了"分类、贮存及排出"、"清除"和"处理"环节的相关要求。

《一般废弃物清除处理费征收办法》中对直辖市、县（市）主管机关征收家庭一般废弃物清除处理费的方式、计算方法等作出了相关规定，其中征收方式可以从下列三种方式中选择：①按用水量计算征收，即接管使用自来水的，应根据单位用水量计算征收费；②按户定额计算征收，即未接管使用自来水及非自来水供水区，应就户政机关的户籍数据，按户定额计算征收费；③按垃圾量计算征收，即以专用垃圾袋计量随袋征收。其中第三种征收方式，须购买专用的垃圾袋，未使用专用垃圾袋的可被拒收。

■　企业生产废弃物

企业生产废弃物的管理主要以 1974 年公布的《废弃物清理法》为主要法源，分别针对产源、清除、处理与清理机构、再利用机构、境外输出入机构及最终处置机构等进行废弃物管制。

其中在产源部分，要求企业应提供企业废弃物清理计划书资料，以便掌握企业废弃物的产出特性、数量，并通过申报产出情况、贮存情况及递送联单等工作来掌握后续处理流向。

在清除、处理与清理机构、再利用机构及境外输出入机构部分，要求企业应具备经主管机关核备的许可证（如公民营清除、处理许可证、再利用登记检核或境外输出入许可），方可进行相关废弃物的收受行为，以掌握清理容量与技术。

企业废弃物的再利用推动工作开始于2001年。当时全面修正了《废弃物清理法》，明确规定目的事业主管机关辅导企业清理废弃物的权责，同时明确规定了各目的事业主管机关在企业废弃物再利用管理上的法源依据。依《废弃物清理法》第39条规定，授权各目的事业主管机关制订企业废弃物再利用相关规定及管理再利用的相关业务。目前交通部门、内政部门、经济部门、卫生署、财政部门、国科会、教育部门、农委会、环保署与通传会等10个部会，已根据授权制订企业废弃物再利用的管理办法，办理企业废弃物再利用管理相关事项，主要内容包括：再利用方式、许可申请、审查程序、许可文件内容、许可核发与延展申请、许可文件变更、契约书签订、再利用前的清除方式、记录与申报、许可终止及许可废止等相关再利用管理事项。

（4）以电子申报作为管理配套

尽管已通过源头控制和清理过程对废弃物进行严格管理，但为避免发生企业废弃物不当弃置后污染环境的事件发生，台湾地区环保署于2000年10月正式成立企业废弃物管制中心，专门办理企业上网申报废弃物的管控工作，作为废弃物管理工作的配套辅助手段。目前对于企业废弃物的各项管制工作，台湾地区环保署已采用全面电子化作业，以网络申报方式，于废弃物清理前，在指定时间内上网申报废弃物清理量和流向。这种辅助管理手段，不但可实时了解废弃物产出情况、追踪废弃物的清理流向，更可以利用基础数据、许可数据、清运路线等进行执法工作。

根据相关法令规范，对申报内容作了详细的规定：企业废弃物自产源产出后，如属于公告的企业，则应申报废弃物产出量、贮存量、清除、处理及再利用等信息；企业废弃物清除至再利用机构时，清除机构及再利用机构应分别申报清除量及废弃物收受量；企业废弃物经再利用产出再利用产品后，则应根据企业废弃物再利用管理办法的规定，申报再利用种类、数量及再利用用途等信息。有关企业废弃物清理和再利用各阶段的申报内容见表4-30。

表 4-30 企业废弃物清理和再利用各阶段的申报内容

各处理阶段	阶段工作应申报项目	法源
废弃物产出	公告列管的企业应于每月月底前，连线申报前月影响废弃物产出的主要原物料使用量及主要产品产量或营运状况资料、企业废弃物产出的种类及描述、数量、再生资源项目、数量等数据	《废物清理法》第 31 条
废弃物贮存	企业应于每月 5 日前连线申报其前月月底废弃物贮存于厂内的贮存情形资料	《废物清理法》第 31 条
废弃物清除	清除指定公告企业产出的废弃物者，清除者应于废弃物清运出厂后 48 小时内载运废弃物至处理、再利用、输出者	《废物清理法》第 31 条
废弃物再利用	厂内再利用：企业于厂内自行再利用者，应于再利用完成后 24 小时内，申报自行再利用的废弃物种类及描述、数量等资料 公告及许可再利用：再利用机构应于再利用完成后 24 小时内，申报废弃物再利用作业完成日期、时间及产品名称、数量等资料	《废物清理法》第 31 条和第 39 条
再利用产品流向管理	再利用机构其资源化/再利用产品的名称、产量、销售流向及数量等相关资讯，应于每月 10 日前进行申报	《废物清理法》第 39 条

4.5.2 台湾地区固（液）体废弃物法律体系对重金属的管理

（1）废弃物中重金属污染物的认定

《废弃物清理法》第二条将企业废弃物分为有害企业废弃物和一般企业废弃物。对于废弃物中重金属有害性的认定主要是依据《有害事业废弃物认定标准》的列表进行判定，超过认定标准的即为有害重金属企业废弃物，见图 4-6。

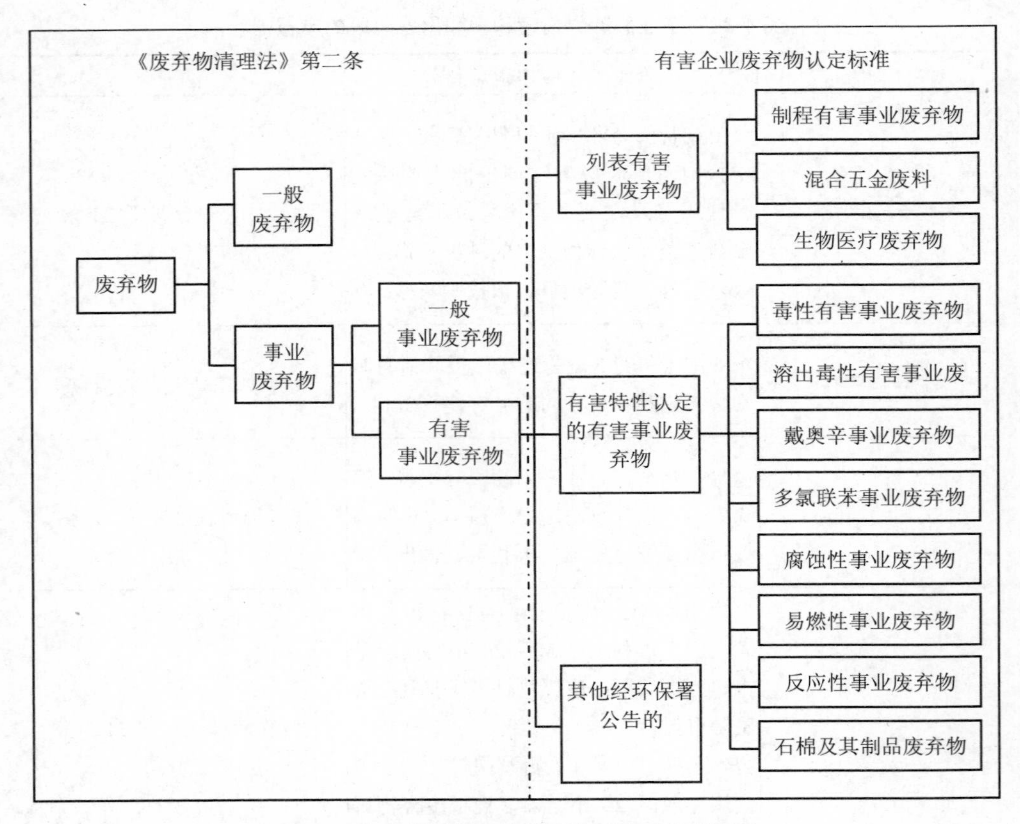

图 4-6 废弃物分类及毒性重金属废弃物的认定

根据认定标准的相关规定，可将含有害重金属废弃物的认定方式总结如下，有关生产工艺、行业类别和重金属类别见表 4-31：

- 表中列出的有害废弃物：《有害事业废弃物认定标准》附表一所列企业及其制程产生的废弃物成分中的重金属，即属制程重金属有害废弃物；
- 重金属有害特性认定的有害废弃物：企业废弃物根据使用原物料、制程及废弃物成分特性的相关性选定分析项目，以毒性溶出程序（TCLP）直接判定或先经萃取处理再判定的萃出液，其成分浓度超过《有害事业废弃物认定标准》附表四的标准者；
- 其他相关行业（钢铁冶炼业）经环保署公告的法规中认定的重金属有害废弃物。

表 4-31　有害重金属废弃物的认定及管制标准

适用条件	标准值
列表中的有害事业废弃物（附表一制程有害事业废弃物）	基本化学工业及其他含汞、砷、铅制程产生废弃物行业 涂料、漆料及相关产品制造业及其他含铅、六价铬制程产生废弃物行业 农药及环境卫生用药制造业及其他含砷制程产生废弃物行业 制药业及其他含砷制程产生废弃物行业 其他化学制品制造业及其他含六价铬、铅制程产生废弃物行业 石油炼制业及其他含六价铬、铅制程产生废弃物行业 钢铁冶炼业及其他含六价铬、铅、镉制程产生废弃物行业 钢材表面处理业及其他含六价铬、铅、铬制程产生废弃物行业 其他非铁金属基本工业及其他含六价铬、铅、镉、汞、镍、铜制程产生废弃物行业 废弃物处理业及其他含汞、铜、铅、镉、铬制程产生废弃物行业 其他含铅、镉、铬、镉、六价铬、镍、铜制程产生废弃物行业
有害特性认定（毒性特性溶出试验标准）的有害事业废弃物：重金属有害事业废弃物	汞及其化合物（总汞）：溶出试验标准值 0.2 mg/L 镉及其化合物（总镉）：溶出试验标准值 1.0 mg/L 硒及其化合物（总硒）：溶出试验标准值 1.0 mg/L 六价铬化合物：溶出试验标准值 2.5 mg/L 铅及其化合物（总铅）：溶出试验标准值 5.0 mg/L 铬及其化合物（总铬）（不包含制造或使用动物皮革程序所产生之废皮粉、皮屑及皮块）：溶出试验标准值 5.0 mg/L 砷及其化合物（总砷）：溶出试验标准值 5.0 mg/L 银及其化合物（总银）（仅限摄影冲洗及照相制版废液）：溶出试验标准值 5.0 mg/L 铜及其化合物（总铜）（仅限废触媒、集尘灰、废液、污泥、滤材、焚化飞灰或底渣）：溶出试验标准值 15.0 mg/L 钡及其化合物（总钡）：溶出试验标准值 100.0 mg/L

《有害事业废弃物认定标准》对于重金属相关认定标准的修改过程，是一个不断完善和发展的过程。该标准最早于 1987 年公告，但当时并未发布实施。到 2001 年 3 月 7 日正式制订发布，并于 2002 年、2005 年、2006 年、2007 年和 2009 年进行了 5 次修正。其中 2006 年修正时，对重金属的认定标准作了较大调整。为配合巴塞尔公约的规定，参考“属清单 B1020 干净未受污染的单一废金属不属有害废弃物”的建议，删除废铅、废镉、废铬的单一非铁金属；对于溶出毒性企业废弃物的修正，于附表四毒性特性溶出程序（TCLP）溶出标准中，增加列管重金属

“钡及其化合物（总钡）”，修正“铬及其化合物（总铬）”、“铜及其化合物（总铜）”的管制对象。

（2）对可被生产过程再利用的的企业废弃物中重金属的限定

根据《废弃物清理法》第38条的规定，与重金属相关的可被作为产业用料的企业废弃物包括：①废单一金属（铜、锌、镍、锡、钛、锗、钨），且不含汞成分，具金属性质，不包含粉末、污泥、灰渣或有害废液，主要金属成分大于40%；②废铜碎片；③废锌渣；④铝铜混合废料。

对于可再利用废弃物中重金属的限定，则是依据《废弃物清理法》第39条的相关规定。目前在台湾地区，包括环保署在内的10个部会已根据授权制订企业废弃物再利用管理办法，累计发布或公告了103项有关再利用的企业废弃物种类及其再利用管理方式，限制条件中包括了行业类别限制、制程限制、成分及含量限制等。有关企业废弃物再利用种类来源对重金属的各项限定，见表4-32。

表4-32　再利用种类企业废弃物来源对重金属的限制规定

目的事业主管机关	再利用种类	限制条件			
		行业类别限制	制程限制	有害事业废弃物不适用	成分、含量限制
台湾地区经济部	废单一金属料（铜、锌、铝、锡）	×	×	×	√
台湾地区交通部	废单一金属料（铜、锌、铝、锡）	×	×	×	×
台湾地区卫生署	废金属（容器）	×	×	√	×
台湾地区内政部	废单一金属料（铜、锌、铝、锡）	×	×	×	√
台湾地区通传会	废单一金属料（铜、锌、铝、锡）	×	×	×	√

注：√表示有该项限制条件；×表示无该项限制条件。

（3）含重金属或重金属化合物的废弃物检测及记录管理

根据《废弃物清理法》第37条的相关规定，台湾地区环保署于2002年发布了《有害事业废弃物检测及纪录管理办法》。

在第3条中，分别规定了属制程产生的有害企业废弃物，检测项目应为《有害事业废弃物认定标准》附表一中规定的废弃物成分及含量；属溶出毒性企业废弃物的有害企业废弃物，根据使用的原材料、制程及废弃物成分特性等选定分析项目，选定的范围限于《有害事业废弃物认定标准》附表四。

根据本章节（1）中所列的有害重金属废弃物认定及管制标准，凡是在《有害事业废弃物认定标准》附表一和附表四中涉及的重金属类别，均应按照《有害事业废弃物检测及纪录管理办法》的相关规定对企业废弃物进行定期检测，并编写有害企业废弃物检测记录报告书。

（4）含重金属或重金属化合物的废弃物处理办法及标准

目前对于重金属的处理制度普遍以《事业废弃物贮存清除处理方法及设施标准》与《有害事业废弃物认定标准》的要求事项作为基准，辅以其他的电池回收贮存清除办法及标准。

■　《事业废弃物贮存清除处理方法及设施标准》

该处理方法与设施标准于 1989 年颁布实施，分别规定了一般事业废弃物和有害企业废弃物的贮存、清除及处理方法。

第 4 章“企业废弃物之中间处理”对重金属及其化合物的处理方法做出了相应的规定：

- 含汞及其化合物：干基每千克含量达 260 mg 以上的，应回收元素汞，其残渣的毒性特性溶出程序试验结果汞溶出量应低于 0.2 mg/L；干基每千克含量低于 260 mg，以其他方式中间处理者，其残渣的毒性特性溶出程序试验结果应低于 0.025 mg/L。
- 含有毒重金属废弃物：以固化法、稳定法、电解法、薄膜分离法、蒸发法、熔融法、化学处理法或熔炼法处理。废弃物中可燃分或挥发性固体所含重量百分比达 30%以上的，得采热处理法处理。
- 含有毒重金属的废毒性化学物质：以化学处理法、固化法或稳定法处理。
- 其他非属含卤化有机物或含有毒重金属的废毒性化学物质：以热处理法、化学处理法、固化法或稳定法处理。

第 5 章第 41 条则对最终处置的方法进行了规定：有害企业废弃物采用固化法、稳定法或其他经台湾地区环保署公告的处理方法处理者，应采用封闭掩埋法或卫生掩埋法处置。采用卫生掩埋的，应符合有害企业废弃物认定标准附表四的毒性特性溶出程序（TCLP）溶出标准，并应独立分区掩埋管理。

■　电池回收贮存清除办法及标准

电池的回收办法及标准包括《废干电池回收贮存清除处理方法及设施标准》和《废铅蓄电池回收贮存清除处理方法及设施标准》。

在《废干电池回收贮存清除处理方法及设施标准》中，强调了对汞及其化合物的处理。废干电池中汞及其化合物含量，每千克含量达 260 mg 以上的，应以热处理法回收汞，低于 260 mg 的，采用其他方式处理；采用热处理法回收汞后，供作再利用的物质及废弃物溶出试验结果汞溶出量应低 0.2 mg/L；采用其他方式进行中间处理的，再利用的物质及废弃物溶出试验结果应低于 0.025 mg/L。

此外，为了配合《空气污染防制法》和《水污染防治法》，分别规定了以热处理法处理废干电池时应进行烟道气检测（定期申报时，一并申报烟气镉及其化合物、铅及其化合物、汞及其化合物的检测结果），以湿式处理法处理干电池时应进行废水排放检测（定期申报时，一并申报废水中镉及其化合物、铅及其化合物、汞及其化合物的检测结果）。

在《废铅蓄电池回收贮存清除处理方法及设施标准》中，强调了对铅的控制。第 4 条规定：应具备废水处理设备，且其废水不得注入地下水体或排放于土壤中，并应符合台湾地区环保署规定；应具备铅熔炼设备，并以熔炼方式处理含铅再生料或生产铅锭等相关制品，且应具备有效的空气污染防制设施，并应依台湾地区环保署规定办理定期检测及申报。

（5）处理后灰渣中重金属的管理办法

为防止因焚化厂操作条件异常致使燃烧控制不佳、废气处理系统操作不当等因素造成的灰渣中重金属溶出超出法规标准，台湾地区环保署发布了相关的配套法规，对处理后灰渣中重金属的再利用等作出了规定。

《一般废弃物回收清除处理方法》第 27 条规定，飞灰除再利用外，应采用稳定化法、熔融法或其他经台湾地区环保署许可的处理方法处理至低于有害事业废弃物认定标准附表四有毒重金属毒性特性溶出程序溶出标准，方可进行最终处置。同时也规定了飞灰处理后衍生物也应当进行重金属毒性特性溶出程序检测。底渣除再利用外，进行最终处置时，应每季进行重金属毒性特性溶出程序检测一次，如检测结果超过有害企业废弃物认定标准附表四有毒重金属毒性特性溶出程序溶出标准，应立即采取适当的补救措施。

《事业废弃物贮存清除处理方法及设施标准》第 27 条规定，经热处理法处理后产生的飞灰、底渣和灰渣，应每半年检验一次，并依有害企业废弃物认定标准分别判定处理。

《垃圾焚化灰渣再利用推动计划作业要点》中对营运的底渣和飞灰再利用厂进行了灰渣检测频次的规定：主办机关每季至少抽查一次底渣再利用产品重金属含量，每月至少抽查一次飞灰重金属含量。

4.5.3　台湾地区固（液）体废弃物重金属污染防治管理体系的特点

（1）法律体系完善，多部母法规定废弃物的管理制度

对于废弃物的管理体系，台湾地区由于加入了永续循环、可持续发展的理念，因此相对于其他国家和地区，在立法目的上较为科学和全面：包括三个母法体系及其配套的子法，具体为《资源回收再利用法》、应回收废弃物相关法律法规和《废弃物清理法》。

如果只负责废弃物的清理，不从源头上进行控制和循环途径上加以重视，就是一种治标不治本的做法。这样的立法目的和管理理念也同样体现在重金属废弃物的管理上，首先规定对重金属有毒废弃物的认定及清除方法，再规定可被循环利用作为产业用料的重金属类别，同时辅以经济手段来限制含重金属污染物的物品使用率，例如《干电池回收清除处理费费率》《蓄电池回收清除处理费费率》等。

（2）对废弃物进行分类，着重加强企业废弃物的重金属管理

《废弃物清理法》将废弃物分为一般废弃物和企业废弃物，并在企业废弃物中又分成一般企业废弃物和有毒企业废弃物。对于重金属的管理，则着重体现在有毒企业废弃物的相关规定上。通过认定标准，相关的贮存、清除和处理办法，回收再利用等，对各个涉及重金属的行业和生产过程进行了管制。

废弃物的管理涉及各行各业，台湾地区的废弃物管理体系将重金属的潜在污染行业进行明确规定，并细化到生产过程和生产设施，这种涵盖面广而又针对性强的管理制度值得借鉴。

（3）管理方式具体，明确重金属类废弃物的处理方式

除了对重金属类废弃物进行认定、限制外，台湾地区的废弃物清理法还明确规定了各类重金属废弃物的处理方式。例如分别规定了含汞化合物、含有毒重金属废弃物、含有毒重金属化合物的废弃物等的处理手段，同时为了防止处理过程中造成二次污染，法律还规定了中间处理的相关标准、最终清除处置的相关标准。

这种明确重金属废弃物处理手段的管理方式比较具体，可以为废弃物处理运营公司提供方法借鉴。而且由于提供的各种处理手段都是国际上较为成熟的方法，只要操作得当，对于重金属废弃物的处理能做到无害化、无二次污染等。

4.6 小结

（1）经过几十年的发展，台湾地区环境污染防治（制）和整治的立法体系已比较完善。从法律命名和立法目的上来看，立法者根据不同环境介质受到的污染现状、程度和特征等，对各个环境介质的立法使用了不同的命名方式。例如对土壤及地下水，重视对已受污染场地的整治，因此将其污染防治的法律命名为《土壤及地下水污染整治法》；对水和大气的污染防治工作起步较早，因此在水和大气环境的相关法律命名上突出“防治（制）”，例如《水污染防治法》《空气污染防制法》；对废弃物的管理则突出循环、再利用及清理，因此分别制订了《资源回收再利用法》和《废弃物清理法》。

（2）水污染防治法体系在环境质量标准中区分了以保护环境为目的和保护人体健康为目的的不同水质基准值，此外还专门立法规定了有害健康物质的种类。重金属作为对人体有害的物质种类之一，在水污染防治法体系中被严格管制。法律体系中这种以人为本的做法值得借鉴。但对于污染防治费的征收上，水污染防治法的相关规定应进一步改善，尽可能地将涉及重金属污染的产业、原材料等纳入征收体系中，并详细规定各行业的防治费费率。

（3）台湾地区对于大气重金属的污染防治工作还有极大的提升空间。首先，现行的空气质量标准中仅给出了铅的月平均值，应尽早跟随发达国家的步伐，着手增设砷、镉、铬、汞等常见重金属的空气质量标准。其次，由于汞排放已经成为全球的关注议题，应考虑将固定污染源的汞排放列为优先管制名单，尤其是燃煤发电锅炉及燃煤汽电共生锅炉这两个最主要的排放源。最后，除铅二次冶炼和焚烧炉外，应尽快完善管制重金属的其他行业。

（4）与发达国家相比，台湾地区在土壤重金属污染防治的工作起步较晚，但其后迅速发展并逐渐完善。在初期大面积开展农田重金属调查工作的基础上，借鉴美国、日本等国的相关经验，通过制订法律、法规命令，发布行政规则、公告及其他具备法律效力的相关事项等，在30年时间内逐步完善了土壤及地下水的重金属污染防治和整治工作，尤其在污染整治费收费办法上、污染整治基金的管理上、污染场址情况的公开上，均值得在制订法律和实施行政管理措施时借鉴。尽管如此，台湾地区对于土壤重金属的污染防治在某些方面还需要进一步的改善，例如现行的土壤及地下水污染监测（管制）标准对铬的管制采用限制（规定）总铬的浓度值，未考虑将三价铬和六价铬分开管制的方式。

（5）废弃物清理法首先对重金属类废弃物进行认定、限制，然后又明确规定了各类重金属废弃物的处理方式。例如分别规定了含汞化合物、含有毒重金属废弃物、含有毒重金属化合物的废弃物等的处理手段，同时为了防止处理过程中造成二次污染，法律还规定了中间处理的相关标准、最终清除处置的相关标准。这种将具体处理方式写入法律的情况，是一种小范围区域的管理模式，其针对性强、操作性好、责任明确。

第 5 章 欧盟重金属污染防治管理体系

5.1 欧盟环境治理体制

欧盟的环保政策根植于各成员国环境保护机构，通过不同层次的合作来加强。为实现保护环境的共同目标，需要通过欧盟、成员国和地方政府、企业、协会、非政府组织间的合作和协调，并通过欧盟公民的支持来实现。例如环境政策目标（如空气质量标准等）和政策工具（如农业补贴、内部市场规则、成员国援助等）由欧盟规定，而成员国负责其他领域的环境政策决策。欧盟也通过与地区和地方政府的密切合作促进环境政策的实施。地区和地方政府因地制宜地设立地区环境政策和法规促进欧盟和国家层面环境政策的实施。欧盟还拟对相关政策实施三方协定，即在欧委会、成员国和相关地区或地方环保机构之间达成协定，促进地区或地方政府积极参与环境政策的实施。

《欧洲联盟条约》第 6 条规定要将环境保护体现在欧共体所有政策和活动中，包括环境问题及趋势分析、环保战略目标、应对措施、环保活动参与者等。目前欧盟实施的环境战略覆盖工、农、渔、能源、运输、经济、财政、贸易与对外政策等 9 个相关部门。

5.1.1 欧盟的环境管理机构设置

5.1.1.1 欧盟内处理环境事务的机构

欧盟内处理环境事务的机构包括欧洲议会、欧盟环境部长理事会、欧洲环境委员会、经济和社会委员会、地区委员会、欧洲法院和欧洲环保局这 7 个机构，其中欧洲议会和欧盟环境部长理事会行使环境立法权，欧洲议会中的绿党是推动欧盟有关机构在决策过程中考虑环境问题的一股重要政治力量。

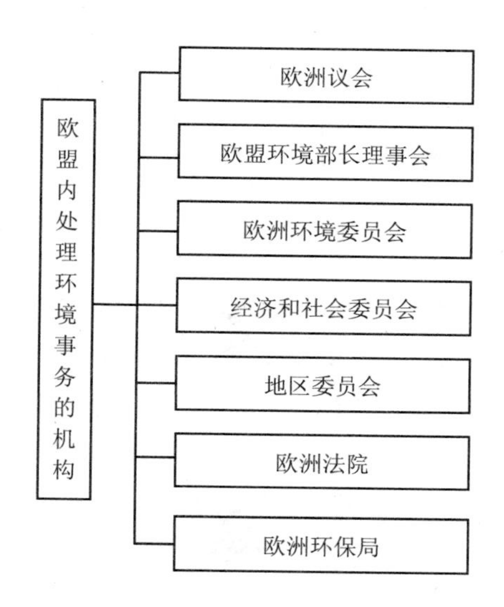

图 5-1　欧盟内处理环境事务的机构

欧委会内负责环境保护管理的部门是环境委员会。环境委员会设有 6 个司，主要负责制定环保政策、监督成员国守法、处理投诉、参加国际会议、为环保项目提供财政支持等。环境委员会的具体工作包括起草环境法规并保证执行，收集各类环境信息（包括环境质量、环境优先等），向成员国提供环境现状报告等。经济和社会委员会及地区委员会在制定环境法律时可提供意见，欧洲法院负责对欧盟环境法律法规条款进行解释并受理环境问题纠纷，还可对欧盟决策机构的决策范围进行司法审查。

1972 年，巴黎高峰会议提出在欧共体内部建立共同的环境保护政策框架，各国建立各自的环境保护机构。

5.1.1.2　主要国家的环保机构

（1）德国环保机构

德国政府非常重视环境保护工作，其下设立了以联邦环境部为核心的三级环保机构。第一级机构是联邦环保部（1986 年成立），主要负责联邦政府的环保事务，设有 6 个司，包括中央司、自然保护司、政策法规司、控制司、管理司、核安全司。第二级机构是在联邦环境部管辖下的负责各项环保工作的技术研究部门，包括联邦环保局、联邦自然保护局和联邦辐射防护局。第三级机构是具体组织实施各州的环保计划和落实各项环保措施的州环保局。

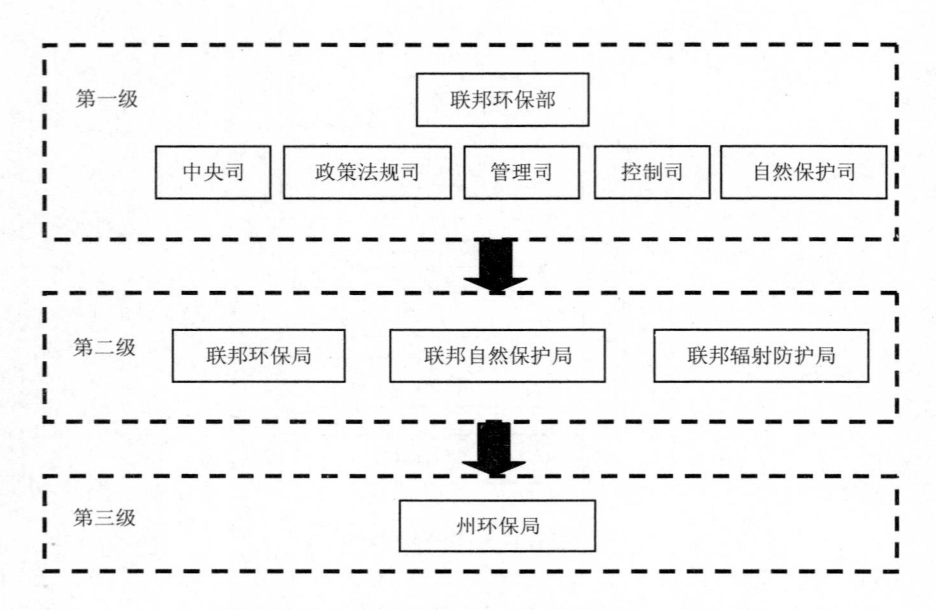

图 5-2 德国以联邦环境部为核心的三级环保机构

（2）法国环保机构

1971 年，法国设立自然和环境保护部（是世界上最早设立的国家级环境部门之一），负责协调其他各部与环境相关的各项工作。其后，自然和环境保护部的职权范围不断扩大，其环保预算也不断提高，同时还成立了一系列环保部门并对机构和职能进行了调整。1990 年，将水资源管理局、国土整治和地区行动署统一并入环境与能源控制署。1991 年，成立了隶属于自然和环境保护部的环境研究所，负责收集、分析环境状况和人类健康影响的相关信息。1992 年，签署了《里约宣言》，以“可持续发展原则”为指导制定并实施《21 世纪议程》，开始在自然和环境保护部的协调下实施国家的可持续发展战略。1992 年，为进一步加强全国的统一环境管理，促进环保法律、法规及相关政策的实施，法国政府将水务局等单位重组后成立了环境能源局。法国环境能源局主要负责：能源和原材料再生利用、清洁能源和能源效率的提高、固体废弃物的减量处置回收、保护大气与污染减轻、噪声污染的控制、土壤环境保护、土壤污染修复等。环境能源局主要研发有发展前景的项目，提供专家和顾问咨询服务以及经济相关行为和信息，全面负责水、气、废弃物等相关法律法规的实行。其经费来源于排污收费、环境部和科学研究部的财政补贴以及相关基金会等。

《环境部部长职权法》和《环境部组织法》这两部法律授予环境保护部行政职权，确保其权威地位。

（3）英国环保机构

英国设有中央和地方政府环保机构。英国中央环保机构环境事务部于 1970 年成立，主要负责管理空气、水、噪声、土地规划等环境问题。和美国 EPA 相似，为推进中央和地方政策顺利实施，该环保机构还设立了一些地方和地区分支。从 20 世纪 90 年代至今，环保机构通过一系列改组后成立了英国政府顾问委员会、可持续发展圆桌会议等机构。政府顾问委员会成立于 1994 年初，主要负责提供可持续发展相关政策和建议。可持续发展圆桌会议成立于 1994 年底，隶属于英国环境、交通、区域部，主要负责举办一年一度的可持续发展圆桌会议，为学术、企业、非政府机构与政府建立沟通渠道，以便政府部门广泛听取各界对可持续发展的建议。英国各界对环境保护的重视也日益加强，把环境保护、控制污染、可持续发展视为 21 世纪的关键事务。因此英国各环保机构和工业、农业、矿业、城市管理等部门联系紧密，共同解决环境问题，英国环保机构呈现出由官办转为民办、由分散走向集中的良好态势。

1996 年英国环保署成立，将国家河流及水资源开发保护机构、工业污染环境监测机构、地区性废水和垃圾处理机构、环境技术开发机构统一归并至环保署。归并后的机构采取了更为综合的环境管理方式，把土地、空气和水进行统一管理，主要负责实施环境法规、废弃物污染管理、环境教育和促进国内及欧洲各国政府的有效环境管理等方面。环保署的成立打开了英国环境保护的新局面，从此英国的环保工作由各部门分而治之，转变为对全国各区域、各流域的整休规划，通过合理规划、统一管理，达到事半功倍的效果。

5.1.2　欧盟环境管理政策

欧盟环境政策分为环境政策法律指导性文件及环境政策实施的具体领域两大部分。环境政策法律指导性文件包括环境法律（基础法中的环境部分及其派生法）和非法律的环境政策文件[建议（Recommendations）、意见（Opinions）、决议（Resolutions）、宣言（Declaration）和其他政策文件等]。有关环境政策实施的具体领域分为水、大气、噪声、废弃物、危险化学品、核安全、生物和自然遗产八个方面。

5.1.2.1 欧盟环境政策法律指导性文件

（1）基础法

基础法主要包括基础条约、国际条约与协定等。其中基础条约是欧盟成员国签署的具有宪法性质的条约或公约，是欧盟的基本大法，是欧盟成立和运行的基本依据以及其他欧盟法律和成员国法律存在的前提。欧盟基础条约主要有：《建立欧洲煤钢共同体条约》（即《巴黎条约》）、《建立欧洲原子能共同体条约》《建立欧洲经济共同体条约》（即《罗马条约》）、《合并条约》（即《关于建立欧洲共同体单一理事会和单一委员会的协定》）、《单一欧洲法令》《欧洲联盟条约》（即《马约》）和新的《欧洲联盟条约》（即《阿约》）。

欧盟签署的国际条约与协定属于欧盟基础法的第二个范畴。经基础条约授权，相关国际条约与协定对欧盟及成员国均具有法律效力，与环保相关的国际协定和条约同样具有欧盟基本法的效力。

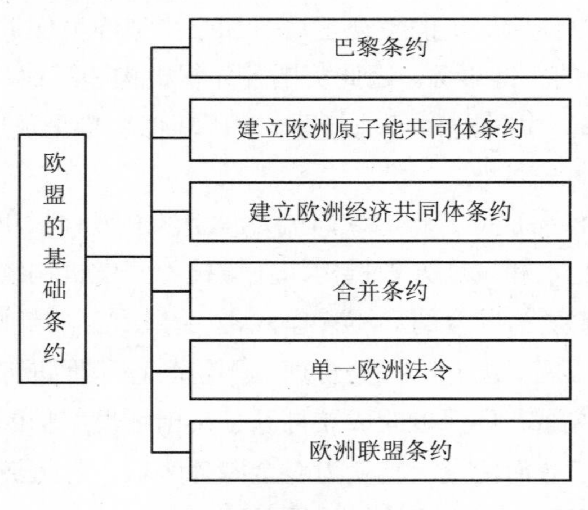

图 5-3　欧盟的基础条约

（2）派生法

欧盟环境政策的派生法属于欧盟基础法的第三个范畴，主要由条例、指令、标准等构成，由部长理事会和欧盟委员会制定。包括水、气、废弃物、土壤、化学物品、噪声、自然保护、气候变化、公众保护等环保相关法律和措施。

欧盟最主要的立法形式是条例。欧盟通过条例采取相应的环保行动或措施，对相应人员或组织具有法律效力，并具有普遍的适应性和约束力。

指令则是对具体目标的明确规定。指令需要通过转化为每个成员国的法律来实施，同时也构成该成员国立法的组成部分。

环境标准包括质量标准、污染物排放标准以及和环境保护相关的基础性标准，它们是欧盟环境法的重要组成部分。环境标准通过指令和条例的形式发布，遵循与环境法规一样的立法程序并具备与环境法规一样的法律效力。通常标准是由委员会提案，经征求相关意见后，理事会就委员会的提案及相关建议进行表决。1995 年，欧盟欧洲标准化组织被确定为欧盟制定环境管理体系标准的部门，此后环境标准从工业领域延伸到服务、贸易领域，进一步加深了环境标准的影响力。

（3）非法律的环境政策文件

非法律的环境政策文件主要包括建议、意见、决议（包括宣言、行动计划）以及其他政策性文件。

欧盟环境行动计划是欧盟为协调各成员国的环境保护工作而制定的纲领性文件，规定了欧盟国家的环境保护相关目标、思想、原则、重点领域等内容，是欧盟环境政策的主要政治框架，对欧盟环境管理的相关立法和环境措施的实施具有指导意义，并可推进相关立法的进程，许多环境法律法规都是在行动计划的推动下制定的。从 1973 年至今欧盟已颁布了六个行动计划。

推进欧盟环境政策迅速发展的还有高峰会议，主要有 1983 年的“斯图加特峰会”、1985 年的“布鲁塞尔峰会”、1988 年的“罗得岛峰会”、1998 年的“加的夫峰会”以及 2001 年的“哥德堡峰会”等。

部长理事会或欧盟委员会提出的与环境政策相关的意见和建议尽管不具备法律效力，但具有政策功能，如《关于战略环境规划指令的建议案》提议加强环境评价制度。

其他政策文件，包括各种白皮书、绿皮书和报告等，这些文件由欧盟各成员国讨论并通过，作为欧盟环境领域的相关政策，在欧盟范围内得到广泛的支持和推广，有助于欧盟各国加强合作，实现共同环保目标。2000 年，欧盟发布《环境责任白皮书》要求通过多途径明确环境责任。2006 年，欧盟发布《能源政策绿皮书》确定绿色能源为欧盟未来能源安全战略发展的核心以应对全球能源发展的新形势，要求各成员国加强在绿色能源方面的合作与交流。

5.1.2.2　欧共体/欧盟环境政策主要针对领域

欧盟环境政策主要针对的领域包括：水、大气、噪声、废弃物、危险化学品、核安全、生物和自然遗产。

在水环境保护领域，欧盟颁布了一系列涉及地表水、地下水和海洋保护的水资源的指令；在大气污染防治领域，欧盟针对废气和粉尘排放共颁布了近 20 个法规和指令，形成了较为完善的空气污染防治法律法规体系；在噪声污染防治方面，欧盟主要致力于对车辆、工地机械、飞机以及机场建筑、家用电器等方面的噪声污染控制；在固体废弃物管理方面，欧盟采取的措施主要包括：改进产品的设计、鼓励废弃物的循环利用、严格制定废弃物的排放标准、改进垃圾处理工艺、减少废弃物焚烧造成的污染、加强危险物资的运输管理、清理污染地点等。

其他的相关领域还包括：危险化学品的管理、核安全、生物保护及自然遗产保护等。

环境政策以可持续发展为主要目标。1997 年，欧盟签署《阿姆斯特丹条约》，将可持续发展确立为欧盟环境保护和发展的目标，该目标发展为 2001 年、2006 年可持续发展战略的基本原则，并成为欧盟第六环境行动计划主线，从此以后欧盟环境政策的范围和功能都大大加强了。欧盟第六环境行动计划（2002—2012 年），包括气候变化、自然与生物多样性、环境、健康与生活质量、自然资源与废物四个领域。

欧盟主要环境政策由末端治理逐步转变为产品全生命周期控制。传统的环境政策是产生污染后再针对具体污染制定法律法规的末端治理模式，目前欧盟已把这种被动的以治理污染为主的环境管理模式，转化为从源头控制污染产生的模式。20 世纪 90 年代欧盟提出“污染者付费”原则，这是欧盟从源头控制污染的开端，“污染者付费”原则带来一系列相关法规的出台，如《禁止在电子和电气设备中使用有害物质指令》《包装指令》《废旧电子电气设备指令》《汽车指令》等。经过 5 年多的发展，欧盟发现“污染者付费”原则意味着付费便可排放污染物，不足以从源头上控制污染。2003 年，欧盟提出产品生命周期污染控制理论，通过对产品整个生命周期的控制来减少污染的产生。该理论提出，产品和服务在生命周期的某些阶段会对环境产生影响，要控制这些影响必须从产品的全生命周期出发，对各个阶段采取相应的控制对策进行协调一致的环境管理，只有这样才能真正做到从源头控制环境污染。2005 年，欧盟通过《用能产品生态设计框架指令》，对产品的设计进行规制以降低产品生命周期对环境的影响。

5.1.3 欧盟环境管理的主要措施

（1）为实现共同利益，成员国协同合作形成一体化环境管理模式

作为一体化的区域性组织，欧盟成员国为了实现共同的目标，在处理环境问

题时能够取得共识，能够通过制定、实施环境政策，协同行动，改善欧盟环境状况。欧盟环境保护不仅关注欧盟区域内的环境，而且意识到区域环境和区域内环境的相互关联性；欧盟注重区域内环境问题的解决，同时也注重周边环境的保护，实现了以欧盟为中心，辐射周边区域的分层、分级环境管理模式。欧盟成员国适用统一的环境政策；计划加入欧盟的国家必须努力达到欧盟标准，加入后可享有一定的过渡期逐渐过渡至“国民待遇”；对欧盟周边区域的环境保护予以支持，包括地中海沿岸国家、中东欧国家等。

发展至今，欧盟各国均成立了国家环境保护机构，通过了200多个环境保护指令，实施多个环境保护行动计划。通过多年的政策实践经历，欧盟的环境管理体制不断发展完善，促进了欧盟国家在环境决策方面的共识并直接影响到欧盟的环境合作政策。

（2）建立以“污染者付费”和可持续发展为原则的完备的欧盟环境法律体系

1）欧盟环境法律体系

1972年制定的《欧洲共同体环境法》，对水、大气保护等领域进行规制，提出建立欧共体环境保护政策框架。1986年，通过对《罗马条约》的修订出台《单一欧洲文件》，将环境保护纳入欧共体基本法中，规定了欧共体环境保护的基本原则、根本目标、决策程序等内容，确立了环境在发展决策中的法律地位，文件规定环境保护应成为欧共体其他政策的一个重要组成。1992年，《欧洲联盟条约》提出欧盟可持续发展的目标，并规定必须将环境保护的要求纳入其他政策制定和实施中。1997年，《阿姆斯特丹条约》确立可持续发展为欧盟的发展目标，并在立法上确立环境在综合决策中的重要地位。

如今欧盟已形成了一套相当完善的环境法体系，包括基础条约、国际环境条约、法规（如条例、指令和决定等）、具有法律效力的文件等，可分为基本立法、国际条约和二次立法三个层级。《巴黎条约》《罗马条约》《布鲁塞尔条约》《单一欧洲文件》《欧洲联盟条约》和《阿姆斯特丹条约》构成了欧盟的基本立法，它们不仅是欧盟的最高法律，也是欧盟成立的根本。国际条约是指欧盟在法律赋予的权力范围内代表各成员国与其他国家、地区或组织签订的条约，对欧盟整体和各成员国均有一定的约束力。欧盟的立法权仅限基本法条约所规定的内容。为实现基本法的目标，欧盟通过二次立法制定了大量法律。二次立法是欧盟法律体系的主要内容，主要包括三种类型，即条例、指令和决定。欧盟环境法拉开了跨国环境事务综合立法的序幕，在区域环境保护立法方面取得了喜人的成绩。随着欧盟环境法体系的形成，欧盟环境得到明显改善。

成员国、环保机构、公民均受到国内环境法、欧盟环境法、国际环境法三种环境法律的制约，如在欧盟层面没有对相关环境法律措施实施规制，可由其他级别的环境法律措施（如国家级或国际级）进行规制。其中欧盟基础条约是所有法律的根本法，指导着整个欧盟的环境保护法律法规政策的制定和实施。

2）欧盟典型国家的环境保护法规

①德国环境保护法规

德国实行联邦制，由联邦政府制订了一整套环境保护政策、法律法规、标准并保证实施。1989 年、1990 年德国把环境保护确定为国家目标，并写入《宪法》。到 20 世纪 90 年代随着一系列环境立法的诞生，德国的环境法体系日趋完善，而且环境法律法规的具体性和严格性在全世界著称。

德国的环境法以欧盟法律和本国《宪法》为基础，联邦和各个州都有立法权。联邦立法权高于地方，具有主导性、统筹性和框架性，如在土地、废弃物清理等方面，联邦法律处于主导地位。

②法国环境保护法规

法国是较早开始建立环境保护法律体系的欧盟国家。法国环境相关立法始于 1917 年，目前已建立起较为完善的环境法体系，颁布了大量环境保护法律法规，包括 20 余部国家法律，对水（《水资源法》）、大气（《大气与气味污染法》）、废弃物（《废弃物与资源回收法》）等实行规制，控制了污染物对环境的影响，保障了人民的身体健康和生命安全。

根据“谁污染谁付费”原则建立的财政刺激机制是法国环境立法的一个重大举措。1964 年，法国颁布《水法》，首次提出了基于“谁污染谁付费”原则的财政刺激机制。此后又不断修改和完善环境保护法律，确保在“谁污染谁付费”原则的基础上有效地实施环境保护政策和措施。

政令和条例是法国环境立法的重要补充。随着法国环境立法的发展，普适性的环境保护法律已不能满足不断涌现的环境问题，为此法国颁布了一系列的政令和条例。

法国是世界上为数不多的颁布了环境法典的国家。《环境法典》（1998 年）涵盖了所有的环境保护领域，标志着法国环境法制建设进入了较为完备的阶段，确立了环境法的主要原则，包括预防、污染者付费、信息公开、公众参与等原则。

法国也是世界上第一个将环境保护写入宪法的国家。2005 年，法国通过了《环境宪章》并将其写入宪法。宪章是在法国蓬勃发展的可持续发展合作计划下产生的，因此主要对环境保护问题和可持续发展进行规制，其具有与《人权宣言》同等的法律地位。宪章要求地方政府、企业界等共同参与环境规划，把环境问题纳入各相关部门和产业的发展战略与计划，让全社会加入到关心环境问题的队伍中。

③英国环境保护法规

“谁污染谁付费原则”、污染预防和可持续发展原则同样也是英国环保立法工作的重要原则，在此基础上形成了环境影响评价制度和环境标准制度。英国对环境标准的重视程度在欧洲处于前列，在此基础上形成了以标准和法律为核心、以循环经济为目标的富有英国特色的法规体系，相关法律包括《环境保护法》《污染控制法》《水资源法》《有毒废物处置法》《废弃物管理法》等。

（3）采用经济手段加强环境管理

1）欧盟经济手段

欧盟主要通过对污染环境的企业或破坏环境的个人进行征税的经济手段实现环境保护目的，包括对水和废物处理征收税和特许费、对产品征收生态税等。通过这样的方式可以促进规章制度的完善，使环境因素成为经济政策的组成部分，可鼓励企业将环境因素计入企业成本，促使环境保护由治理行为过渡到预防行为。

2）法德经济手段

①德国经济手段

德国经济调控手段受欧盟法和各个成员国的影响，同时又具有自身特色，主要经济手段包括税收、各项收费及财政补贴。向对环境造成影响或损害的企业和个人追究责任，并要求其承担治理污染的费用，体现了“谁污染谁治理”的原则。

德国的经济调控手段促进了德国先进环保技术的推广应用以及环保企业的振兴。德国政府对积极采取环保措施的企业给予现金、国家担保贷款、税收优惠等政策支持。例如，企业建立环保设施可享受土地低价优惠政策，促进了企业发展，为环保企业的兴起创造了有利条件，扶植了大量国际知名环保品牌。

②法国经济手段

法国的主要经济调控手段是征收环保税、惩罚性税收以及实施相应的税收优惠政策。环保税主要包括二氧化硫、氮氧化物、水污染、废物垃圾税等。惩罚性经济调控手段主要包括对排污行为收费和对列入“黑名单”的高污染、高危险的企业征收惩罚性税收。法国还通过各种税收优惠政策促进环保事业的发展，包括退税、加速折旧、税前扣除环保投资、采用预防污染设备及进行节能投资的企业和个人享用税收减免或补贴等政策。环保税及相关的惩罚性税收主要用于环保相关支出，由环境保护部统一管理，专款专用。

（4）开展环境教育的环境管理手段

欧盟各成员国的环境教育促进了欧盟整体环境保护意识的提高。

1）德国

经过长期积累，德国已建立起较为完善的环境教育体制，主要由政府机构、民间组织和学校组成。

联邦环境部负责全国环境保护教育活动的总协调，通过不断普及环保知识、推广环保技术、宣传最新环保法的方式加强全社会各个单元的环保意识，使人们从环保角度约束自己的行为。同时，联邦环境部每隔两年进行全国环保意识普查，开展全国环保意识摸底工作。

800 多个国家及地方性环保组织（或环保信息中心）是公众环保教育的支持力量。各环保组织通过举办环保讲座、发放环保知识手册、开设环保网站的形式开展公众环保知识普及工作。绿党是环保组织中表现较为突出的，在环境立法、政策制定、生态现代化、社会和经济改革、社会民主等方面起到积极的作用，越来越受到民众的拥护。

中、小学是德国环境教育的基础。学校把环境保护的内容渗透到各个学科的授课中，使学生在学校学习的过程中不断积累环境保护基础知识，从而形成环保价值观、环境伦理观。此外，学校还组织大量环保课外实践活动加深学生对环境教育内容的理解。

2）法国

法国环境部通过开展形式多样的活动，例如在自然保护区内设置各种宣传牌、建立自然之家教育中心、成立建筑、城市规划与环境委员会、开办专业环境保护学校等对市民进行环境保护教育。此外，法国在多项法律中对公众参与环境保护的权利和义务做了规定，例如公民对企业可能造成环境污染的行为有提出异议并自由发表意见的权利。

3）英国

英国成立专门的环境教育委员会负责环境教育，其主要任务是协调各组织、团体开展环境教育，发行并提供相关资讯和书刊，修订环境教育目标，增加与环境相关的目标，协助制定环境教育计划等。英国三大党认为要增强英国的全球竞争力，增加就业机会，确保能源安全，必须大力发展环保产业。为了鼓励节省能源，英国在提高能效方面开展了一系列的立法和政策引导，近年来低油耗和低成本的柴油动力车辆越来越受到欢迎。

5.2　欧盟水环境重金属污染管理体系

5.2.1　欧盟水环境污染防控法律法规

欧盟颁布了一系列关于水环境污染控制的法律法规，对水环境质量、饮用水质量、废水处理和排放进行了相关规定。《水框架指令》（EU WFD）被认为是欧盟最主要的环境水法，堪称欧盟水环境污染控制的灵魂。在管理方式上，《水框架指令》首先通过综合办法对流域进行统筹管理，其次为各成员国制定了统一的水质控制标准，把铅、汞、镉等列为优先控制物质并设定了相应的限值。相比于传统水法，该指令在保护生态环境和确保饮用水及人类其他用水需求方面获得了大量成果，推进了可持续的水环境管理，并将经济分析引入水环境保护决策，即环境目标的实现必须在经济可行的前提下实现。

（1）发展历程

《水框架指令》的建立过程共经历了三个阶段：第一阶段（1975—1980 年）欧盟主要制定质量标准；第二阶段（1980—1990 年）则主要对废水排放作出统一规定；第三阶段（1990—2015 年）中欧洲理事会和欧盟议会签署了《水框架指令》（2000 年 10 月 23 日）。《水框架指令》的主要目标是“在 2015 年前欧洲水质达到良好状态”，该指令要求所有成员国以及准备加入欧盟的国家必须于 2003 年底前将其写进国家法律，本国的水资源管理也必须符合该指令要求。

表 5-1　《水框架指令》的建立历程

阶段	时间	进展
第一阶段	1975—1980 年	为饮用水水源（河流和湖泊）、洗浴用水、渔业用水等制定了质量标准，并为饮用水制定了具有约束力的质量目标
第二阶段	1980—1990 年	就控制废水排放达成一致，对城市废水和含有危险成份的工业废水排放作出了统一的规定
第三阶段	1990—2015 年	欧洲理事会和欧盟议会于 2000 年 10 月 23 日签署《水框架指令》。2000 年 12 月 22 日，该指令正式执行

（2）主要内容

《水框架指令》共包括26个条例和11个附件，对欧盟水环境管理的整体架构、相关计划、水功能、优先控制污染物、污染源及其他内容进行了规定。

■ 根据水的功能性进行规制

根据水的不同功能进行管理，包括渔业用水、饮用水水源、饮用水、贝类养殖用水、沐浴用水，不同的水功能对应不同的指令，如《渔业用水指令》《饮用水水源指令》《饮用水指令》等，针对不同的水体功能，设定了相应的水质控制目标。

■ 对优先控制污染物进行规制

《危险物质指令》及其子指令将重金属等33种有害化学物质确定为优先污染物，其中重金属物质包括Cd、Pb、Hg、Ni及其化合物。另有16种重金属被确定为危险物质，包括Zn、Se、Sn、V、Cu、As、Ba、Co、Ni、Sb、Be、Tl、Cr、Mo、Pb、Ag。子指令同时也确定了和上述重金属相关的水质目标和统一的排放标准。

■ 对不同污染源进行规制

《城市废水指令》主要用来规制人口规模在2000人以上的社区污水及工业废水排放。《综合污染防治指令》（IPPC）则要求比较大的工业装备须采用最先进的环保技术，否则会被要求缴纳更严格的环境税。

（3）重要特点

自《水框架指令》启动以来，在整体管理和规划下，欧盟拟定了详细的时间表和操作性强的实施方案，通过严格监督落实各项指令，各国在水环境污染防控领域均取得了相当大的成就，积累了宝贵的经验。

■ 注重水环境管理的整体性

《水框架指令》对地表水和地下水均进行了规制。其中地表水不仅包括传统的河流、湖泊，还包括港湾和沿海水域等，基本上涵盖了欧洲范围内的所有水域类型。

■ 注重综合性污染防治措施

《水框架指令》将水环境保护紧密结合重金属等相关污染控制，通过采取综合性污染防治措施进行控制。一方面要求各成员国在其措施方案中列出点污染源的控制排放指标，例如涉重污染源控制措施；另一方面要求各成员国针对那些用于饮用（或可能用于饮用）的水体制定出相应的环境质量标准，包括与各类重金属相关的标准。

■　建立流域管理体系

《水框架指令》的另一个重要管理特点是建立综合监测管理体系，将河流和湖泊作为一个整体进行管理，而不是根据行政范围和政治边界进行拆分式管理。国家领土以内所有的江河流域由成员国管理，流域覆盖超出某一个成员国的领土范围即被指定为国际流域区域。每个国际流域区域设有专门的管理机构，负责《河流流域管理计划》的制定和实施，每6年更新一次。《河流流域管理计划》必须鼓励相关团体积极参与流域保护活动，并明确提出政府机构须采取的措施，如控制重金属点源和扩散源等。

■　慎重推动指令的制定工作

欧盟非常重视相关法律法规出台前的准备工作，准备期可长达10年。欧盟通过大量磋商工作以及技术草案保证法律法规的有效性和针对性，该过程以开放、咨询的方式进行，政府、行业代表、非政府机构以及民间代表应邀参加，汇总各方意见并体现在最终的法律文件中。

■　采取综合性手段推动指令执行

①法律手段

围绕《水框架指令》，欧盟制定颁布了一系列配套法律、政策，以提高指令的可行性。

②经济手段

欧盟及其成员国非常重视采用经济手段对水环境污染防治进行调控，主要包括：水权及水权交易、价格和税收、私人投资等。其中水权及水权交易是水环境管理的重要手段，主要包括水权分配、水交易和水质交易、取水费（税）、地表水和地下水抽取收费（税）。价格和税收则被广泛应用于水污染控制、生活用水供给、工业用水供给、污水处理、农业用水等多个方面。多数成员国允许私营部门参与供水和污水处理系统的经营管理，而公共部门保留其所有权，政府提供补贴。

③科研手段

《水框架指令》的落实，必须解决技术层面上的基础性问题。在法律执行过程中，涌现出了许多新问题，其中流域管理问题就是一个非常棘手的难题。相关技术和资料特别匮乏，且受到流域内水资源条件复杂性，以及自然、社会经济和管理条件差异的制约。因此，亟须充分调用成员国的科研和教育力量，进行相关领域的科学研究，同时协调各国流域管理研究，整合资源、提高效率，推进新技术、新设备和新方法的开发。将成功经验推广，并组织专家组对欧盟各地，特别是对科技力量相对薄弱的新加盟国家的工程开发施以援助。

■ 有重点、分阶段地推进落实指令

由于各成员国情况不尽相同，因此欧盟没有对指令的落实进行统一规定，而是有重点分阶段地推进其落实，同时规定了每个阶段各项任务完成的期限，以督促成员国按时完成。对未能按期完成的国家，欧盟委员将会向欧盟法院提起诉讼。2007年，欧盟发布指令要求进一步加强评估工作，督促成员国落实法律制定工作。

5.2.2 欧盟水环境污染防控法律法规对重金属的管理

欧盟水环境污染防治标准主要包括质量、排放、监测及分析方法等标准。对于重金属，欧盟主要通过标准体系加以管控。

欧盟以指令的形式发布环境标准，迄今为止欧盟共发布了约20条有关水环境标准的指令，其中《关于饮用水水源地的指令》（75/1440/EEC，1975年）是欧盟发布的第一条环境标准。这些指令对于保护和改善各成员国的环境水质、预防和控制水环境污染、实施共同的环境政策和目标起着至关重要的作用。

5.2.2.1 欧盟水环境重金属污染防治标准体系

（1）质量标准

①《关于饮用水水源地地表水的指令》（75/440/EEC）

该指令经79/869/EEC和91/692/EEC修订，要求将地表水划分为3类，其中3类水不能用作饮用水水源地。该指令还对采样等事项进行了规制。

②《关于渔业淡水的指令》（78/659/EEC）

该指令规定了淡水渔业养殖水的质量标准（限值和指导值）、监测方法、抽样次数、达标措施和条件。与重金属相关的因子包括总锌和总铜。

表5-2 关于渔业淡水的重金属相关标准

重金属	养鲑鱼的水		养鲤科鱼类的水		分析或调查方法	最少采样检测频率	观察
	指导值	强制值	指导值	强制值			
总Zn/（mg/L）		≤0.3		≤1.0	原子吸收光谱	每月一次	强制值对应的是硬度为100 mg $CaCO_3$/L的水
溶解Cu/（mg/L）	≤0.04		≤0.04		原子吸收光谱		指导值对应的是硬度为100 mg $CaCO_3$/L的水

③《关于贝类养殖水质标准的指令》（79/923/EEC）

该指令规定了贝类用水的质量标准（包括限值和指导值）、监测和分析方法、抽样次数、达标措施和条件，其后又经 91/692/EEC 修订。

表 5-3　关于贝类淡水的重金属相关标准

<table>
<tr><th>重金属</th><th>指导值</th><th>强制值</th><th>参考分析方法</th><th>最少采样检测频率</th></tr>
<tr><td>Ag</td><td rowspan="9">根据条款 1，每种重金属在贝类产品中的浓度必须很低以确保贝类产品的高质量</td><td rowspan="9">每种重金属在贝类产品中的浓度必须不能超过一定的水平（对贝类及其幼虫产生不量影响）。考虑多种金属的协同作用</td><td rowspan="9">原子吸收光谱（适当方法，浓度和/或萃取）</td><td rowspan="9">至少半年一次</td></tr>
<tr><td>As</td></tr>
<tr><td>Cd</td></tr>
<tr><td>Cr</td></tr>
<tr><td>Cu</td></tr>
<tr><td>Hg</td></tr>
<tr><td>Ni</td></tr>
<tr><td>Pb</td></tr>
<tr><td>Zn</td></tr>
</table>

④《关于饮用水质量标准的指令》（80/778/EEC）

该指令规定了 67 种污染物的最大允许浓度，其中包括 11 种重金属的最大允许浓度，同时还规定了取样次数、监测方法和达到这些质量标准的措施及条件，如表 5-4。该指令其后被 98/83/EC 代替，见表 5-5。

表 5-4　《80/778/EEC 指令》对饮用水中重金属的含量要求

重金属	单位	指导值	最高允许浓度
Cu	μg/L	100（在泵和/或处理设施及它们分站的出口处）；3 000（水在泵中停留 12 h，并且在消费者终端）	
Zn	μg/L	100（在泵和/或处理设施及它们分站的出口处）；5 000（水在泵中停留 12 h，并且在消费者终端）	
Sb	μg/L		10
Se	μg/L		10
Ba	μg/L	100	
Ag	μg/L		10
As	μg/L		50

重金属	单位	指导值	最高允许浓度
Cd	μg/L		5
Cr	μg/L		50
Hg	μg/L		1
Ni	μg/L		50
Pb	μg/L		50（活水中）

表 5-5 《98/83/EC 指令》对饮用水中重金属的含量要求

重金属	最高允许浓度（μg/L）
Cu	2000
Sb	5
As	10
Cd	5
Cr	50
Hg	1
Ni	50
Pb	10

（2）排放标准

①《关于某些危险物排入水体的指令》（76/464/EEC）

该指令对排入内陆、海岸和领海的 132 种具有毒性、持久性和生物蓄积性的有害物质（List I，包括 Hg 和 Cd 两种重金属），以及其他污染物（List II，包括 16 种重金属 Zn、Se、Sn、V、Cu、As、Ba、Co、Ni、Sb、Be、Tl、Cr、Mo、Pb、Ag）进行了规制。

②《关于保护地下水免受特殊危险物质污染的指令》（80/68/EEC）

该指令禁止具有毒性、持久性和生物蓄积性有害物质（List I，包括重金属 Hg 和 Cd）的直接排放，但经调查和授权后可通过规定的方式间接排放；List II 中规定的可能对地下水有害的 16 种重金属必须经调查和授权后方可排放。

③《关于城镇污水厂废水处理的 91/271/EEC 指令》

该指令（经 98/15/EC 修订）对城市污水和某些工业部门可生物降解废水的收集、处理、排放进行规定。该指令规定各成员国必须保证污水在排放前已经过收集、处理并达到特定的排放标准，成员国必须在 2000 年和 2005 年底前为居住人口当量分别在 15 000 和 20 000 以上的城市设置污水收集处理系统。

（3）《关于地表水质量监测方法的 79/869/EEC 指令》

《关于地表水质量监测方法的指令》（79/869/EEC，后经 81/855/EEC 修订）对监测和分析方法、采样、采样频率等进行了规制；针对自然灾害和反常气候条件等情况也作了特殊规定；许多监测及分析方法采用 ISO（国际标准化组织）和 CEN（欧洲标准化委员会）标准。

5.2.2.2　欧盟水环境标准指令的实施

重金属污染防控水环境标准相关指令只规定了欧盟要达到的重金属污染防控水环境目标，并未给出具体的实施方案，各成员国可自由选择相关的环保措施。

（1）转化方式

环境指令只有确保转化内容对第三方适用时，才在法律形式上被正确转化。由于直接的内部命令和行政命令针对第三方缺乏充分的法律效力，因此都不是转化指令的正确形式。

（2）转化内容

欧盟环境指令并不要求各成员国全盘照抄，但要求各成员国的相关法律必须能确保实现欧盟指令所规定的环境目标，这是检验成员国是否履行指令义务的标准。

（3）转化期限

成员国转化污染防控水环境标准指令的期限一般是 5 年，5 年内成员国必须将指令的内容转化为国内相关法律。如某成员国未在规定的期限内将指令转化为国内法律，欧盟委员会要求该成员国说明理由，如该陈述理由被否决，欧盟委员会在必要时会向欧盟法院提起诉讼并建议罚金数额，最后由欧盟法院作出判决。

5.2.3　欧盟水环境重金属污染防治管理的特点

（1）实施以《水框架指令》为核心的区域一体化管理

欧盟水环境污染防治以《水框架指令》为核心，确保欧盟水环境污染防治目标和原则的统一。《水框架指令》对原欧盟法律进行了梳理，包括简化、废除和取代等，形成了一体化水资源污染防治管理的最高法律。《水框架指令》涵盖了水资源利用、水资源保护和栖息地保护等内容，其中水资源利用包括饮用水、地下水等相关规定，水资源保护包括含城市污水处理、重大事故处理、环境影响评价、污染防治等相关规定。这些内容几乎涵盖水资源污染防治的全部领域。

（2）遵循共同基本原则的基础上实施多样化的水污染治理方式欧洲委员会不

强制成员国必须采用某种做法，而是要求成员国在不违背《水框架指令》基本原则的基础上，根据本国的实际情况（包括地理环境、水文条件及经济社会发展水平）制定管理及治理方案，实现共同管理目标。

（3）欧盟在水污染防治方面具备突出的权威性

在水环境污染防治方面，欧盟的权力高于一切成员国，它制定的法律对其成员国均具有约束力，主要表现在直接适应效力、优先于成员国国内法的效力以及从属原则等方面。直接适应效力，即各成员国需根据指令的目标和要求在指定期限内转化为国内法，指令的责任对象是成员国，打破了一般国际法在成员国内适用的做法。优先于成员国国内法的效力是指各成员国公布的国内法，无论是在欧盟法公布之前还是公布之后颁布的，只要与欧盟法发生冲突，则视为失效或无效。从属原则是指只有在统一采取行动比各成员国单独行动更为有效的情况下，欧盟才有必要采取行动。

（4）重视公众参与

《水框架指令》对于水环境污染防治（包括重金属）的公众参与作了明确规定：必须及时向公众提供信息，让公民参与到水环境保护的相关工作中。公众参与具有非常积极的意义，可在提高公众环保意识的同时利用参与者的知识和经验完善决策、化解社会矛盾并减少执法过程中的阻力。

5.3 欧盟大气重金属污染管理体系

5.3.1 欧盟大气环境污染防控法律法规

从20世纪70年代起，大气污染防治领域就成为欧盟最活跃的立法领域之一，欧盟大气污染防治法的内容主要包括三个部分：空气质量法、大气污染物质排放治理法以及与交通相关的空气污染治理法。

欧盟关于空气质量目标及监控的法律法规主要有：《环境空气质量评估和管理指令》（空气质量框架指令，1996）、《关于在成员国内建立环境空气污染监测网和站点相互交流污染信息和数据的决定》（1997）、《关于环境空气中二氧化硫、二氧化氮、氮氧化物、微粒物和铅含量限值的指令》（第一子指令，1999）、《关于环境空气中砷、镉、汞、镍和多环芳烃含量限值的指令》（第四子指令，2004）、《欧洲环境空气质量和更加清洁空气指令》（2008）等。这些法律法规都直接或间接地对大气重金属含量进行了规制。

欧盟大气污染物固定污染源排放控制相关立法主要有:《欧盟关于限制大型火力发电厂排放特定空气污染物质的指令》(1994，2001 修订)、《关于从汽油仓库和从终端到汽油站运送过程中导致的挥发性有机化合物控制指令》(1994)、《关于限制在特定活动和设施中使用有机溶剂导致的挥发性有机化合物排放的指令》(1999)、《关于降低在特定液体燃料中硫含量的指令》(1999)、《废物焚化指令》(2000)、《关于国家特定空气污染物质排放最高值的指令》(2001)、《综合污染预防和控制指令》(2008)等。其中《欧盟关于限制大型火力发电厂排放特定空气污染物质的指令》(1994，2001 修订)、《废物焚化指令》(2000)、《关于国家特定空气污染物质排放最高值的指令》(2001)、《综合污染预防和控制指令》(2008)体现了大气重金属污染防控的相关内容。

对于移动大气污染源的控制主要是对汽车和船舶油品进行相应的规制(采用无铅汽油)，同时通过对颗粒排放的控制间接防治重金属污染。主要立法有:《关于汽柴油质量的指令》(1998)、《关于修订 1998 年汽柴油质量的指令》(2003)等。

表 5-6 欧盟大气重金属污染防控相关法律法规

年份	法律法规
1994	欧盟关于限制大型火力发电厂排放特定空气污染物质的指令，2001 修订
1996	环境空气质量评估和管理指令
1998	关于汽柴油质量的指令
1997	关于在成员国内建立环境空气污染监测网和站点相互交流污染信息和数据的决定
1999	关于环境空气中二氧化硫、二氧化氮、氮氧化物、微粒物和铅含量限值的指令
1999	关于限制在特定活动和设施中使用有机溶剂导致的挥发性有机化合物排放的指令
2000	废物焚化指令
2001	关于国家特定空气污染物质排放最高值的指令
2003	关于修订 1998 年汽柴油质量的指令
2004	关于环境空气中砷、镉、汞、镍和多环芳烃含量限值的指令
2008	综合污染预防和控制指令
2008	欧洲环境空气质量和更加清洁空气指令

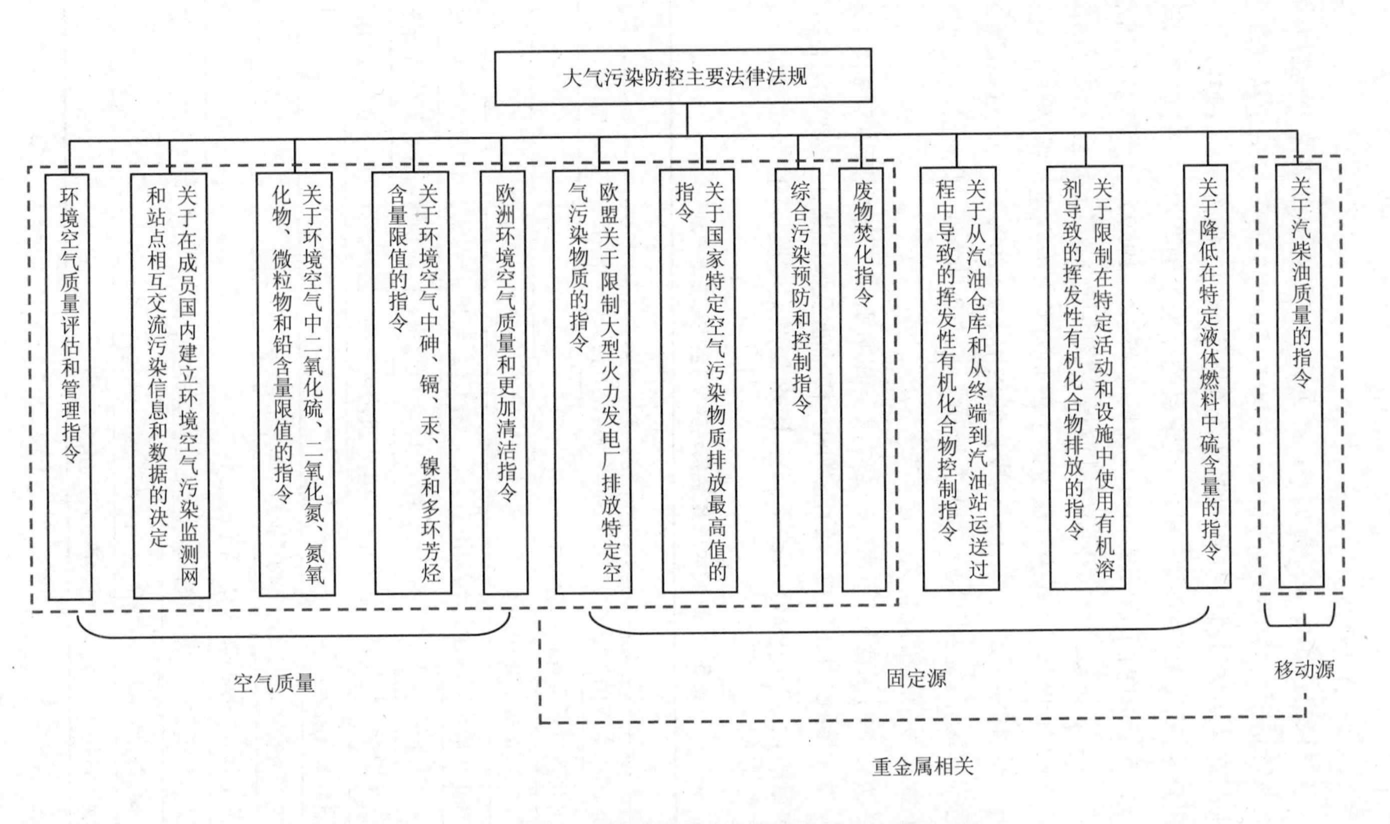

图5-4 大气污染防控主要法律法规体系

5.3.2 欧盟大气环境污染防控法律法规对重金属的管理

欧盟大气环境污染防控标准体系中对众多污染物进行了规制，包括常见的重金属污染物，因此大气环境污染防控法律法规对重金属的管理也主要体现在标准体系的相关规定中。

5.3.2.1 欧盟大气环境标准体系

（1）环境空气质量标准

①《关于环境空气质量评价与管理指令》（96/62/EC）

《关于环境空气质量评价与管理指令》（96/62/EC）又被称为《空气质量框架指令》，旨在运用统一的方法和标准评价空气质量，向公众提供空气质量信息，保护空气并改善空气质量。该指令规定了大气污染物目录，包括重金属污染物 Cd、As、Ni 和 Hg。

②《关于 SO_2、NO_2、NO_x、颗粒物和 Pb 在环境空气中的限值指令》（1999/30/EC）

该指令规定了 5 种污染物，包括重金属铅的年均限值。

表 5-7　欧盟重金属大气环境质量标准

重金属	浓度	平均时间间隔	法律特征	每年允许超过次数
Pb	0.5 μg/m³	1 年	限值在 2005 年 1 月 1 日生效（在临近 2010 年 1 月 1 日通知的工业污染源，从 2005 年 1 月 1 日至 2009 年 12 月 31 日执行 1.0μg 的限值）	n/a
As	6 ng/m³	1 年	目标值于 2012 年 12 月 31 日开始生效	n/a
Cd	5 ng/m³	1 年	目标值于 2012 年 12 月 31 日开始生效	n/a
Ni	20 ng/m³	1 年	目标值于 2012 年 12 月 31 日开始生效	n/a

（2）大气污染物排放标准

①固定源大气污染物排放标准

固定源大气污染物的排放标准主要采用《关于废物焚烧的指令》（75/439/EEC）。该指令规定了水泥窑废物焚烧总尘、HCl、HF、现源和新源 NO_x、Cd、Tl 及其化合物、Hg、Sb、As、Pb、Cr、Co、Cu、Mn、Ni、V、二氧（杂）

苎、呋喃、SO_2、TOC、CO 等污染物的排放限值，同时也规定了固体、植被和液体燃料分别在不同情况下焚烧时所产生的 Cd、铊及其化合物、Hg、Sb、As、Pb、Cr、Co、Cu、Mn、Ni、V 的排放限值。

②移动源大气污染物排放标准

《关于汽油和柴油质量的指令》（93/12/ EEC）对燃油中的重金属铅进行了规制。该指令经 98/ 70/ EC 修订，要求从 2002 年 1 月 1 日开始，成员国销售的所有汽油均为无铅汽油。

5.3.2.2 欧盟大气环境标准指令的实施

大气环境标准体系只针对整个欧盟、某个成员国或某类污染源的大气环境目标或污染物排放要求而设定，并没有给出要达到要求需采取的措施或手段，成员国可自由选用各种环保措施。

环境标准的实施分为转化阶段和执行阶段。转化阶段指成员国在标准指令规定的期限内将标准指令转化为本国环境立法或参照标准指令执行，如与国内立法发生矛盾时，成员国需修改立法以确保实现标准指令规定的污染物防控目标；如果成员国在期限内仍未将相关环境指令转化为国内环境立法，欧盟将直接在成员国内强制执行该指令。执行阶段指在转化阶段结束后，成员国必须确保真正达到环境指令规定的污染物防控目标。如果成员国未能按规定实施指令的转化及执行，成员国公民或其他成员国可向欧盟委员会或欧洲议会提起诉讼，成员国或欧盟委员会也可向欧盟法院提起诉讼。起诉方可建议罚金数额，由欧盟法院判决。

5.3.3 欧盟大气环境重金属污染防治管理的特点

（1）实施成员国之间的区域协同防控模式

欧盟成员国多，许多成员国面积较小，由于大气污染的扩散性，单靠一个城市或一个成员国采取措施达不到好的效果。为促进成员国之间的合作，欧盟建立了《成员国内环境监测网络和站点之间空气污染测量信息和数据交换指令》，使成员国能够及时获得空气质量和污染物的相关信息，实施大气污染协同防控。欧盟对大气污染物的控制已取得了良好的成效，得益于欧盟一直以来实行的协同控制模式。

（2）实施较为有效的许可证制度

欧盟要求具有高污染排放潜能的工业或农业设施（新建和已建）在运行之前必须得到许可证。欧盟许可证制度建立在四项原则之上。原则一：实施环境污染综合管理，即对企业环境行为全盘考虑后决定许可证是否发放；原则二：欧盟委员会定期发布最佳可行技术参考文件，并基于最佳可行技术的应用确定企业的排放限值；原则三：可适当变化审批参考因素，即审批机构在许可证审批过程中应综合考虑企业设施的技术特征、地理位置以及当地环境条件；原则四：鼓励公众参与审批，要求公开许可证申请情况、内容、监测结果等。

许可证的获取由企业提出申请，相关机构负责审批。许可证要注明各污染物的排放限值，或达到排放限值的类似参数或污染防治技术措施。许可证还要注明企业必须要采取的一般性污染防控措施、长距离或跨界污染的防控措施、污染排放的监测措施、非正常运行情况下的污染防控措施等。欧盟建立的许可证制度，为欧盟各成员国许可证管理提供了基本框架，确保各成员国有效实施该制度并涵盖了欧盟范围内约 52 000 项工业设施的管理。

（3）实施较全面的环境控制重金属质量标准

针对大气环境重金属污染防治，欧盟在环境空气质量标准中规定了铅、砷、镉、镍等重金属的浓度限值。这是迄今为止，对空气质量中重金属种类规定最为齐全的地区（或国家）。

（4）注重统一的空气环境质量监测、评估与预警应急

欧盟把区域作为一个整体设置空气环境质量监测点位、在线监测以及上报监测结果等；欧洲共有 7 500 多个大气质量监测点，其中约 2 000 个可实时上传数据。在扣除自然原因贡献值的前提下，以区域和城市群为单位评价空气质量，不考虑功能区的划分，以单项污染物评价为主，以污染最严重的点位代表该区域或城市群的空气质量状况，以极限值为依据评价污染物对人体健康的影响。

欧盟多采用气象预报和基于污染物形成与扩散的计算机模型对空气质量进行预报。污染物的浓度超过预警阈值时，必须向公众发布预报预警信息，并采取短期应急行动计划，例如对机动车、建筑工地、船运、工业生产及家庭供暖等产生大气污染的环节进行控制。

（5）注重大气污染信息公开与公众参与

欧盟在《建立更加清洁空气的指令》中专门规定了空气质量及污染信息公开、报告制度。各种环境空气信息包括环境空气质量信息、免除义务信息、延期遵守信息等，均通过互联网等形式的多种媒体免费获得；各种执行报告包括所有污染物的年度控制报告，报告内容包括超出限值、目标值、长期目标、信息阈值和警告阈值的水平等。许可证制度中遵循的原则四就是鼓励公众参与审批，要求公开

许可证申请情况、内容、监测结果等。

5.4 欧盟土壤重金属管理体系

5.4.1 欧盟土壤污染防控法律法规

欧盟从区域协同规划和控制的角度出发，颁布了一系列法律，防治土壤污染。1972年，欧盟颁布了《欧洲土壤宪章》；2004年，欧盟又制定了《土壤保护战略》；其后，为了对约350万处污染场地进行摸底和修复，2006年欧盟委员会通过了《土壤框架指令》草案，要求各成员国防治土壤污染，制定土壤修复目标值和污染场地名录确定需要修复的场地，并要求各成员国就相关领域的知识和经验进行交流。

表5-8 欧盟土壤污染防治相关法律法规

年份	法律法规
1972	欧洲土地宪章
2006	欧盟土地保护框架指令计划
2004	欧盟环境民事责任指令

5.4.1.1 《欧洲土地宪章》

1972年，《欧洲土地宪章》经部长委员会第221次部长代表会议（72）19号决议通过。该宪章规定：

- 土地是人类最珍贵的财富，它为植物、动物和人类提供了生存环境。
- 土壤资源是有限的，遭到破坏后难以在短期内恢复。
- 在工业社会中，土地具有不同的用途，可用于农业、工业以及其他领域，因此任何土壤修复政策和工程设计必须考虑土地的属性、当前及未来的用途。
- 农民和护林人应采取一定的措施保护土壤质量。
- 应对土地加以保护，防止水土流失。
- 应对土地加以保护，以免其受污染。
- 任何城市的新建，必须将其对周边地区产生的不利影响降到最低。

- 任何民用工程的设计和规划，必须考虑其对周边土地的影响，并事先采取相应措施。
- 必须摸清土地资源的状态。
- 通过努力提高科学研究水平与跨学科合作开展对土地的保护和合理使用。
- 保护土地必须针对不同的目标值开展设计，并不断增加公共信息。

各成员国政府和行政部门应合理规划和管理土地资源。2003 年，欧盟对 1972 年《欧洲土地宪章》作了修订，将许多新理念引入了《欧洲土地宪章》：

- 重新将土地定义为地壳的表面层，陆地生态系统的一部分。
- 成员国和欧盟规划中应采取措施预防可预见的土地破坏和损害，以保护当代和后人的利益。首先，针对各地的不同情况，对所有类型的土地开展可持续利用，保持土地成分和功能的多样性，保持土地形成和破坏过程之间的平衡；其次，可持续地保护土地上现有生物的多样性；再次，根据各地的不同情况，采用适当的方法保障土地的可持续肥力；最后，土地的一体化管理应与经济、环境和领土整治政策相协调，国家及地方行政机构应介入土地管理。
- 确立了土地保护的基本原则。首先，土地是一种共同遗产，保护土地是在保护民众的普遍利益。其次，各成员国必须将土地保护政策与可持续发展政策结合起来。土地保护必须与农业、林业、矿业、工业、旅游业、交通、城市化、领土整治政策相结合。再次，土地必须作为一项不可再生的有限自然资源。土地的使用应考虑生态功能的多样性。最后，在土地生态功能遭到严重损害及其对未来的影响存在不确定性的情况下，适用风险预防原则，并采取紧急措施。

5.4.1.2　《欧盟土地保护框架指令计划》

2006 年，欧盟委员会提出《土地保护框架指令计划》建议书。该计划旨在从欧盟层面上应对土地破坏和退化问题。这项框架指令通常被称为《土地指令》，其法律文本是迄今为止欧盟定义的第一份土地保护框架法律。该指令提出了欧盟土地保护的共同目标，给予各成员国极大的灵活性，可以通过不同的方式达到区域土地保护目标。

5.4.1.3　《欧盟环境民事责任指令》

2004 年，《关于环境民事责任指令》（2004/35/CE）的修订主要集中在环境污染预防和修复方面，例如无主被污染场地不适用污染者付费原则，应由行政当局负责修复。但是该指令未对环境风险做出规定，仅在污染对人类健康造成严重威胁的情况下进行补救和修复，历史性污染（如战争后遗症之类的情况）排除在范围之外。

5.4.2 欧盟土壤污染防控法律法规对重金属的管理

对于土壤重金属的污染防治，欧盟主要通过土壤污染防控筛选值（SVs）来进行管理。由于各国在土壤污染治理及污染防控管理措施、技术等方面均存在较大差别，因此国与国之间的 SVs 也不尽相同。目前欧盟没有统一的土壤筛选值，其中奥地利、比利时、捷克、丹麦、芬兰、法国、德国、意大利、立陶宛、波兰、斯洛伐克、西班牙、瑞典、荷兰等国的土壤 SVs 值比较有代表性。

5.4.2.1 欧盟土壤污染物筛选值概况

（1）大多数国家的 SVs 是基于暴露模型的应用和风险特征，如比利时、德国、丹麦、芬兰、西班牙、荷兰、意大利、英国。一些新的欧盟成员国，当前的 SVs 是参考其他国家采用的 SVs 值（如澳大利亚、捷克共和国、斯洛伐克、波兰、立陶宛）。

（2）一些国家采用的方法通常参考欧盟委员会的风险评估技术指南、荷兰国家公共健康与环境研究院（RIVM）开发的技术步骤、美国采用的方法（如 US-EPA，1996 和 1998；ASTM①，1998）、前苏联的技术流程和筛选值（中欧和东欧国家）等。有些国家则开发了自己的方法（如比利时）。关于生态风险评估，则借鉴加拿大的相关指南（CCME②，1999）。

（3）土壤 SVs 的推导过程及结果并非一成不变。事实上大多数欧盟国家（捷克斯洛伐克、西班牙、芬兰、波兰、意大利、瑞典、荷兰）已着手对 SVs 实施修订，另外一些国家（如英国）则在着手修订生态风险值。

（4）欧盟各个成员国发布的土壤 SVs 值数目有较大差异。英国、澳大利亚、德国等国家的筛选值少于 20 个；捷克斯洛伐克、芬兰、波兰、西班牙、瑞典等国的土壤 SVs 值在 40 个和 60 个之间；荷兰、斯洛伐克、丹麦、立陶宛的土壤筛选值在 60 个和 80 个之间；意大利则提供了超过 234 个土壤筛选值。

（5）土壤 SVs 关注的核心物质包括重金属及其化合物，例如：As、Cd、Cr、

---

① ASTM：美国材料与试验协会（American Society for Testing and Materials）

② CCME：加拿大环境部长理事会（Canadian Council of Ministers of the Environment）

Cu、Hg、Pb、Ni、Zn。

（6）欧盟土壤 SVs 的制订和执行也存在着一些缺陷。在斯洛伐克、立陶宛等国，与 SVs 相关的法律缺乏科学支撑，在波兰，SVs 获取的过程也缺乏透明性和相关文件记录；与 SVs 相关的部门（环境、健康、农业、经济部等）权力划分不清（如斯洛伐克、立陶宛）；生态土壤 SVs 的应用受到保守主义者的阻扰（如西班牙、瑞典、芬兰）；毒理学、生态毒理学和暴露数据的基础应该在欧盟层面上改进和管理（如英国、西班牙、芬兰）；迁移和暴露模型应该合法化（如英国、芬兰）；没有考虑生态适应性和生物降解（如芬兰）；土壤和地下水 SVs 应该要统一考虑，同时应该包括土壤-地下水的渗透途径（如芬兰、斯洛伐克）。

5.4.2.2 欧盟土壤污染物筛选值的类型

欧盟 SVs 的用途可分为三类：促成进一步调查；尽快开展修复；给出长期或短期的修复目标。欧盟各国管理模式的不同，导致了占主导地位的 SVs 类型有所不同，例如筛选值、指导值、目标和介入值、最大可接受浓度、临界值、触发值、环境质量目标。

欧盟 SVs 的类型与不同的风险级别相关，主要包括：广泛意义上可忽略的风险级别、中间（警告）风险级别、不可接受的潜在风险级别。由于可忽略的风险级别通常与土地利用类型无关，因此相关的风险级别又可分为：可忽略的风险级别、警告风险级别（居住用地）、不可接受的潜在风险级别（居住用地）、不可接受的潜在风险级别（工业用地）。

5.4.2.3 欧盟土壤重金属污染物筛选值

由于欧盟 SVs 的类型由风险级别决定，因此不同风险级别的筛选值有所不同。

（1）可忽略风险级别的筛选值

表 5-9 可忽略风险级别的筛选值对重金属及其化合物的限值

单位：mg/kg（干物质）

重金属	比利时瓦隆区	捷克共和国	荷兰	斯洛伐克
As	12	30	29	29
Ba		600	160	500
Be		5	0.04	3
Cd	0.2	0.5	0.80	0.8
Co		25	0.38	20
Cr	34	130	100	130

重金属	比利时瓦隆区	捷克共和国	荷兰	斯洛伐克
Cr（VI）	2.5			
Cu	14	70	36	36
Hg	0.05	0.4	0.3	0.3
Pb	25	80	85	85
Mo		0.8	0.13	1
Ni	24	60	35	35
Sb			0.13	
V		180	42	120
Zn	67	150	140	140

（2）警告风险级别的筛选值

表 5-10 警告风险级别（居住用地）的筛选值对重金属及其化合物的限值

单位：mg/kg（干物质）

重金属	奥地利	比利时	比利时瓦隆区	捷克共和国	芬兰	德国	斯洛伐克	丹麦	瑞典
As	20	110	40	65	5	50	30	20	15
Be				15			20		
Cd	2	6	3	10	1	20	5	0.5	1
Co				180	20		50		200
Cr	50		125	450	100	400	250	500	250
Cr（VI）			4.2					20	15
Cu	100	400	110	500	100		100	500	
Hg	2	15	9	2.5	0.5	20	2	1	5
Pb	100	700	195	250	60	400	150	40	300
Mo				50			40	5	
Ni	70	470	150	180	50	140	100	30	150
Sb	2			25	2				
Se							5		
Tl	2							1	
V				340	100		200		200
Zn		1000	230	1500	200		500	500	700

（3）不可接受的潜在风险级别（居住用地）的筛选值

表 5-11　不可接受的潜在风险级别（居住用地）的筛选值对重金属及其化合物的限值

单位：mg/kg（干物质）

重金属	奥地利	比利时（弗兰德）	比利时（布鲁塞尔）	比利时（瓦隆区）	捷克共和国	芬兰	意大利	立陶宛	荷兰	波兰	斯洛伐克	英国	丹麦
As	50	110	110	300	70	50	20	10	55	22.5	50	20	20
Ba					1000			600	625	285	2000		
Be					20		2	10	30		30		
Cd	10	6	6	30	20	10	2	3	12	5.5	20	2	5
Co					300	100	20	30	240	45	300		
Cr	250		300	520	500	200	150	100	380	170	800	130	1 000
Cu	600	400	400	290	600	150	120	100	190	100	500		1 000
Hg	10	15	15	56	10	2	1	1.5	10	4	10	8	3
Pb	500	700	700	700	300	200	100	100	530	150	600	450	400
Mo					100			5	200	25	200		
Ni	140	470	470	300	250	100	120	75	210	75	500		30
Sb	5				40	10	10	10	15				
Se							3	5	100		20	35	
Sn					300		1	10	900	40	300		
Te									600				
Tl	10						1		15				
V					450	150	90	150	250		500		
Zn		1 000	1 000	710	2 500	250	150	300	720	325	3 000		1 000

（4）不可接受的潜在风险级别（工业用地）的筛选值

表 5-12　不可接受的潜在风险级别（工业用地）的筛选值对重金属及其化合物的限值

单位：mg/kg（干物质）

重金属	比利时（弗兰德）	比利时（布鲁塞尔）	比利时（瓦隆区）	芬兰	意大利	波兰	英国
As	300	300	300	100	50	62.5	500
Ba						1650	
Be					10		

重金属	比利时（弗兰德）	比利时（布鲁塞尔）	比利时（瓦隆区）	芬兰	意大利	波兰	英国
Cd	30	30	50	20	15	13	1400
Co				250	250	175	
Cr		800	700	300	800	475	5000
Cu	800	800	500	200	600	600	
Hg	30	30	84	5	5	27	480
Pb	2500	2500	1360	750	1000	600	750
Mo						115	
Ni	700	700	500	150	500	285	
Sb				50	30		
Se					15		8000
Sn					10	170	
Tl					350		
V				250	250		
Zn	3000	3000	1300	400	1500	1650	

5.4.3 欧盟土壤重金属污染防治管理的特点

（1）注重土壤环境质量调查

欧盟国家十分重视对土壤污染进行全国性的调查，将土壤污染调查制度化，规定对土地资源的调查是必需的，这些相关制度主要体现在《欧洲土地宪章》中。

（2）遵循风险预防原则

《欧洲土地宪章》规定当土地生态功能遭到严重损害时、对未来破坏性存在科学不确定性的情况下，适用风险预防原则，把谨慎置于第一位，并采取紧急措施。由于土地污染存在累积性的特点，难以追溯污染事件的污染者，一旦污染被发现往往已经是非常重大的环境事故，可能涉及众多受害者，政府有责任在这种情况下采取应急措施。

（3）场地修复责任明确

《欧盟环境民事责任指令》规定，在污染场地修复方面，在土地无主的情况下，由行政当局负责对场地进行修复。某些国家如法国采用的是“共同连带责任”加“使用者第一责任”原则，使用者优先、土地所有者和行政主管机构负连带责任。

（4）欧盟成员国根据风险级别制定各不相同的筛选值

欧盟主要通过土壤污染防控筛选值对污染土壤进行管理。根据不同风险分为可忽略风险级别的筛选值、警告风险级别的筛选值、不可接受风险级别的筛选值等。目前欧盟没有统一的土壤筛选值，各成员国筛选值制定的方法、限值等差异性也很大。

5.5　欧盟固体废弃物重金属管理体系

5.5.1　欧盟固体废弃物污染防治法律法规

为实现固体废弃物的循环处置可持续发展，欧盟委员会在建立起一套固体废弃物循环利用相关标准的同时，要求成员国在该标准的基础上制定各自的废弃物污染防治规划，共同组成了欧盟固体废弃物法律体系，主要包括《废弃物框架指令》《废弃物装运规定》《危险废弃物规定》《废弃物指令》《关于废弃物管理的框架指令》（2006/12/EC）等。

5.5.1.1　《废弃物指令》

1975 年，欧盟通过《废弃物指令》。该指令规定各成员国采取适当措施，促进固体废弃物的预防、再生和加工，并保证固体废弃物处理不会影响到环境和人体健康。2006 年，欧盟出台了《废弃物管理的框架指令》（2006/12/EC），该指令没有对废弃物的产生量进行规制，它允许成员国在该指令的约束下，根据本国具体情况通过不同的形式和方法确保框架指令的落实，激发各成员国的主动性，以便在全局战略中发挥各自的作用。指令还设定了废弃物管理的基本概念和定义，如废弃物、再循环、再生等；解释了如何分辨废弃物和副产品；设定了一些基本的废弃物管理原则：要求在不危害人体健康和环境的情况下，特别是对水、空气、土壤、植物或动物不造成严重危害以及不对农村和名胜古迹造成不利影响的情况下开展固体废弃物管理工作。指令还介绍了“污染者付费原则”和“生产者延伸责任”，包括关于重金属的危险废弃物规定，以及两个新的 2020 年前需要达到的再循环和恢复使用目标：50%来自家庭和其他类似家庭来源的特定废弃物的再利用和再循环以及其他建筑和工地废渣料废物的循环和再利用。

指令要求，各成员国采用废弃物管理计划和废弃物预防计划。因此，遵循指令的各项要求，成员国的固体废弃物立法和政策大多根据如下金字塔模式来规定废弃物处理的优先顺序。

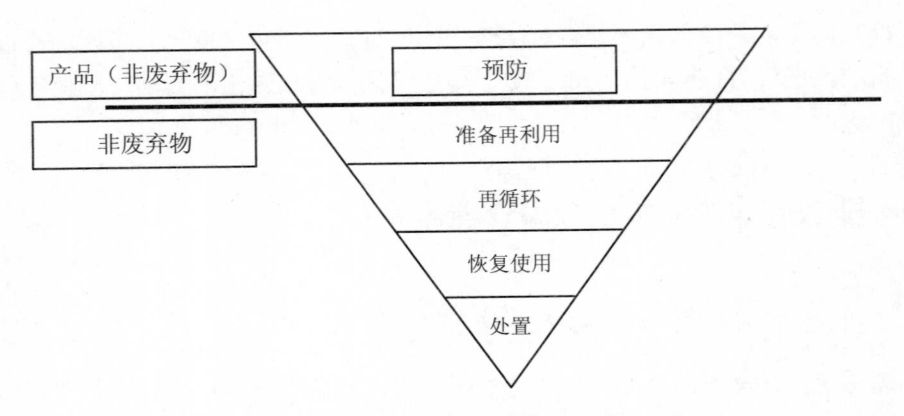

图 5-5 欧盟固体废弃物相关立法优先顺序金字塔

5.5.1.2 废弃物运输规定

欧盟固体废弃物运输立法主要包括：《委员会法规（EC 669/2008）》《委员会法规修订（EC1379/2007）》《委员会法规（EC1013/2006）》《委员会法规（EC）308/2009 号》《委员会法规（EC）664/2011 号》《委员会法规（EC）135/2012 号》等。这些立法大多没有特别针对重金属污染防治做出规定，但在执行的同时对重金属污染防治工作起到了重要作用。

5.5.1.3 危险废弃物

危险废弃物给环境和人类健康带来更大的风险，因此需要制定更为严格的监管制度。《2008/98/EC 指令》第 17 条至第 20 条对危险废物进行了特别规定，该指令对危险废物从产生到最终处置（回收、储存、监测和监控等）均进行了规制，提出了比其他废物处理设施更加严格的安装许可证豁免制度。

5.5.1.4 电子废弃物

与电子废弃物污染防治相关的立法是欧盟防治重金属污染的重要组成部分。从 1990 年开始，欧盟各国如德国、荷兰、瑞典、瑞士、意大利、葡萄牙等先后颁布实施了电子废弃物管理法。1997 年，欧盟颁布了《第一草案》对所有电子电气废弃物进行规制；1998 年，欧盟颁布《废旧电子电气回收法》；1999 年，提出《关于修改废旧电子电气的法律草案》；2003 年，批准《欧盟电子废弃物管理法令》。欧盟电子废弃物重金属污染防治法律制度主要体现在三个指令中：《废弃电子电气设备指令》《在电子电气设备中限制使用某些有害物质指令》《用能产品生态设计框架指令》。2004 年，欧盟颁布《电子垃圾处理法》，要求生产商、进口商和经销商在一定期限内，必须实现回收、处理进入欧盟市场的废弃电器和电子产品，并规定在一定期限后投放欧盟市场的电器和电子产品不得含有铅、汞、镉等 6 种有害物质。

（1）《废弃电子电气设备指令》

《废弃电子电气设备指令》（简称 WEEE 指令）于 2003 年公布，2005 年实施。该指令规定，自 2005 年起，欧盟市场的电子电气设备生产商必须负担废旧产品回收费用并受到法律的约束；各成员国有义务制定本国的电子电气产品回收计划，并建立相应的回收设施。该指令还规定各成员国应确保生产者或第三方建设相应的处理系统，经成员国行政审批许可后采用最佳技术对电子废弃物进行处理，该行为必须符合各成员国制定的具体处理标准，接受有关部门的检查监督。

《废弃电子电气设备指令》通过对电子电气产品整个生命周期中所涉及的生产者、销售者和消费者等主体在电子废弃物的回收、处理、再生利用、处置等方面行为的规范，提高电子废弃物的回收率和再循环率及再生利用率，减少电子废弃物的最终处置量，达到保护环境的目的。

（2）《在电子电气设备中限制使用某些有害物质指令》

《在电子电气设备中限制使用某些有害物质指令》（简称 ROHs 指令）。该指令要求 2006 年 7 月 1 日后投放欧盟市场的电子电气产品（除法律规定的豁免情况之外）均不得含有铅、汞、镉、六价铬、多溴联苯（PBB）和多溴二苯醚（PBDE）等六种有害物质。

（3）《用能产品生态设计框架指令》

2005 年，欧盟通过《用能产品生态设计框架指令》（简称 EUPs 指令）。用能产品是指依赖于能源（电能、矿物燃料以及可再生能源）以及用于产生、传递和测量能源的产品，包括终端用户可以直接在市场上购买对环境产生影响的零部件。该指令适用于使用各种能源（包括使电力、固体、液体和气体燃料）的用能产品。

通过上述指令可以看出，欧盟电子废弃物环境防治法律制度以预防和治理为主。预防制度体现在两个层面：一是减少电子废弃物的产生量，主要通过 EUPs 指令进行管理；二是减少电子废弃物对环境的危害性，主要通过 ROHs 指令进行管理。治理制度则包括电子废弃物的分类回收、处理以及无害化处置等内容，主要通过 WEEE 指令进行管理。

5.5.2 欧盟固体废弃物污染防治法律法规对重金属的管理

对固体废弃物中重金属的管理工作主要是在相关标准的规制下开展。这些标准分为两大类：一类是固体废弃物处理操作标准；另一类是固体废弃物中重金属的含量标准，体现在 9 个领域（图 5-6）。

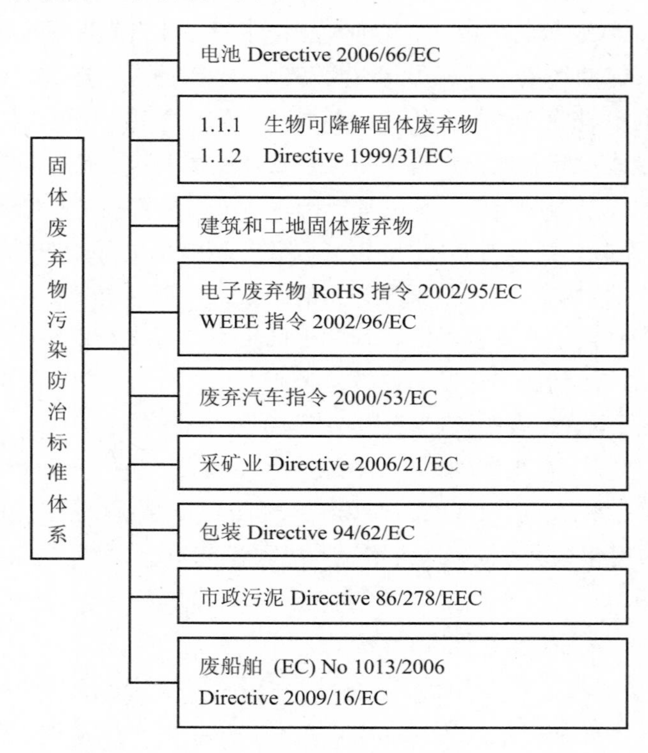

图 5-6 固体废弃物污染防治标准体系

（1）电池

《2006/66/EC 指令》对电池、蓄电池和废弃电池进行了相关规定。该指令禁止市场上配售的电池和蓄电池含汞或镉的量超过固定的阈值。此外，它推进了与电池及蓄电池生命周期相关的环境性能的改善。其目的是减少有害物质的量，特别是汞、镉和铅在环境中的倾倒量。要从根本上解决这些物质在环境中的倾倒，必须减少生产电池及蓄电池时的使用量。

不论电池和蓄电池是否安装在相关设备上，含汞量不得超过 0.000 5%（重量）

（扣式电池汞含量须小于2%（重量））；便携式电池和蓄电池，包括安装在电器上的电池和蓄电池，按重量计含镉量不得超过0.002%（除用于紧急和报警系统的医疗设备、无绳电动工具等）。

不符合《2006/66/EC指令》要求的电池或蓄电池在2008年9月26日以后不得投放到市场。为了确保废弃电池和蓄电池高比例的回收利用，成员国必须采取一切措施（包括经济手段）最大限度地促进和提高垃圾分类收集水平，防止废弃的电池和蓄电池被作为未分类的城市垃圾丢弃，电池收集率在2012年及2016年要分别达到25%和45%以上。

原则上，电池和蓄电池必须能够轻易地、安全地从装置上卸除，因此成员国制造商应根据相应的要求设计设备。成员国还必须确保最晚从2009年9月26日起采用最佳可行技术处理和回收利用电池和蓄电池。作为最低要求，处理方法必须包括去除所有液体和酸。

电池和蓄电池回收生产同类产品或作其他用途的，在2011年9月26日必须达到以下水平：至少65%（平均重量）的铅酸电池和蓄电池，对铅的回收必须采用技术上可行的最高标准；75%（平均重量）的镍镉电池和蓄电池，对铅的回收必须达到技术上可行的最高标准。

如果没有可行的末端市场，或通过详细评估后认定回收并不是最好的解决方案，成员国可以将含镉、汞、铅的电池和蓄电池通过垃圾填埋场或地下储存方式来处理。如处理和回收发生在成员国或欧盟之外，废弃物的运输必须满足欧盟法律的要求。

欧盟对末端使用者的告知内容也进行了标准化的规制，欧盟委员会还要求成员国提交执行指令的报告以及在电池和蓄电池对环境影响方面工作的成效。

（2）生物可降解固体废弃物

生物废料包括可生物降解的花园和公园废弃物、食品和厨房废弃物、餐厅、餐饮业及零售业厨余垃圾、食品加工厂固体废弃物。不包括林业或农业残留物、粪便、污水污泥或其他可生物降解的废物，如天然纺织品、纸或处理过的木材以及食品生产中没有成为废弃物的副产品。生物可降解废弃物可以采用填埋、堆肥和焚烧等方式进行处置。用适当的生物固体废弃物生产品质优良的堆肥和生物气有助于提高土壤质量、资源利用率以及能源自给水平。但是在实践中，各成员国往往倾向于选择看似简便的焚烧或填埋，而不顾实际的环境效益和成本。

《1999/31/EC 指令》对填埋法进行了规制。包括基本定义、适用范围、填埋场分级、填埋场不接受的废弃物、许可证申请、许可证条件、许可证内容、废弃物接收程序、运营阶段的控制和监测、已有填埋场的规定、汇报义务、欧盟委员会的程序、转换、实施等。

对于不同级别填埋场进行的规制包括：选址、渗滤液管理、土壤和水的保护等；对固体废弃物接收标准和程序的规制包括：测试和接收固体废弃物的一般程序、主要固体废弃物接收程序指南、固体废弃物的采样等；对操作过程及后续维护阶段的控制和监测程序的规制包括：天气情况、排放数据（水、渗滤液和气体控制等）、地下水保护（包括采样、监测、触发水平）、场地地形等。

（3）建筑和工地固体废弃物

建筑和工地固体废弃物在所有固体废弃物中占据的比例最大，为 25%～30%，包括混凝土、砖、石膏、木头、玻璃、金属、石棉和挖掘土等，可回收利用的量很大。如果不进行回收和再利用，该类固体废弃物含有的危险废弃物会对环境造成严重影响。含一定量重金属的建筑垃圾便是其中的危险废弃物，需对其进行分类并按危险废弃物的标准进行操作。

（4）电子废弃物

自 2003 年 2 月欧盟立法对电气和电子设备中的有害物质进行规制（RoHS 指令 2002/95/EC），并通过 WEEE 指令（2002/96/EC）促进这些设备的分类收集和回收利用。

表 5-13　ROHs 指令规定的 4 种重金属允许含量

重金属	介质		允许含量
Pb 及其化合物	塑料类/电镀层/涂料/墨水		＜1 000 ppm
	合金类	钢材	＜3 500 ppm
		铝合金	＜4 000 ppm
		铜合金	＜40 000 ppm
		焊锡	＜1 000 ppm
Cd 及其化合物	所有物质		＜100 ppm
Hg 及其化合物	所有物质		＜1 000 ppm
六价铬及其化合物	所有物质		＜1 000 ppm

（5）废弃汽车

欧盟正规管理的社区每年产生的报废车辆在 800 万～900 万 t 之间。1997 年，欧盟委员会通过了一项旨在促进车辆环保拆解和回收的提案，设置了再利用、再循环和车辆及其零部件回收的量化目标，并推动新车辆在生产制造时考虑其可回收性的工作。这项立法正式于 2000 年 9 月经欧洲议会（EP）和欧委会通过，并刊登在同年 10 月 21 日的官方公报上（指令 2000/53/EC-“ELV 指令”）。

指令规定应从车辆的设计阶段开始考虑减少和控制危险物质的使用，以促进回收并减少危险废物的处置量，防止其释放到环境中。应重点禁止铅、汞、镉和六价铬的使用。各成员国应确保 2003 年 7 月之后投放到市场的车辆所用的材料和零部件不含铅、汞、镉和六价铬（除附件 II 规定条件以外）。

（6）采矿业

来源于矿产资源开采及加工的固体废弃物是欧盟产量最大的废弃物种类之一。例如有色金属采矿业，在选矿及提取过程中可能产生含有大量重金属的固体废弃物。此外，由于尾矿通常在水域旁存储，仅通过堤坝进行截留。水坝或矿堆的崩塌可能对环境安全和人类健康造成严重影响。这些影响会带来持久的环境、社会和经济负面影响，通过补救措施解决较为困难且代价昂贵。因此为了确保处置设施的长期稳定，为了减少由于重金属溶出所产生的土壤和水污染，必须合理管理采矿业固体废弃物。

《采矿业固体废物指令》（2006/21/EC）规制了采矿业的相关标准，包括范围、物质、主要要求、废物管理计划、主要事故预防和信息、申请和许可证、公众参与、废物设施分级、无效挖掘、废弃物设施的建设和管理、废弃物设施的关停及关停后程序、预防环境（水、大气和土壤）污染、资金保障、环境责任、跨界影响、报告责任、主管机关检查、惩罚、关闭废弃物设施清单、信息交换等。

（7）包装

经济运营者和成员国接洽委员会对包装类的固体废弃物进行了相关的规制。1992 年，该委员提出包装废弃物的理事会指令提案。经欧洲议会和部长理事会长时间的讨论，通过了《指令 94/62/EC》，它包含包装废弃物的减量、回收和循环再造等规定。2004 年，欧盟对该指令进行了审查，以对标准术语“packaging”提供明确的定义来实现回收和循环利用包装废弃物的目标。2005 年，该指令被再次修订，主要是允许新成员国在目标的完成上有一定的过渡期。

与重金属污染防治有关的标准如下：①含有重金属的包装，应考虑其对环境的影响（特别是焚烧时飞灰排放的影响，填埋时渗滤液的影响，因此须从源头上防止包装添加有毒重金属以确保这些物质不会释放到环境中。②欧委会应在 2005

年 6 月 30 日之前提交关于执行本指令及其对环境影响和内部市场运作进度的报告。该报告应考虑到每个成员国的具体情况，包括在 2010 年前减少并最终杜绝在包装中使用重金属等有毒物质的情况。③重金属从包装中或包装废弃物中泄漏至环境的测定和认定方法。④成员国需确保包装中重金属铅、镉、汞和六价铬的总浓度分别不超过 600 mg/kg、250 mg/kg、100 mg/kg。

（8）市政污泥

《污泥指令》（86/278/EEC）鼓励在农业生产中使用处理过的污泥，同时也规范了使用方法以避免对土壤、植被、动物和人类造成不利影响。处理过的污泥包括经过生物、化学、热处理及其他适当的处理方式后，显著减少对环境及健康危害的污泥。该指令还规制了污泥用于土壤、农业用地的重金属允许浓度，同时对农业用地每年可以增加的重金属进行了总量控制。此外，指令也对土壤采样和分析方法进行了规制，7 种重金属（Cd、Cu、Ni、Zn、Cr、Pb、Hg）均为必须分析的参数。某些成员国针对上述要求，制订了更为严格的标准。

表 5-14 土壤中重金属的浓度限值 单位：mg/kg（土壤 pH 6～7）

参数	限值①
Cd	1～3
Cu②	50～140
Ni②	30～75
Pb	50～300
Zn②	150～300
Hg	1～1.5
Cr③	—

注：①该指令公布之前，污泥用于畜禽食用的经济作物时，重金属可超过限值，但成员国必须通知委员会重金属污染的场地数目和类型，同事确保不对人体健康和环境造成危害。

②pH 超过 7 的土壤中，相关参数可超过限值，但不能超过限值的 50%。同时成员国必须确保超出限值的重金属不对人体健康、环境特别是地下水造成危害。

③该阶段没有设定 Cr 限值。

表 5-15 用于农业污泥中重金属的浓度限值 单位：mg/kg（干物质）

参数	限值
Cd	20～40
Cu	1 000～1 750
Ni	300～400

参数	限值
Pb	750～1 200
Zn	2 500～4 000
Hg	16～25
Cr[③]	—

（9）废船舶

针对船舶循环利用的相关法令为《欧盟拆船法规（EC No. 1013/2006 和 2009/16/EC）》。该指令于 2013 年 12 月 10 日被刊登在官方公报上，并于同年 12 月 30 日生效。

拆船法规作出了一系列和重金属污染控制相关的规制，包括危险材料的控制、危险材料目录、船主的一般要求、船舶循环利用计划、调查、证书的发行和认可、证书的有效期和效力、船舶悬挂第三国国旗的要求、必要的拆船厂、对拆船厂的授权、设在第三国的拆船厂等。镉及其化合物、六价铬及其化合物、铅及其化合物、汞及其化合物被列入了危险材料目录。

5.5.3　欧盟固体废弃物重金属污染防治管理的特点

（1）从源头到末端的全过程的废弃物污染管理制度

欧盟的固体废弃物污染防治管理规划全面、综合地考虑了固体废弃物管理的不同阶段，立足于可持续发展的高度，不仅对生产、消费和回收等环节进行了规制，而且对废弃物的再处理、再利用，以及安全处置等环节都作了明确的规定。首先是尽可能避免废弃物产生及确保其减量化；其次是对产生的废弃物进行最大限度地回收利用；最后才是填埋等处置工作。规制的对象也较为全面，不仅包括包装、家电、汽车、建筑垃圾以及其他传统废弃物，还涵盖了食品、污泥、木材以及各种化学物质等。针对上述环节，欧盟都设立了明确的责任方，并阐明了相应的义务。

（2）可操作性强

欧盟采取“先易后难”的立法顺序，在制定法律的过程中充分考虑法律的可操作性，根据实际情况设定转型期，并根据需要给予一定的法律豁免，这种立法模式大大减少了固体废弃物重金属污染防治的实施难度，提高了法律体系的可操作性。

（3）政企权责明确

欧盟各成员国的固体废弃物管理模式各不相同，但有一个共同的特点：政企分开、分工明确、协同合作。政府职能部门负责固体废弃物管理的规划、法规的制定、监督执行、投资引导、质量监控及协调各利益集团的关系，确保管理体制的有效运作。企业则在行政法律规定的范围内开展经营活动。这样的管理模式，责、权、利明确，促进了固体废弃物重金属污染防控的高效运作。

（4）有效采用市场激励手段

欧盟各国普遍制定了较完善的经济制度刺激固体废弃物污染防治活动，包括对填埋废弃物征税，推进固体废弃物分类收集等。欧盟的城市固体废弃物管理以当地政府财政投入为主，同时结合私营资本形成多元化的融资渠道，进而为城市固体废弃物的处置和循环利用提供资金保障。

（5）积极的公众参与

欧盟各成员国的公众环保理念和意识很强，积极参与配合垃圾分类收集工作，有力地推进了固体废弃物重金属污染防治工作的全面开展，大大降低了固体废弃物处理的难度和成本，最大限度地实现了资源的回收再利用。

5.6 小结

欧盟重金属污染防治制度发展至今，已建立了区域性乃至全球范围的重金属防控管理体系。同时，作为管理体系的辅助手段，欧盟还结合进出口和经济政策推进重金属污染防控。此外，通过增进成员国之间的密切合作，推行信息公开制度，强化公众参与程度，保证欧盟重金属污染防治工作卓有成效并不断前进。

（1）建立了欧盟统一领导下的共同目标原则与差异化行动相结合的污染方防治制度。针对水环境、大气环境、土壤环境和固体废弃物环境污染，欧盟制定了一系列的指针、宪章等法律法规，各成员国在遵循共同目标和基本原则的前提下，根据本国情况制定差异化的污染防治行动计划。欧盟具有突出的权威性，其权力高于一切成员国，它制定的法律对其成员国均具有约束力。

（2）欧盟制定的各类指令都具有较好的科学性、预见性和灵活性。欧盟的各项重金属防控指令办法等都经过了充分调查论证，体现了较好的科学新，预见期也较长，在推动过程中也十分慎重并适时修订。同时考虑各国的不同情况，以指令的可操作性为基础，给予科学的实施过渡期，体现了较好的灵活性。

（3）将信息公开和公众参与法治化。欧盟的各项指令中明确了信息公开以及公众参与的内容、方式等，实践也证明这是有效实施环境保护的有力工具。

（4）针对水环境重金属污染防治，相关指令将重金属列为优先控制物质和危险物质，并设定了相应的限制；在水环境质量标准中，欧盟重点针对饮用水和养殖用水给出了重金属的浓度限值；在废水排放标准中，欧盟则规定禁止将包括 Hg、Cd 等具有毒性、持久性和生物蓄积性的危险物质排入内陆、海岸和领海。这些指令和标准，均体现了欧盟水环境重金属污染防治工作以人体健康为本的管理理念。

（5）针对大气环境重金属污染防治，欧盟在环境空气质量标准中规定了铅、砷、镉、镍等重金属的浓度限值。这是迄今为止，对空气质量中重金属种类规定最为齐全的地区（或国家），可为世界各国提供参考。

（6）针对土壤环境重金属污染防治，欧盟还未给出统一的重金属筛选标准，但欧盟各成员国的相关经验已较为成熟，例如芬兰、德国、意大利（SVs 234 个）。随着土壤污染防治的推进，各成员国结合生态风险等理念，对相关筛选值进行不断修订和补充。

（7）针对固体废弃物重金属污染防治，欧盟制定了种类丰富的指令和防控标准。涉及重金属污染的防控标准多达 8 个门类，包括电子废弃物、电池、建筑工地废弃物等，充分体现了欧盟固体废弃物重金属污染防治全过程、范围广、细致明确和可操作性强等特点。

第 6 章　我国重金属污染防治管理体系

我国重金属污染经历了一个从长期积累到集中爆发的阶段。过去，对重金属这类物质的污染特性和危害性未引起足够重视。近年来，我国重金属污染事件频发，仅 2009 年由于重金属污染引发的群体性事件就有 32 起。重金属污染问题引起了党中央、国务院的高度重视，于 2011 年 4 月批复了《重金属污染综合防治“十二五”规划》，把重金属的污染防治作为“十二五”期间环境保护工作的首要任务之一。

6.1　我国重金属污染防治管理体制

6.1.1　我国环境管理机构设置

中国的环境行政组织在结构上是由中央、省、市、县、乡五级政府的环境保护行政机关组成。中央与省级环境行政机关主要负责宏观环境管理，县与乡级环境行政机关负责微观环境管理，市级环境行政机关的职能介于宏观和微观环境管理之间。根据《中华人民共和国环境保护法》第七条规定：“国务院环境保护行政主管部门，对全国环境保护工作实施统一监督管理。县级以上地方人民政府环境保护行政主管部门，对本辖区的环境保护工作实施统一监督管理。国家海洋行政主管部门港务监督、渔政渔港监督、军队环境保护部门和各级公安、交通、铁道、民航管理部门，依照有关法律的的规定对环境污染防治实施监督管理。县级以上人民政府的土地、矿产、林业、水利行政主管部门，依照有关法律的规定对资源的保护实施监督管理。”因此可见，我国环境保护行政管理体制是统一监督管理与分级分部门管理相结合的体制。国务院环境保护行政主管部门（即环境保护部）和县级以上地方政府环境保护行政主管部门（环境保护厅或环境保护局）是统一监管部门，根据相关法律行使环境保护监督管理职能（环境污染防治和自然资源保护），是分级分部门管理的主体。根据环境管理职能的不同可将分部门环境管理分为环境污染防治部门（如国家海洋行政主管部门、港务监督行政主管部门、渔政渔港监督、军队环境保护部门、各级公安机关、各级交通部门的航政机、铁道行政主管部门、民航管理部门）和自然资源保护相关部门（如县级以上人民政府的土地资源行政主管部门、林业行政主管部门、矿产资源行政主管部门、农业行政主管部门、水利行政主管部门、渔业行政主管部门）。

针对重金属污染防治领域，环保部污防司专设了“重金属污染综合防控办公室”，从宏观上引导地方环境保护管理部门的重金属污染防治工作，监督地方政府的重金属污染减排工作执行情况并对其进行考核。此外，环保部下属的环境规划院在重金属污染防治规划研究编制、考核评估、污染防治技术、管理政策制度、风险评估等方面开展了大量研究，为环境保护部提供了大量有效的决策技术支持。为顺应重金属污染防治形势发展和环境管理需要，加强学科建设，进一步强化决策支持作用，提升整体水平和影响力，2013 年 10 月，环境保护部环境规划院专门成立了重金属污染防治研究中心。它的主要职责是开展重金属污染防治规划研究与评估考核核查、行业管理政策、污染防治技术、风险评价等方面的理论和方法研究，为环境管理综合决策提供技术支持，面向社会开展相关领域的综合应用研究。与此同时，部分省市也针对重金属污染防治建立了相应的管理和研究机构。

6.1.2　我国环境管理的主要制度

1973 年我国召开了第一次全国环境保护会议，在长期的环境管理制度探索中，逐渐形成了 8 项主要的环境管理制度。

（1）“三同时”制度

“三同时”制度是我国出台最早的一项环境管理制度。1972 年 6 月，在国务院批准的《国家计委、国家建委关于官厅水库污染情况和解决意见的报告》中第一次提出了“工厂建设和‘三废’利用工程要同时设计、同时施工、同时投产”的要求。1973 年，经国务院批准的《关于保护和改善环境的若干规定》中规定：“一切新建、扩建和改建的企业，防治污染项目，必须和主体工程同时设计、同时施工、同时投产”，“正在建设的企业没有采取防治措施的，必须补上。各级主管部门要会同环境保护和卫生等部门，认真审查设计，做好竣工验收，严格把关”。从此，“三同时”成为中国最早的环境管理制度。1979 年，《中华人民共和国环境保护法（试行）》对“三同时”制度从法律上加以确认，随后，为确保该制度的有效执行，1981 年 5 月由国家计委、国家建委、国家经委、国务院环境保护领导小组联合下达的《基本建设项目环境保护管理办法》，把“三同时”制度具体化，并纳入基本建设程序。第二次全国环境保护会议以后又颁布了《建设项目环境设计规定》，进一步强化了这一制度的功能。修改后的《中华人民共和国环境保护法》第二十六条中规定：“建设项目中防治污染的设施，必须与主体工程同时设计、同时施工、同时投产使用。防治污染的设施必须经原审批环境影响报告书的环境保护行政主管部门验收合格后，该建设项目方可投入生产或者使用。”第三十六条还对违反“三同时”的法律责任作出了规定。

（2）环境影响评价制度

环境影响评价的概念于 1973 年提出；1979 年颁布的《环境保护法（试行）》使该制度法制化；1981 年发布的《基本建设项目环境保护管理办法》专门对环境影响评价的基本内容和程序作了规定，1986 年做了修改，进一步明确了环境影响评价的范围、内容、管理权限和责任；1989 年正式颁布《环境保护法》，该法第 13 条规定环境影响评价的内容；1998 年，国务院颁布了《建设项目环境保护管理条例》，进一步提高了环境影响评价制度的立法规格，同时对环境影响评价的适用范围、评价时机、审批程序、法律责任等方面均做出了很大修改。1999 年 3 月国家环保总局颁布《建设项目环境影响评价资格证书管理办法》，使环境影响评价走上了专业化道路。2003 年 9 月 1 日起正式施行《环境影响评价法》，我国环境影响评价走向完善。

（3）环境保护责任制

环境保护目标责任制是在第三次全国环境保护保护会议上被确定为八项环境管理制度之一，它的内容涵盖了其他的各项环境管理制度，在环境保护管理工作中发挥了重要作用。环境保护目标责任制，是通过签定责任书的形式，具体落实地方各级人民政府和有污染的单位对环境质量负责的行政管理制度。这一制度明确了一个区域、一个部门及至一个单位环境保护的主要责任者和责任范围，从而使改善环境质量的任务能够得到层层落实。

（4）排污收费制度

排污收费制度是我国环境管理的一项基本制度，是促进污染防治的一项重要经济政策。该制度最早于 1982 年建立，国务院颁布了《排污费征收暂行办法》，后经完善出台了《排污费征收使用管理条例》，从 2003 年 7 月 1 日起实施。《条例》第二条规定：直接向环境排放污染物的单位和个体工商户，均应缴纳排污费。目前，我国征收排污费的项目有污水、废气、固废、噪声、放射性废物等五大类113项。

（5）排污申报登记与排污许可证制度

排污申报登记制度，是指凡向环境排放污染物的单位，必须按规定程序向环境保护行政主管部门申报登记所拥有的排污设施、污染物处理设施及正常作业情况下排污的种类、数量和浓度的一项特殊的行政管理制度。排污许可证制度，是以改善环境质量为目标，以污染总量控制为基础，规定排污单位许可排放污染物的种类，数量、浓度、方式等的一项环境管理制度。

1989年颁发的《中华人民共和国环境保护法》第二十七条规定：“排放污染物的企业事业单位，必须依照国务院环境保护行政主管部门的规定申报登记。”《水污染防治法实施细则》第九条规定：“企业事业单位向水体排放污染物的，必须向所在地环境保护部门提交《排污申报登记表》。”环境保护部门收到《排污申报登记表》后，经调查核实，对不超过国家和地方规定的污染物排放标准，及国家规定的企业事业单位污染物排放总量指标的，发给《排污许可证》。我国目前推行的是水污染物排放许可证制度。

（6）城市环境综合整治定量考核制度

城市环境综合定量考核，是我国在总结近年来开展城市环境综合整治实践经验的基础上形成的一项重要制度，它是通过定量考核对城市政府在推行城市环境综合整治中的活动予以管理和调整的一项环境监督管理制度。

（7）污染集中控制制度

污染集中控制制度是我国在环境管理实践中总结出来的，是强化环境管理的一项重要手段。污染集中控制是在一个特定的范围内，以改善区域环境质量为目的，依据污染防治规划，按照污染物的来源、性质、所处的地理位置，对多个污染源进行集中控制、处理和管理。该制度可实现节省环保投资、使用高新技术、提高处理效率、便于集中管理等目的。

（8）限期治理制度

限制治理制度，是指对污染危害严重的企事业单位及污染区域采取的限定治理时间、治理内容及治理效果的强制性行政措施。

除以上重要环境管理制度外，我国还有很多其他环境制度，如环境监测、规划、生态补偿、污染赔偿、环境信息公开、环境权益与环境诉讼制度等。

6.2 我国水环境重金属管理体系

6.2.1 我国水环境污染防治法律法规

水环境污染防治法律主要包括环境保护基本法、综合性专门法以及相关外围法。1979年，我国颁布《环境保护法（试行）》，1989年12月26日第七届全国人民代表大会常务委员会第十一次会议通过了《中华人民共和国环境保护法》。第二条规定："本法所称环境，是指影响人类生存和发展的各种天然的和经过人工改造的自然因素总体，包括大气、水、海洋、土地、矿藏、森林、草原、野生动物、自然古迹、人文遗迹、自然保护区、风景名胜区、城市和乡村等"。1984年，我国颁布《水污染防治法》，这是我国第一部针对水污染防治的综合性专门法律，该法于1996年修订。此外，相关外围法如2002年的施行《中华人民共和国水法》《固体废物污染环境防治法》等法规中对水环境污染控制也进行了规定。为推进这些法律的实施，我国还制定了一系列行政法规，包括《水污染防治法实施细则》《城市供水条例》《河道管理条例》《关于水资源费征收标准有关问题的通知》等。表6-1为水环境污染防治相关法规。

表6-1 水环境污染防治相关法律法规

时间	法律法规
1979年9月	1979年9月通过《中华人民共和国环境保护法（试行）》，1989年12月26日颁布《中华人民共和国环境保护法》
1984年5月11日	通过《中华人民共和国水污染防治法》，于1996年5月15日修正，2008年2月28日修订，2008年6月1日起施行
2000年3月20日	施行《水污染防治法实施细则》（国务院令第284号）
2002年10月1日	施行《中华人民共和国水法》
2006年4月1日	施行《中华人民共和国固体废物污染环境防治法》
1994年10月1日	施行《城市供水条例》
1988年6月10日	施行《中华人民共和国河道管理条例》
2006年4月15日	实施《取水许可和水资源费征收管理条例》

6.2.2 我国水环境污染防治法律法规对重金属的管理

（1）《中华人民共和国环境保护法》

该法第四十二条规定："排放污染物的企业事业单位和其他生产经营者，应当采取措施，防治在生产建设或者其他活动中产生的废气、废水、废渣、医疗废物、粉尘、恶臭气体、放射性物质以及噪声、振动、光辐射、电磁辐射等对环境的污染和危害。排放污染物的企业事业单位，应当建立环境保护责任制度，明确单位负责人和相关人员的责任。"第四十三条规定"排放污染物的企业事业单位和其他生产经营者，应当按照国家有关规定缴纳排污费。"第四十九条规定"禁止将不符合农用标准和环境保护标准的固体废物、废水施入农田。施用农药、化肥等农业投入品及进行灌溉，应当采取措施，防止重金属和其他有毒有害物质污染环境。畜禽养殖场、养殖小区、定点屠宰企业等的选址、建设和管理应当符合有关法律法规规定。从事畜禽养殖和屠宰的单位和个人应当采取措施，对畜禽粪便、尸体和污水等废弃物进行科学处置，防止污染环境。"第五十条规定"各级人民政府应当在财政预算中安排资金，支持农村饮用水水源地保护、生活污水和其他废弃物处理、畜禽养殖和屠宰污染防治、土壤污染防治和农村工矿污染治理等环境保护工作。"

这些内容中有些提到了"重金属"，但大多都是以"水污染"及"污染物"进行规定的，即包括了重金属在内的污染物及污染。

（2）《中华人民共和国水污染防治法》

该法规定了水污染防治的标准和规划、水污染防治的监督和管理、水污染防治措施、饮用水水源和其他特殊水体保护、水污染事故处置、法律责任等内容。主要是从"水污染"、"水污染物"以及"有毒污染物"的层面进行规制，其中部分条款专门列出了重金属的污染防控事项。

该法第三十三条规定"禁止将含有汞、镉、砷、铬、铅、氰化物、黄磷等的可溶性剧毒废渣向水体排放、倾倒或者直接埋入地下。存放可溶性剧毒废渣的场所，应当采取防水、防渗漏、防流失的措施。"

第四十二条规定"国家禁止新建不符合国家产业政策的小型造纸、制革、印染、染料、炼焦、炼硫、炼砷、炼汞、炼油、电镀、农药、石棉、水泥、玻璃、钢铁、火电以及其他严重污染水环境的生产项目。"

第七十六条规定了处罚条款，其中包括：向水体排放剧毒废液，或者将含有汞、镉、砷、铬、铅、氰化物、黄磷等的可溶性剧毒废渣向水体排放、倾倒或者直接埋入地下的，由县级以上地方人民政府环境保护主管部门责令停止违法行为，限期采取治理措施，消除污染，处以罚款；逾期不采取治理措施的，环境保护主管部门可以指定有治理能力的单位代为治理，所需费用由违法者承担。《中华人民共和国水污染防治法实施细则》进一步对惩罚额度作出了规定，“向水体排放剧毒废液，或者将含有汞、镉、砷、铬、氰化物、黄磷等可溶性剧毒废渣向水体排放、倾倒或者直接埋入地下的，可以处10万元以下的罚款”。

第七十八条规定“违反本法规定，建设不符合国家产业政策的小型造纸、制革、印染、染料、炼焦、炼硫、炼砷、炼汞、炼油、电镀、农药、石棉、水泥、玻璃、钢铁、火电以及其他严重污染水环境的生产项目的，由所在地的市、县人民政府责令关闭”。

这些规定中明确包含了汞、镉、砷、铬、铅等重金属污染物以及涉及重金属的生产项目，体现了对重金属污染防治的重视。

（3）《中华人民共和国水法》

该法主要涉及水资源规划、水资源开发利用、水资源、水域和水工程的保护、水资源配置和节约使用、水事纠纷处理与执行监督检查以及法律责任等内容。部分条款涉及了水污染及处罚事项，第三十一条规定：“从事水资源开发、利用、节约、保护和防治水害等水事活动，应当遵守经批准的规划；因违反规划造成江河和湖泊水域使用功能降低、地下水超采、地面沉降、水体污染的，应当承担治理责任”。第三十二条规定：“县级以上地方人民政府水行政主管部门和流域管理机构应当对水功能区的水质状况进行监测，发现重点污染物排放总量超过控制指标的，或者水功能区的水质未达到水域使用功能对水质的要求的，应当及时报告有关人民政府采取治理措施，并向环境保护行政主管部门通报”。第三十四条规定“禁止在饮用水水源保护区内设置排污口。在江河、湖泊新建、改建或者扩大排污口，应当经过有管辖权的水行政主管部门或者流域管理机构同意，由环境保护行政主管部门负责对该建设项目的环境影响报告书进行审批”。第六十七条规定：“在饮用水水源保护区内设置排污口的，由县级以上地方人民政府责令限期拆除、恢复原状；逾期不拆除、不恢复原状的，强行拆除、恢复原状，并处五万元以上十万元以下的罚款。未经水行政主管部门或者流域管理机构审查同意，擅自在江河、湖泊新建、改建或者扩大排污口的，由县级以上人民政府水行政主管部门或者流域管理机构依据职权，责令停止违法行为，限期恢复原状，处五万元以上十万元以下的罚款”。

这些内容都是以“水体污染”、“重点污染物排放总量超标”、“水质不达标”、“排污口”等进行规定的，包含了重金属在内的污染物及造成的污染。

（4）《固体废物污染环境防治法》

该法主要是“为了防治固体废物污染环境，保障人体健康，维护生态安全，促进经济社会可持续发展”而编制的。

该法第十七条规定：“收集、贮存、运输、利用、处置固体废物的单位和个人，必须采取防扬散、防流失、防渗漏或者其他防止污染环境的措施；不得擅自倾倒、堆放、丢弃、遗撒固体废物。禁止任何单位或者个人向江河、湖泊、运河、渠道、水库及其最高水位线以下的滩地和岸坡等法律、法规规定禁止倾倒、堆放废弃物的地点倾倒、堆放固体废物”。第六十七条规定了违法的刑事责任，第七十四条、第七十五条规定了违法的罚款责任。这些条款涉及固体废物对水体的污染，固体废物特别是工业固废中会含有重金属污染物。

（5）《中华人民共和国防治陆源污染物污染损害海洋环境管理条例》

该法第十五条规定：“禁止向海域排放油类、酸液、碱液和毒液。向海域排放含油废水、含有害重金属废水和其他工业废水，必须经过处理，符合国家和地方规定的排放标准和有关规定。处理后的残渣不得弃置入海。”第二十七条规定：“向海域排放含油废水、含病原体废水、含热废水、含低放射性物质废水、含有害重金属废水和其他工业废水超过国家和地方规定的排放标准和有关规定或者将处理后的残渣弃置入海的，由县级以上人民政府环境保护行政主管部门责令改正，并可处以一千元以上二万元以下的罚款；情节严重的，可处以二万元以上十万元以下的罚款”。

（6）《中华人民共和国海洋倾废管理条例》

该法规定了几种需要特别许可证才能倾倒的物质，包括几种重金属及其化合物：砷及其化合物；铅及其化合物；铜及其化合物；锌及其化合物；铍、铬、镍、钒及其化合物。

（7）《水污染防治行动计划》

在第四部分“强化科技支撑”中提到：“攻关研发前瞻技术。整合科技资源，通过相关国家科技计划（专项、基金）等，加快研发重点行业废水深度处理、生活污水低成本高标准处理、海水淡化和工业高盐废水脱盐、饮用水微量有毒污染物处理、地下水污染修复、危险化学品事故和水上溢油应急处置等技术。开展有机物和重金属等水环境基准、水污染对人体健康影响、新型污染物风险评价、水环境损害评估、高品质再生水补充饮用水水源等研究”。

在第五部分“充分发挥市场机制作用”中提到：“推行绿色信贷。积极发挥政策性银行等金融机构在水环境保护中的作用，重点支持循环经济、污水处理、水资源节约、水生态环境保护、清洁及可再生能源利用等领域。严格限制环境违法企业贷款。加强环境信用体系建设，构建守信激励与失信惩戒机制，环保、银行、证券、保险等方面要加强协作联动，于2017年底前分级建立企业环境信用评价体系。鼓励涉重金属、石油化工、危险化学品运输等高环境风险行业投保环境污染责任保险”。

在第七部分“切实加强水环境管理”中提到：“深化污染物排放总量控制。完善污染物统计监测体系，将工业、城镇生活、农业、移动源等各类污染源纳入调查范围。选择对水环境质量有突出影响的总氮、总磷、重金属等污染物，研究纳入流域、区域污染物排放总量控制约束性指标体系”。

在第八部分“全力保障水生态环境安全”中提到：“深化重点流域污染防治。编制实施七大重点流域水污染防治规划。研究建立流域水生态环境功能分区管理体系。对化学需氧量、氨氮、总磷、重金属及其他影响人体健康的污染物采取针对性措施，加大整治力度”。

（8）《国家环境保护“十二五”规划》

在第五部分“加强重点领域环境风险防控”中提到：“健全环境污染责任保险制度，研究建立重金属排放等高环境风险企业强制保险制度”。此外，还专门针对遏制重金属污染事件高发态势进行了规划，主要是：①加强重点行业和区域重金属污染防治。以有色金属矿（含伴生矿）采选业、有色金属冶炼业、铅蓄电池制造业、皮革及其制品业、化学原料及化学制品制造业等行业为重点，加大防控力度，加快重金属相关企业落后产能淘汰步伐。合理调整重金属相关企业布局，逐步提高行业准入门槛，严格落实卫生防护距离。坚持新增产能与淘汰产能等量置换或减量置换，禁止在重点区域新改扩建增加重金属污染物排放量的项目。鼓励各省（区、市）在其非重点区域内探索重金属排放量置换、交易试点。制定并实施重点区域、行业重金属污染物特别排放限值。加强湘江等流域、区域重金属污染综合治理。到2015年，重点区域内重点重金属污染物排放量比2007年降低15%，非重点区域重点重金属污染物排放量不超过2007年水平。②实施重金属污染源综合防治。将重金属相关企业作为重点污染源进行管理，建立重金属污染物产生、排放台账，强化监督性监测和检查制度。对重点企业每两年进行一次强制清洁生产审核。推动重金属相关产业技术进步，鼓励企业开展深度处理。鼓励铅蓄电池制造业、有色金属冶炼业、皮革及其制品业、电镀等行业实施同类整合、园区化管理，强化园区的环境保护要求。健全重金属污染健康危害监测与诊疗体系。

6.2.3 我国水环境重金属污染防治标准

6.2.3.1 水环境质量标准

我国的水环境质量标准包括：《地表水环境质量标准》（GB 3838—2002）、《海水水质标准》（GB 3097—1997）、《地下水质量标准》（GB/T 14848—93）、《农田灌溉水质标准》（GB 5084—92）、《渔业水质标准》（GB 11607—89）、《饮用水卫生标准》这 6 个针对性有所不同的标准。

（1）《地表水环境质量标准》

《地表水环境质量标准》规定了 Cu、Zn、Pb、Hg、Cd、Cr、As 7 项重金属基本项目标准限值，另外也给出了集中式生活饮用水地表水源地补充项目标准限值（1 种重金属）和集中式生活饮用水地表水源地特定项目标准限值（8 种重金属），见表 6-2、表 6-3。

表 6-2 地表水环境质量标准重金属基本项目标准限值 单位：mg/L

序号	项目	I 类	II 类	III类	IV类	V 类
1	总铜≤	0.01	1.0	1.0	1.0	1.0
2	总锌≤	0.05	1.0	1.0	2.0	2.0
3	总砷≤	0.05	0.05	0.05	0.1	0.1
4	总汞≤	0.000 05	0.000 05	0.000 1	0.001	0.001
5	总镉≤	0.001	0.005	0.005	0.005	0.01
6	铬（六价）≤	0.01	0.05	0.05	0.05	0.1
7	总铅≤	0.01	0.05	0.05	0.05	0.1

表 6-3 集中式生活饮用水地表水源地重金属补充项目和特点项目限值 单位：mg/L

类别	序号	项目	V 类
补充项目	1	锰	0.1
特定项目	1	钼	0.07
	2	钴	1.0
	3	锑	0.005

类别	序号	项目	V类
特定项目	4	镍	0.02
	5	钡	0.7
	6	钒	0.05
	7	钛	0.1
	8	铊	0.000 1

（2）《地下水环境质量标准》

地下水质量标准共分5类，涉及12种重金属，指标限值见表6-4。

表6-4 地下水环境质量标准重金属项目标准限值 单位：mg/L

序号	项目	I类	II类	III类	IV类	V类
1	锰	≤0.05	≤0.05	≤0.1	≤1.0	>1.0
2	铜	≤0.01	≤0.05	≤1.0	≤1.5	>1.5
3	锌	≤0.05	≤1.0	≤1.0	≤2.0	>2.0
4	钼	≤0.001	≤0.01	≤0.1	≤0.5	>0.5
5	钴	≤0.005	≤0.05	≤0.05	≤1.0	>1.0
6	汞	≤0.000 05	≤0.005	≤0.001	≤0.001	>0.001
7	砷	≤0.005	≤0.01	≤0.05	≤0.05	>0.05
8	镉	≤0.001	≤0.001	≤0.01	≤0.01	>0. 01
9	六价铬	≤0.005	≤0.01	≤0.05	≤0.1	>0.1
10	铅	≤0.005	≤0.01	≤0.05	≤0.1	>0.1
11	钡	≤0.01	≤0.1	≤1.0	≤4.0	>4.0
12	镍	≤0.005	≤0.05	≤0.05	≤0.1	>0.1

（3）《海水水质标准》

海水水质标准分4类，共涉及9种重金属，指标限值见表6-5。

表6-5 海水水质重金属项目标准限值 单位：mg/L

序号	项目	I类	II类	III类	IV类
1	汞≤	0.000 05	0.000 2	0.000 2	0.000 5
2	镉≤	0.001	0.005	0.010	0.010
3	铅≤	0.001	0.005	0.010	0.050
4	六价铬≤	0.005	0.010	0.020	0.050
5	总铬≤	0.05	0.10	0.20	0.50

序号	项目	Ⅰ类	Ⅱ类	Ⅲ类	Ⅳ类
6	砷≤	0.020	0.030	0.050	0.050
7	铜≤	0.005	0.010	0.050	0.050
8	锌≤	0.020	0.050	0.10	0.50
9	镍≤	0.005	0.010	0.020	0.050

（4）《渔业水质标准》

《渔业水质标准》包含了 8 种重金属的标准值，见表 6-6。

表 6-6　渔业水质标准重金属污染防治相关标准

序号	重金属	标准值
1	汞	≤0.000 5
2	镉	≤0.005
3	铅	≤0.05
4	铬	≤0.1
5	铜	≤0.01
6	锌	≤0.1
7	镍	≤0.05
8	砷	≤0.05

（5）《农田灌溉水质标准》

该标准的控制项目分为基本和选择性两类，其中基本控制项目适用于全国以地表水、地下水和处理后的养殖业废水及以农产品为原料加工的工业废水为水源的农田灌溉用水，选择性控制项目由县级以上人民政府环境保护和农业行政主管部门，根据本地区农业水源水质特点和环境、农产品管理的需要进行选择性控制，这些控制项目是基本控制项目的有力补充指标。标准控制项目共计 27 项，包括农田灌溉用水水质基本控制项目 16 项（含重金属相 5 项），选择性控制项目 11 项（含重金属 2 项），农田灌溉水质控制项目分析方法 27 项目（含重金属相关方法 7 项）。

表 6-7　农田灌溉用水水质基本控制项目标准值

序号	项目类别	作物种类		
		水作	旱作	蔬菜
1	总汞/（mg/L）≤	0.001		
2	镉/（mg/L）≤	0.01		

序号	项目类别	作物种类		
		水作	旱作	蔬菜
3	总砷/（mg/L）≤	0.05	0.1	0.05
4	铬（六价）/（mg/L）≤	0.1		
5	铅/（mg/L）≤	0.2		

表 6-8 农田灌溉用水水质选择性控制项目标准值

序号	项目类别	作物种类		
		水作	旱作	蔬菜
1	铜/（mg/L）≤	0.5	1	
2	锌/（mg/L）≤	2		

表 6-9 农田灌溉水质控制项目分析方法

序号	分析项目	测定方法	方法来源
1	总汞	冷原子吸收分光光度法	GB/T 7468
2	镉	原子吸收分光光度法	GB/T 7475
3	总砷	二乙基二硫代氨基甲酸银分光光度法	GB/T 7485
4	铬（六价）	二苯碳酰二肼分光光度法	GB/T 7467
5	铅	原子吸收分光光度法	GB/T 7475
6	铜	原子吸收分光光度法	GB/T 7475
7	锌	原子吸收分光光度法	GB/T 7475

6.2.3.2 水污染物排放标准

为实现水环境重金属相关质量标准，我国对污染源排放到水体中重金属的浓度或数量进行了限定。从国家层面来看，根据国家水环境质量标准和国家经济、技术条件，制定国家污染物排放标准；省、自治区、直辖市政府可针对国家水污染物排放标准中未规定的项目制定地方水污染物排放标准；对国家水污染物排放标准中已作规定的项目可以制定严于国家标准的地方水污染物排放标准，须报国务院环境保护部备案，向有地方污染物排放标准规定的水体排放污染物须执行地方污染排放标准。各级政府还应根据重金属水污染防治的要求和国家经济、技术条件适时修订污染物排放标准。

重金属排放标准具有法律约束力，超过相关排放标准的须承担相应的法律责任。水环境重金属排放标准中最常用的是《污水综合排放标准》。1998 年，我国开始实施《污水综合排放标准》，该标准按污水排放去向分年限对 69 种水污染物

（包括 13 种重金属）最高允许排放浓度及部分行业最高允许排水量进行规定，如表 6-10 所示。

表 6-10　《污水综合排放标准》中重金属最高允许排放浓度　　单位：mg/L

序号	污染物	最高允许排放浓度		污染物种类
1	总汞	0.05		第一类污染物
2	烷基汞	不得检出		第一类污染物
3	总镉	0.1		第一类污染物
4	总铬	1.5		第一类污染物
5	六价铬	0.5		第一类污染物
6	总砷	0.5		第一类污染物
7	总铅	1.0		第一类污染物
8	总镍	1.0		第一类污染物
9	总铍	0.005		第一类污染物
10	总银	0.5		第一类污染物
11	总铜	一级标准	0.5	第二类污染物
		二级标准	1.0	第二类污染物
		三级标准	2.0	第二类污染物
12	总锌	一级标准	2.0	第二类污染物
		二级标准	5.0	第二类污染物
		三级标准	5.0	第二类污染物
13	总锰（合成脂肪酸工业）	一级标准	2.0	第二类污染物
		二级标准	5.0	第二类污染物
		三级标准	5.0	第二类污染物
	总锰（其他排污单位）	一级标准	2.0	第二类污染物
		二级标准	2.0	第二类污染物
		三级标准	5.0	第二类污染物

除《污水综合排放标准》外，我国还对行业废水中的重金属排放浓度进行了规定，主要包括：《船舶工业污染物排放标准》《污水海洋处置工程污染控制标准》《城镇污水处理厂污染物排放标准》《医疗机构水污染物排放标准》《煤炭工业污染物排放标准》《电镀污染物排放标准》《合成革与人造革工业污染物排放标准》《发酵类制药工业水污染物排放标准》《化学合成类制药工业水污染物排放标准》《中药类制药工业水污染物排放标准》《油墨工业水污染物排放标准》《陶瓷工业污染物排放标准》《铅、锌工业污染物排放标准》《铜、镍、钴工业污染物排放标准》

《镁、钛工业污染物排放标准》《硝酸工业污染物排放标准》《硫酸工业污染物排放标准》《稀土工业污染物排放标准》《磷肥工业水污染物排放标准》《钒工业污染物排放标准》《橡胶制品工业污染物排放标准》《铁矿采选工业污染物排放标准》《钢铁工业水污染物排放标准》《铁合金工业污染物排放标准》《纺织染整工业水污染物排放标准》《制革及毛皮加工工业水污染物排放标准》《电池工业污染物排放标准》《无机化学工业污染物排放标准》《再生铜、铝、铅、锌工业污染物排放标准》《石油炼制工业污染物排放标准》《合成树脂工业污染物排放标准》。上述行业标准，分别针对现有企业、新建企业的排放废水中的各种重金属进行了规定（重金属指标的限制具体参考各行业标准）。此外，相关标准还提出了水污染物特别排放限值，主要是针对国土开发密度较高、环境承载能力开始减弱，或水环境容量较小、生态环境脆弱，容易发生严重水环境污染问题而需要采取特别保护措施的地区，应严格控制企业的污染排放行为。

6.3 我国大气环境重金属管理体系

6.3.1 我国大气环境重金属污染防控法律法规

我国大气污染防治工作始于20世纪70年代爆发的工矿企业劳动场所职业病，因此工矿企业劳动场所的环境卫生和职业病防护成为当时大气污染防治工作的重点。20世纪70年代，制定了《工业“三废”排放试行标准》《工业企业设计卫生标准》《环境保护法（试行）》（1979年）。前两者对大气重金属污染物排放的定量标准进行了规定。《环境保护法（试行）》（1979 年）是我国制定的首部环境保护基本法，在这部法律中首次对大气污染防治作了基本规定。1987年颁布的《大气污染防治法》对大气污染防治进行了规定，主要包括对烟尘、废气、粉尘和恶臭等污染物的监督管理以及须承担的法律责任等。1995年，对《大气污染防治法》进行修正，增加了清洁生产工艺、落后工艺和设备淘汰、燃煤污染防治等大气污染防治对策及措施的相关内容。2000 年第一次修订《大气污染防治法》，规定了禁止污染物超标排放、大气污染物排放总量控制、许可证制度、排污收费制度、法律责任等相关内容，该修订法于2000年开始正式实施。

《大气污染防治法》共有七章六十六条，包括大气污染防治的监督管理体制、主要的法律制度、防治燃烧产生的大气污染、防治机动车船排放污染以及防治废气、粉尘污染的主要措施、法律责任等相关方面的明确、具体规定。

表 6-11　《大气污染防治法》的制定修订历程

年份	法律法规
1987	颁布了《大气污染防治法》
1995	修正《大气污染防治法》，将法律条文由原来的 41 条增至 50 条
2000	第一次修订
2015	第二次修订

6.3.1.1　《大气污染防治法》固定源的重金属污染防治

污染源是指排放大气污染物的设施或者建筑构造，包括固定源和移动源。固定源指燃煤、燃油、燃气的锅炉和工业炉以及石油化工、冶金、建材等生产过程中产生的含重金属废气通过排气筒向空气中排放的污染源。《大气污染防治法》中固定源污染防治的法律制度主要包括总量核算制度、排污许可证制度、使用权交易制度、监测制度。

（1）大气污染物总量核算制度

《大气污染防治法》第二十一条规定：国家对重点大气污染物排放实行总量控制。重点大气污染物排放总量控制目标，由国务院环境保护主管部门在征求国务院有关部门和各省、自治区、直辖市人民政府意见后，会同国务院经济综合主管部门报国务院批准并下达实施。省、自治区、直辖市人民政府应当按照国务院下达的总量控制目标，控制或者削减本行政区域的重点大气污染物排放总量。该总量控制中没有重金属指标，但是包含烟粉尘指标，对间接控制重金属起到一定作用。

第二十二条规定：“对超过国家重点大气污染物排放总量控制指标或者未完成国家下达的大气环境质量改善目标的地区，省级以上人民政府环境保护主管部门应当会同有关部门约谈该地区人民政府的主要负责人，并暂停审批该地区新增重点大气污染物排放总量的建设项目环境影响评价文件。约谈情况应当向社会公开。”

第九十九条和第一百二十三条则规定了相关的处罚事项，对超过大气污染物排放标准或者超过重点大气污染物排放总量控制指标排放大气污染物的，可由县级以上人民政府环境保护主管部门责令改正或者限制生产、停产整治，并处十万元以上一百万元以下的罚款；情节严重的，报经有批准权的人民政府批准，责令停业、关闭。而企事业单位和其他生产经营者有超过大气污染物排放标准或者超过重点大气污染物排放总量控制指标排放大气污染物行为的，受到罚款处罚，被责令改正，拒不改正的，依法作出处罚决定的行政机关可以自责令改正之日的次日起，按照原处罚数额按日连续处罚。

除《大气污染防治法》外，《重金属污染综合防治“十二五”规划》对大气中重金属污染物的总量核算进行了相关规定。规划对五种重金属（铅、镉、铬、汞、砷）的大气排放总量进行核算，重点区域严格禁止新、改、扩建增加重金属污染物排放量的项目，努力消化重金属污染存量、多还旧账。非重点区域则要探索重金属排放量置换、交易试点，实现五种重点防控重金属新增排放量零增长。各地根据国家重金属污染防控目标，制定地方重金属污染物排放总量控制目标和年度重点重金属污染物排放削减计划，摸清辖区内涉重企业底数，完善台账，组织污防、总量、环评、监察、监测、科研等部门和单位对废气中重金属污染物新增量、削减量进行核查核算并及时上报全口径数据，做到“增量落地、减量查清、统筹衔接”。

（2）大气排污许可证制度

大气排污许可证制度，是指国家行政机关根据当事人的申请或申报，规划定量排污单位许可排放污染物种类、数量、去向等的行政管理制度。大气排污许可证可有效协调环保部门、排污者和公众的环境权力、权益，是国家为加强大气环境管理而采取的一项卓有成效的行政管理制度。排污许可证是实施总量控制制度的载体，许可证制度实施的好坏直接影响总量控制制度的成效。大气排污许可证制度与大气污染物总量控制制度二者有联系又有区别。大气排污许可证的基础是大气污染物总量控制。每一个排污者都分配到一个排污指标是排污许可证制度最显著的特征之一。排污许可证是先根据一定区域的环境容量确定区域内各种污染物的最高排放限额，然后将允许排放量划分为若干指标，分配给各个污染源。但是，大气污染物总量控制注重的是环境质量改善和环境容量，而排污许可证则主要是为了限制排污单位的排污种类、方式、浓度及排放总量。

我国在 1991 年展开大气排污许可证制度的试点工作。2000 年，《大气污染防治法》修订时写入“核发主要大气污染物排放许可证”。之后，各地陆续制定地方法律、法规，贯彻执行排放许可证制度。例如，广东省制定《广东省排污许可证实施细则》，自 2009 年 12 月 1 日起施行。北京 1997 年制定了《北京市排放污染物许可证管理暂行规定》，规定对主要大气污染物实施排污许可证制度。未取得排污许可证或者违反排污许可证的规定排放污染物的，最高处 20 万元以下罚款。

2011 年，《重点区域大气污染联防联控“十二五”规划》（征求意见稿）要求，排污许可证应明确允许排放污染物的名称、种类、数量、排放方式、治理措施和检测要求，未取得排污许可证的企业不得排放污染物。

尽管排污许可证制度已在我国大部分地区实施，但仍未实现全国范围的普及。

（3）大气污染监测制度

大气污染监测制度，是指特定环境检测机构采用一定的设备和方法，调查某个区域范围内的大气污染现状，分析大气中有污染物数量、来源、分布、迁移转化及消长规律的法律制度。全面、及时的大气污染监测信息是实施各项大气污染防治制度的前提条件和根本保障，如大气污染物排放总量控制制度、大气排污许可证等制度。科学有效的监测数据是进行排污申报核定、排污许可证发放、总量控制、环境统计、排污费征收和现场环境执法等环境监督管理的基本依据。《大气污染防治法》（第 23 条、第 24 条）对固定源监测进行了规定，要求大、中城市政府的环保主管部门定期发布大气环境质量状况公报，并逐步开展大气环境质量预报工作。此外，2005 年施行的《污染源自动监控管理办法》是关于大气污染监测制度的一部国家层面的法规。地方法规和规章中关于大气污染监测制度的规定较多，大多都走在了《大气污染防治法》等国家法律的前面，为《大气污染防治法》积累了修法经验。此外，在固定污染源监测方面，国家环保主管部门还出台了一系列规范和标准，用于指导大气污染物的监测。如《固定污染源排气中颗粒物测定与气态污染物采样方法》（GB/T 16157）、《固定污染源排放低浓度颗粒物（烟尘）质量浓度的测定手工重量法》（ISO 12141）。

6.3.1.2 《大气污染防治法》移动源污染的防治

移动源主要指交通车辆、飞机、轮船等排气源，其排放废气中含有烟尘、有机和无机的气态有害物质。一般分为新移动源和在用移动源；道路移动源和非道路移动源。随着经济的发展，城市的规模日益扩大，我国面临着移动源保有量增长带来的交通拥堵和大气污染问题。我国移动源污染控制面临的现状是：①数量多、不固定。移动源具有移动性，移动污染源数量多，而每一移动源排污又相对较少，造成防治难度更大；②防治措施力度不够，防治难度大。国家的法规仍然主要依靠针对生产厂商的新移动源排放标准，而关于在用移动源污染控制的法律制度和措施并不完善。移动源污染控制需要各方主体的协力配合，这不仅体现在对移动源污染的管理上，还体现在对移动源的制造和使用上，但在现实中，这种多主体之间的协调制度如何设计却很有难度。此外，移动源特别是机动车在现代生活方式中的“统治地位”使得控制移动源污染较为困难。

为了控制移动源的重金属污染，2000 年 1 月 1 日起全国停止生产含铅汽油，同年 7 月 1 日停止使用含铅汽油，全国仅用 2 年时间就实现了车用汽油的无铅化。研究表明，汽油无铅化后，中国城市的铅污染明显改观，并带来了很大的公共健康效应。

6.3.1.3 《大气污染防治法》区域大气污染的防治

区域大气环境管理，是对区域内大气污染进行预防和控制的法律制度。在一个区域内可能不重要的大气污染问题，在跨区域大气污染防治上可能就十分必要。我国区域大气环境管理，始于 2000 年《大气污染防治法》的修改。这次修改，不仅确定了大气污染物总量控制制度，还规定在“两控区”实行大气污染物总量控制。2015 年新修订的《大气污染防治法》又规定，国家建立重点区域大气污染联防联控机制，统筹协调重点区域内大气污染防治工作。

对于区域大气环境管理的法律实践则主要包括如下几类：总量控制制度的实施和大气环境使用权交易的试点；设立华北、华东、华南、西北、西南、东北六个区域性的环境保护督查中心；实施“区域限批”制度；开展区域环境合作规划：《长江三角洲地区环境保护工作合作协议（2008—2010 年）》、《泛珠三角区域环境保护合作专项规划（2005—2010 年）》。上述区域环境合作的实践证明了：只有联手加强区域大气污染防治，才能解决跨界大气环境问题，最终实现我国区域经济的可持续发展。

6.3.2 我国大气环境重金属污染防控标准

我国主要的大气环境标准包括大气环境质量标准和大气污染物排放标准两大类。大气污染物的排放标准除《大气污染物综合排放标准》外，还包括工业锅炉、火电厂、恶臭、炼焦炉以及保护农作物等方面的排放标准。

6.3.2.1 大气环境质量标准

依照《环境保护法》《大气污染防治法》《环境标准管理办法》等法律法规的要求，我国制定了《环境空气质量标准》。该标准是判断不同大气环境功能区的空气质量是否已经受到污染，同时也是国家或地方确定大气污染物排放标准值的依据。地方政府对国家环境质量标准中未作规定的项目，可以制定地方大气环境质量标准，并报国务院环境保护行政主管部门备案。

《环境空气质量标准》规定了环境空气功能区分类、标准分级、污染物项目、平均时间及浓度限值、监测方法、数据统计的有效性规定及实施与监督等内容。环境空气功能区质量要求一类区和二类区适用浓度限值包含基本项目浓度限值和环境空气污染物其他项目浓度限值，这其中包括对重金属 Pb 的规定，如表 6-12 所示。

表 6-12 环境空气污染物其他项目浓度限值

单位：$\mu g/m^3$

序号	污染物项目		平均时间	浓度限值	
				一级	二级
1	其他项目	总悬浮颗粒物（TSP）	年平均	80	200
			24 小时平均	120	300
2		氮氧化物（NO_x）	年平均	50	50
			24 小时平均	100	100
			1 小时平均	250	250
3		铅（Pb）	年平均	0.5	0.5
			季平均	1	1
4		苯并[*a*]芘（BaP）	年平均	0.001	0.001
			24 小时平均	0.002 5	0.002 5

根据台湾地区空气环境中重金属的浓度及发达国家、地区或组织的相关标准，可在修订重金属的浓度标准时参考不同国家的做法，例如镉、砷空气质量标准可考虑与欧盟相同，铅空气质量标准可参考 WHO 相关空气质量指导值，汞空气质量标准可参考最严格的日本环境指导值，三价铬与六价铬的空气质量标准则可参考新西兰的相关标准。

6.3.2.2 大气重金属排放标准

按照《环境保护法》《大气污染防治法》《标准化法》《环境标准管理办法》等法律法规的要求，根据国家大气环境质量标准和国家经济、技术条件，我国制定了《大气污染物综合排放标准》以及各行业污染物排放标准。《大气污染物综合排放标准》主要对大气污染物排放标准进行规定，除国家制定的专门针对行业的排放标准外，大气污染物排放均执行该标准。针对不同行业的排放标准主要包括：《水泥厂大气污染物排放标准》《工业窑炉大气污染物排放标准》《炼焦炉大气污染物排放标准》《火电厂大气污染物排放标准》《锅炉大气污染物排放标准》《汽车大气污染物排放标准》《摩托车大气污染物排放标准》等。和大气环境质量标准一样，地方政府可以对国家污染物排放标准中未作规定的项目制定地方污染物排放标准，对国家污染物排放标准已作出规定的项目可制定严于国家排放标准的地方污染物排放标准，地方排放标准须报国务院环境保护部门备案。

《大气污染物综合排放标准》规定了 7 种重金属的排放限值（如表 6-13 所示）。近年来随着重金属污染事件的不断发生，我国加大了对重金属污染的控制力度。2010 年以来加快了大气污染物排放标准的制修订，颁布的与重金属污染物相关的大气行业排放标准如表 6-14 所示。

表 6-13 现有污染源大气重金属污染物排放限值

序号	污染物	最高允许排放浓度	最高允许排放速率/（kg/h）				无组织排放监控浓度限值	
			排气筒高度/m	一级	二级	三级	监控点	浓度/（mg/m^3）
1	铬酸雾	0.080	15	禁排	0.009	0.014	周界外浓度最高点	0.007 5
			20		0.015	0.023		
			30		0.051	0.078		
			40		0.089	0.13		
			50		0.14	0.21		
			60		0.19	0.29		
2	铅及其化合物	0.90	15	禁排	0.005	0.007	周界外浓度最高点	0.007 5
			20		0.007	0.011		
			30		0.031	0.048		
			40		0.055	0.083		
			50		0.085	0.13		
			60		0.12	0.18		
			70		0.17	0.26		
			80		0.23	0.35		
			90		0.31	0.47		
			100		0.39	0.60		
3	汞及其化合物	0.015	15	禁排	1.8×10^{-3}	2.8×10^{-3}	周界外浓度最高点	0.001 5
			20		3.1×10^{-3}	4.6×10^{-3}		
			30		10×10^{-3}	16×10^{-3}		
			40		18×10^{-3}	27×10^{-3}		
			50		28×10^{-3}	41×10^{-3}		
			60		39×10^{-3}	59×10^{-3}		

序号	污染物	最高允许排放浓度	最高允许排放速率/（kg/h）				无组织排放监控浓度限值	
			排气筒高度/m	一级	二级	三级	监控点	浓度/（mg/m³）
4	镉及其化合物	1.0	15	禁排	0.060	0.090	周界外浓度最高点	0.050
			20		0.10	0.15		
			30		0.34	0.52		
			40		0.59	0.90		
			50		0.91	1.4		
			60		1.3	2.0		
			70		1.8	2.8		
			80		2.5	3.7		
5	铍及其化合物	0.015	15	禁排	1.3×10^{-3}	$2.0*10^{-3}$	周界外浓度最高点	0.001 0
			20		2.2×10^{-3}	3.3×10^{-3}		
			30		7.3×10^{-3}	11×10^{-3}		
			40		13×10^{-3}	19×10^{-3}		
			50		19×10^{-3}	29×10^{-3}		
			60		27×10^{-3}	41×10^{-3}		
			70		39×10^{-3}	58×10^{-3}		
			80		52×10^{-3}	79×10^{-3}		
6	镍及其化合物	5.0	15	禁排	0.18	0.28	周界外浓度最高点	0.050
			20		0.31	0.46		
			30		1.0	1.6		
			40		1.8	2.7		
			50		2.7	4.1		
			60		3.9	5.9		
			70		5.5	8.2		
			80		7.4	11		
7	锡及其化合物	10	15	禁排	0.36	0.55	周界外浓度最高点	0.30
			20		0.61	0.93		
			30		2.1	3.1		
			40		3.5	5.4		
			50		5.4	8.2		
			60		7.7	12		
			70		11	17		
			80		15	22		

表 6-14 2010 年以来我国新颁布的与重金属污染物相关的大气行业标准

标准名称
陶瓷工业污染物排放标准（GB 25464—2010）
铅、锌工业污染物排放标准（GB 25466—2010）
铜、镍、钴工业污染物排放标准（GB 25467—2010）
火电厂大气污染物排放标准（GB 13223—2011）
钒工业污染物排放标准（GB 26452—2011）
平板玻璃工业大气污染物排放标准（GB 26453—2011）
铁合金工业污染物排放标准（GB 28666—2012）
电子玻璃工业大气污染物排放标准（GB 29495—2013）
水泥工业大气污染物排放标准（GB 4915—2013）
电池工业污染物排放标准
锡、锑、汞工业污染物排放标准（GB 30770—2014）
锅炉大气污染物排放标准（GB 13271—2014）
无机化学工业污染物排放标准（GB 31573—2015）
再生铜、铝、铅、锌工业污染物排放标准（GB 31574—2015）
石油炼制工业污染物排放标准（GB 31570—2015）

6.4 我国土壤环境重金属管理体系

6.4.1 我国土壤环境重金属污染防控法律法规

我国先后颁布了《大气污染防治法》《水污染防治法》《固体废物污染环境防治法》，但专门针对土壤污染防治的上位法还未出台。尽管有一些法律法规涉及土壤重金属污染防治，但是这些法律法规对土壤重金属污染防治的规定都是附带性的，没有专门针对土壤污染防治予以规定。总的来说，土壤污染防治立法零散、不成体系。

目前，我国主要是依靠发布与土壤环境保护相关的政策性文件对土壤环境进行管理，主要文件如表 6-15 所示。

在地方上，如北京、上海、重庆、沈阳、广州、武汉等城市都制定了地方性污染场地环境管理办法。

表 6-15　我国发布的土壤环境保护政策性规定

时间	政策性规定	具体要求
2004 年 6 月	国家环境保护总局发布了《关于切实做好企业搬迁过程中环境污染防治工作的通知》	要求生产危险废物的工矿企业及各类单位在结束原有生产经营活动和改变土地使用性质的基础之上，必须对土地进行监测分析，并评估土壤的质量状况，对已经污染的土地确定土壤功能修复实施方案，而政府环境保护主管部门应当对土壤修复工作进行监督和管理
2005 年	环保总局发布了《“十一五”全国环境保护法规建设规划》	指出当前我们在土壤污染防治方面的立法还是空白，要抓紧制定《土壤污染防治法》
2005 年	国务院发布了《关于落实科学发展观加强环境保护的决定》（国发[2005]39号）	在农村环境保护、健全环境法律和发展科学技术三个部分都明确提出土壤污染防治问题
2006 年	第十届全国人民代表大会第四次会议通过的《中华人民共和国国民经济和社会发展第十一个五年规划纲要》第 6 章第 2 节	要“加强农村环境保护，开展全国土壤污染现状调查，综合治理土壤污染”
2008 年 6 月	环保部发布《关于加强土壤污染防治工作的意见》（现已废止）	提出了土壤污染防治的重要性和紧迫性，确立了防治工作的指导思想、基本原则和主要目标，划定了污染防治的重点领域并明确了各方面工作措施，为土壤污染防治的实践和立法工作的开展奠定了指导基础
2011 年 2 月	发布《重金属污染综合防治“十二五”规划》	第一个针对重金属污染防治的五年规划
2011 年 10 月	印发《全国地下水污染防治规划（2011—2020 年）》	
2011 年 11 月	《国家环境保护“十二五”规划》	加强土壤环境保护
2012 年 10 月	温家宝主持召开国务院会议	研究部署土壤环境保护和综合治理工作
2012 年 11 月	党的十八大	提出“强化土壤污染防治”
2013 年 1 月	国务院印发了《近期土壤环境保护和综合治理工作安排》	
2014 年 2 月	发布《场地环境调查技术导则》《场地环境监测技术导则》《污染场地风险评估技术导则》《污染场地土壤修复技术导则》	

时间	政策性规定	具体要求
2014 年 3 月	审议并原则通过《土壤污染防治行动计划》	
2014 年 4 月	修订《中华人民共和国环境保护法》	第三十二条：加强对大气、水、土壤等的保护，建立和完善相应的调查、监测、评估和修复制度
2014 年 5 月	《关于加强工业企业关停、搬迁及原址场地再开发利用过程中污染防治工作的通知》	
2014 年 12 月	发布《污染场地修复技术目录（第一批）》	包含 15 项污染场地修复技术
2015 年 1 月、8 月	《农用地土壤环境质量标准》《建设用地土壤污染风险筛选指导值》和《土壤环境质量评价技术规范》等三项标准草案公开征求意见	

6.4.2 我国土壤重金属污染防控标准

6.4.2.1 土壤环境质量标准

我国最早制定的与土壤相关的国家标准是：《^{15}N 土壤、植物标准样品》（GB 9838—88）、《土壤全钾测定法》（GB 9836—88）、《土壤全磷测定法》（GB 9837 —88）、《土壤碳酸盐测定法》（GB 9835—88）和《土壤有机质测定法》（GB 9834—88）。根据中国标准化研究院统计（http：//www.cnis.gov.cn），截止到 2010 年 4 月我国与土壤相关的现行国家标准有 26 个（16 个与土壤重金属相关），但多侧重于土壤的化学分析方法，涉及相关重金属标准值的主要有《土壤环境质量标准》（GB 15618—1995）和《展览会用地土壤环境质量评价标准（暂行）》（HJ 350—2007）。

截至 2010 年 4 月底，我国与土壤相关的行业标准共有 141 个，涉及 11 个不同的行业，包括农业、林业、土地管理、核工业、水利、卫生、城建、地质、环保、气象和煤炭。相对于国家标准，行业标准数量较多，发展速度较快，其原因在于土壤环境涉及多行业和多领域，长期以来没有系统规划统一的标准体系，土壤相关的行业标准在不同行业中多有重复和交叉。

表 6-16　现行重金属污染防治土壤国家标准

编号	名称	标准号	类别
1	中国土壤分类与代码	GB/T 17296—2009	基础通用标准
2	土壤环境质量标准	GB 15618—1995	基础通用标准
3	土壤质量词汇	GB/T 18834—2002	基础通用标准
4	有效态铅和镉的测定原子吸收法	GB/T 23739—2009	方法标准
5	土壤中钚的测定萃取色层法	GB/T 11219.1—1989	方法标准
6	土壤中钚的测定离子交换法	GB/T 11219.2—1989	方法标准
7	总砷的测定二乙基二硫代氨基甲酸银分光光度法	GB/T 17134—1997	方法标准
8	总砷的测定硼氢化钾-硝酸银分光光度法	GB/T 17135—1997	方法标准
9	总汞的测定冷原子吸收分光光度法	GB/T 17136—1997	方法标准
10	铜、锌的测定火焰原子吸收分光光度法	GB/T 17138—1997	方法标准
11	镍的测定火焰原子吸收分光光度法	GB/T 17139—1997	方法标准
12	铅、镉的测定 KI-MIBK 萃取火焰原子吸收分光光度法	GB/T 17139—1997	方法标准
13	铅、镉的测定石墨炉原子吸收分光光度法	GB/T 17140 — 1997	方法标准
14	总汞、总砷、总铅的测定原子荧光法第 1 部分：土壤中总汞的测定	GB/T 22105.1—2008	方法标准
15	总汞、总砷、总铅的测定原子荧光法第 2 部分：土壤中总砷的测定	GB/T 22105.2—2008	方法标准
16	总汞、总砷、总铅的测定原子荧光法第 3 部分：土壤中总铅的测定	GB/T 22105.3—2008	方法标准

我国现行《土壤环境质量标准》（GB 15618—1995）为 1995 年 7 月 13 日发布，1996 年 3 月 1 日实施。包括了 8 种重金属，如表 6-17 所示。

表 6-17　土壤环境质量重金属相关标准值

项目	级别	一级	二级			三级
	土壤 pH 值	自然背景	＜6.5	6.5～7.5	＞7.5	＞6.5
镉 ≤		0.20	0.30	0.30	0.60	1.0
汞 ≤		0.15	0.30	0.50	1.0	1.5
砷水田 ≤		15	30	25	20	30
砷旱地 ≤		15	40	30	25	40
铜农田等 ≤		35	50	100	100	400
铜果园 ≤		—	150	200	200	400

项目 级别	一级	二级			三级
土壤 pH 值	自然背景	＜6.5	6.5～7.5	＞7.5	＞6.5
铅 ≤	35	250	300	350	500
铬水田 ≤	90	250	300	350	400
铬旱地 ≤	90	150	200	250	300
锌 ≤	100	200	250	300	500
镍 ≤	40	40	50	60	200

从上表中看出，我国土壤环境质量标准中重金属指标包含了国际上普遍关注的 8 种元素，与澳大利亚、美国、荷兰、加拿大等国的土壤环境标准相比，我国土壤环境质量标准在重金属指标数量上要少 1/3～1/2。这一方面是我们的标准中未区分铬、汞等重金属的价态与形态差别；另一方面是过去我们较少关注的一些重金属如铊、锑、钒、铍等元素，在发达国家和地区的土壤环境标准已制定了相应的标准。在 2007 年国家环境保护总局发布的《展览会用地土壤环境质量评价标准（暂行）》（HJ 350—2007）中，重金属指标已增加至 13 个；而北京市 2011 年发布的《场地土壤环境风险评价筛选值》（DB 11/T811—2011）中，重金属指标增加至 11 个，并且总铬和六价铬分别制定了筛选值。

面对我国土壤环境形势的新变化、新问题和新要求，国家环境保护总局 2006 年立项修订该标准，修订后的《土壤环境质量标准》继续以农用地土壤环境质量评价为主，形成《农用地土壤环境质量标准（征求意见稿）》（修订 GB·15618—1995）；另外制定《建设用地土壤污染风险筛选指导值（征求意见稿）》（补充 HJ 25.3 —2014），同构成土壤环境质量评价标准体系；不再规定全国统一的土壤环境自然背景值。2 项标准尚未正式发布，此处不做详细介绍。

6.4.2.2 土壤污染物控制标准

为保护土壤环境质量，有些标准对进入土壤环境中的污水或固体废物的污染物含量作出规定，服务于土壤环境质量标准，即根据污水或固体废物的受纳土壤的功能要求规定进入土壤的污水和固体废物中的污染物限值。与土壤污染物控制相关的标准主要包括：《农田灌溉水质标准》（GB 5084—92）、《农用污泥中污染物控制标准》（GB 284—84）、《城镇污水处理厂污泥处置园林绿化用泥质》（GB/T 23486—2009）、《农药安全使用标准》（GB 4285—89）、《城镇垃圾农用控制标准》（GB 8172—87）、《农用粉煤灰中污染物控制标准》（GB 8173—87）。这些标准根据不同的土地利用类型和土壤环境容量，对进入土壤的污染物中重金属及其化合物的含量予以限定。

（1）《农田灌溉水质标准》（GB 5084—92）

为防止灌溉水对土壤、地下水和农产品造成污染，我国制定了《农田灌溉水质标准》。该标准规定了农田灌溉水的水质标准值，要求当地农业部门对污灌区水质、土壤和农产品进行定期监测和评价。

（2）《农用污泥中污染物控制标准》（GB 4284—84）

为防止污泥农用对土壤、农作物、地表水、地下水造成污染，《农用污泥中污染物控制标准》规定了农用污泥中污染物的控制标准值，要求农业和环保部门对污泥和施用污泥的土壤作物进行长期定点监测。

表 6-18　农用污泥中污染物控制标准值　　单位：mg/kg（干污泥）

项目	最高容许含量	
	在酸性土壤上（pH＜6.5）	在中性和碱性土壤上（pH≥6.5）
镉及其化合物（以 Cd 计）	5	20
汞及其化合物（以 Hg 计）	5	15
铅及其化合物（以 Pb 计）	300	1 000
铬及其化合物（以 Cr 计）*	600	1 000
砷及其化合物（以 As 计）	75	75
铜及其化合物（以 Cu 计）**	250	500
锌及其化合物（以 Zn 计）**	500	1000
镍及其化合物（以 Ni 计）**	100	200

* 铬的控制标准适用于一般含六价铬极少的具有农用价值的各种污泥，不适用于含有大量六价铬的工业废渣或某些化工厂的沉积物。

** 暂作参考标准。

（3）《城镇污水处理厂污泥处置园林绿化用泥质》（GB/T 23486—2009）

该标准中对污泥中 8 种重金属做了规定，如表 6-19 所示。

（3）《农药安全使用标准》（GB 4285—89）

为防止和控制农药对农产品和环境的污染，我国制定了《农药安全使用标准》，该标准规定使用农药时的常用药量、最高用药量、施药方法、最多使用次数及安全间隔期等要求。该标准由各级环保、农业和卫生部门负责监督执行情况。

表 6-19 《城镇污水处理厂污泥处置园林绿化用泥质》重金属指标及限值

单位：mg/kg（干污泥）

项目	限值量	
	在酸性土壤上（pH＜6.5）	在中性和碱性土壤上（pH≥6.5）
总镉	<5	<20
总汞	<5	<15
总铅	<300	<1000
总铬	<600	<1000
总砷	<75	<75
总镍	<100	<200
总锌	<2000	<4000
总铜	<800	<1500

（4）《城镇垃圾农用控制标准》（GB 8172—87）

为防止城镇垃圾农用对土壤、农作物、水体的污染，我国制定了《城镇垃圾农用控制标准》。该标准规定了城镇垃圾农用控制标准值，要求农业、环卫和环保部门对城镇垃圾农用的土壤、作物进行长期定点监测；农业部门建立监测点，环卫部门提供合乎标准的城镇垃圾，环保部门进行有效监督。

（5）《农用粉煤灰中污染物控制标准》（GB 8173—87）

该标准按酸性、中性和碱性土壤，分两类规定了粉煤灰农用控制标准值，要求农业和环保部门必须对农用粉煤灰和施用粉煤灰的土壤、作物、水体进行监测。

6.4.2.3 土壤修复相关技术标准

我国在土壤环境风险评价及土壤修复技术等方面还没有建立起完备的技术标准及指南，相关工作正在开展中，目前已取得了一些进展，主要是 2014 年 2 月 26 日发布的污染场地系列导则和 2014 年 11 月发布的污染场地修复技术目录。

（1）《场地环境监测技术导则》（HJ 25.2—2014）

《场地环境监测技术导则》规定了场地环境监测的原则、程序、工作内容和技术要求。对该标准的适用范围、术语定义、基本原则、工作内容及工作程序、监测计划制定、监测点位布设、样品采集、样品分析、质量控制与质量保证、监测报告编制等相关内容进行了规制。

（2）《场地环境调查技术导则》（HJ 25.1—2014）

《场地环境调查技术导则》规定了场地环境调查的原则、内容、程序和技术要求，对适用范围、术语和定义、基本原则和工作程序、第一阶段场地环境调查、第二阶段场地环境调查、第三阶段场地环境调查、报告编制进行了规定。同时还附有调查报告编制大纲和常见污染场地及特征污染物目录。

（3）《污染场地风险评估技术导则》（HJ 25.3—2014）

《污染场地风险评估技术导则》规定了场地环境调查的原则、内容、程序和技术要求，对适用范围、术语和定义、工作程序和内容、危害识别技术要求、暴露评估技术要求、毒性评估技术要求、风险表征技术要求、计算风险控制值的技术要求进行了规定，同时还附有暴露评估推荐模型、污染物性质参数推荐值及外推模型、计算致癌风险和危害商的推荐模型、不确定性分析推荐模型、计算土壤和地下水风险控制值的推荐模型、风险评估模型参数推荐值等。

（4）《污染场地土壤修复技术导则》（HJ 25.4—2014）

《污染场地土壤修复技术导则》规定了污染场地土壤修复技术方案编制的基本原则、程序、内容和技术要求，规定了适用范围、术语和定义、基本原则和工作程序、选择修复模式、筛选修复模式、筛选修复技术、制定修复方案、编制修复方案等相关内容。

（5）《污染场地术语》（HJ 682—2014）

《污染场地术语》就污染场地环境调查、监测、评估、修复和管理术语进行了规范，规定了与场地环境污染相关的术语及其定义，包括场地基本概念、场地污染与环境过程、场地调查与环境监测、场地环境风险评估、场地修复和管理等五个方面的术语。

（6）污染场地技术目录

2014 年 11 月发布的《污染场地技术目录》（第一批）共有 15 项修复技术。

6.5　我国固体废弃物重金属管理体系

6.5.1　我国固体废弃物重金属污染防控法律法规

6.5.1.1　立法概况

我国固体废弃物管理相关立法起步较晚。目前和重金属污染防治相关的固体废弃物法律法规主要包括三部单行法律《固体废物污染环境防治法》《清洁生产促进法》和《循环经济促进法》，两项行政法规《废弃电器电子产品回收处理管理条例》《医疗废物管理条例》以及由省、自治区、直辖市根据宪法、法律和国务院行政法规制定的地方性规范性法律文件。

表 6-20 中国固体废弃物污染防治相关法律法规

时间	法律法规
1995	颁布《固体废物污染环境防治法》
2002	颁布《清洁生产促进法》
2003	颁布《医疗废物管理条例》
2008	颁布《循环经济促进法》
2009	颁布《废弃电器电子产品回收处理管理条例》

1995 年，我国颁布了《固体废物污染环境防治法》，该法于 2004 修订，是我国第一部专门针对固体废弃物污染防治的法律。该法以维护生态安全为宗旨，倡导绿色生产生活，建立了“生产者责任延伸”、“谁污染，谁负责”、“举证责任倒置”制度，健全了强制回收制度，该法把限期治理权授予环境管理部门。

2002 年，我国颁布了第一部以污染防治为主要内容的专门法律《清洁生产促进法》，该法以循环经济为指导，首次提出通过控制废弃物源头立法实现生活垃圾减量化。

2003 年，我国颁布了《医疗废物管理条例》。该条例遵循医疗废弃物从产生到处置的全过程原则，对涉及医疗废物的各环节（产生、分类收集、密闭包装、收集转运、贮存、处置）提出了明确要求。

2008 年，我国颁布了《循环经济促进法》。该法规定在城市生产、流通和消费过程中遵循“减量化、再利用、资源化”原则，发展循环经济的基本制度和政策框架，并根据社会角色定位不同对政府、企业及公众提出不同要求。政府将资源产出率、废物再利用和资源化率等指标纳入发展规划，建立和完善垃圾分类收集、回收处理、循环利用体系，限制一次性商品的生产和销售。企业要对列入其生产和强制回收名录的产品或包装进行回收利用或无害化处置，对废水进行循环利用，建设废物回收体系。公众要不断提高节约资源和环保意识，合理消费，减少废物产生和排放。

我国是电子电器产品的生产大国和消费大国，而电子废弃物是重金属污染最重要的来源之一。2009 年，我国颁布了《废弃电器电子产品回收处理管理条例》，该条例规定应实行废弃电器电子产品的多渠道回收和集中处理，建立处理废弃电器电子产品的专项基金，编制地方废弃电子产品处理发展规划，并将废弃电气电子产品回收处理设施建设纳入城乡规划。

6.5.1.2　相关管理措施

其他与固体废物污染控制相关的管理措施还有:《国家清洁生产、资源综合利用等鼓励名录》《大中城市固体废弃物污染环境防治信息发布导则》《危险废物经营许可证管理办法》《危险废物联单管理办法》《排放污染物申报登记管理规定》《排污费征收使用管理条例》及《排污费征收标准管理办法》等。

6.5.2　我国固体废弃物重金属污染防控标准

6.5.2.1　危险废物污染防控标准

1998 年，我国颁布了《国家危险废物名录》，并于 2008 年和 2016 年进行了修订。2001 年，制定了《危险废物填埋污染控制标准》《危险废物贮存污染控制标准》和《危险废物焚烧污染控制标准》。2007 年，开始实施《危险废物鉴别标准浸出毒性鉴别》。这些标准和相关的环境法规是我国固体废弃物的管理依据。

（1）《国家危险废物名录》

2008 年 8 月 1 日起开始施行《国家危险废物名录》，该名录根据《中华人民共和国固体废物污染环境防治法》制定。为方便危险废物管理工作，国家通过对各类废物的性质进行检验和评价，将危险程度高、对环境和人体健康影响大的危险废物进行汇总，将其名称、来源、性质及危害用列表的形式加以归纳，作为危险废物管理工作的依据。《固体废物污染环境防治法》规定，通过危险废物名录和鉴别标准相结合的方法来鉴别危险废物的制度，列入国家危险废物名录或者根据国家规定的危险废物鉴别标准和鉴别方法认定的具有危险特性的废物，属危险废物。因此，列入危险废物名录的危险废物直接被定义为危险废物而无须再按危险鉴别标准加以确定。《国家危险废物名录》于 2016 年重新做了修订。

具有毒性的或可能对人体健康造成有害影响的含重金属的固体废弃物被列入该名录并按照危险废物进行管理。修订后的危险废物名录涵盖了 22 类含重金属（Cr、As、Zn、Cu、Cd、Sb、Hg 等）危险废弃物（见表 6-21）。

表 6-21 《国家危险废物名录》重金属相关条目

废物类别	行业来源	废物代码	危险废物	危险特性
HW02 医药废物	兽用药品制造	275-001-02	使用砷或有机砷化合物生产兽药过程中产生的废水处理污泥	T
		275-002-02	使用砷或有机砷化合物生产兽药过程中苯胺化合物蒸馏工艺产生的蒸馏残渣	T
		275-003-02	使用砷或有机砷化合物生产兽药过程中产生的废脱色过滤介质及吸附剂	T
HW05 木材防腐剂废物	锯材、木片加工	201-003-05	使用含砷、铬等无机防腐剂进行木材防腐过程中产生的废水处理污泥，以及木材保存过程中产生的沾染防腐剂的废弃木材残片	T
HW11 精（蒸）馏残渣	常用有色金属冶炼	321-001-11	有色金属火法冶炼产生的焦油状废物	T
HW12 染料、涂料废物	涂料、油墨、颜料及相关产品制造	264-002-12	铬黄和铬橙颜料生产过程中产生的废水处理污泥	T
		264-003-12	钼酸橙颜料生产过程中产生的废水处理污泥	T
		264-004-12	锌黄颜料生产过程中产生的废水处理污泥	T
		264-005-12	铬绿颜料生产过程中产生的废水处理污泥	T
		264-006-12	氧化铬绿颜料生产过程中产生的废水处理污泥	T
		264-009-12	使用含铬、铅的稳定剂配制油墨过程中，设备清洗产生的洗涤废液和废水处理污泥	T
HW17 表面处理废物	金属表面处理及热处理加工	336-050-17	使用氯化亚锡进行敏化产生的废渣和废水处理污泥	T
		336-051-17	使用氯化锌、氯化铵进行敏化产生的废渣和废水处理污泥	T
		336-052-17	使用锌和电镀化学品进行镀锌产生的槽液、槽渣和废水处理污泥	T
		336-053-17	使用镉和电镀化学品进行镀镉产生的槽液、槽渣和废水处理污泥	T
		336-054-17	使用镍和电镀化学品进行镀镍产生的槽液、槽渣和废水处理污泥	T
		336-055-17	使用镀镍液进行镀镍产生的槽液、槽渣和废水处理污泥	T

废物类别	行业来源	废物代码	危险废物	危险特性
HW17 表面处理废物	金属表面处理及热处理加工	336-056-17	硝酸银、碱、甲醛进行敷金属法镀银产生的槽液、槽渣和废水处理污泥	T
		336-057-17	使用金和电镀化学品进行镀金产生的槽液、槽渣和废水处理污泥	T
		336-058-17	使用镀铜液进行化学镀铜产生的槽液、槽渣和废水处理污泥	T
		336-059-17	使用钯和锡盐进行活化处理产生的废渣和废水处理污泥	T
		336-060-17	使用铬和电镀化学品进行镀黑铬产生的槽液、槽渣和废水处理污泥	T
		336-062-17	使用铜和电镀化学品进行镀铜产生的槽液、槽渣和废水处理污泥	T
		336-063-17	其他电镀工艺产生的槽液、槽渣和废水处理污泥	T
		336-064-17	金属和塑料表面酸（碱）洗、除油、除锈、洗涤工艺产生的废腐蚀液、洗涤液和污泥	T
		336-065-17	金属和塑料表面磷化、出光、化抛过程中产生的残渣（液）及污泥	T
		336-066-17	镀层剥除过程中产生的废液及残渣	T
		336-067-17	使用含重铬酸盐的胶体、有机溶剂、黏合剂进行旋流式抗蚀涂布产生的废渣及废水处理污泥	T
		336-068-17	使用铬化合物进行抗蚀层化学硬化产生的废渣及废水处理污泥	T
		336-069-17	使用铬酸镀铬产生的废槽液、槽渣和废水处理污泥	T
		336-101-17	使用铬酸进行塑料表面粗化产生的废槽液、槽渣和废水处理污泥	T
HW18 焚烧处置渣	环境治理	772-002-18	生活垃圾焚烧飞灰	T
		772-003-18	危险废物焚烧、热解等处置过程产生的底渣和飞灰（医疗废物焚烧处置产生的底渣除外）	T
		772-004-18	危险废物等离子体、高温熔融等处置后产生的非玻璃态物质及飞灰	T
		772-005-18	固体废物及液态废物焚烧过程中废气处理产生的废活性炭、滤饼	T

废物类别	行业来源	废物代码	危险废物	危险特性
HW19 含金属羰基化合物废物	非特定行业	900-020-19	在金属羰基化合物生产以及使用过程中产生的含有羰基化合物成分的废物	T
HW20 含铍废物	基础化学原料制造	261-040-20	铍及其化合物生产过程中产生的熔渣、集（除）尘装置收集的粉尘和废水处理污泥	T
HW21 含铬废物	毛皮鞣制及制品加工	193-001-21	使用含重铬酸盐的胶体有机溶剂、黏铍及其化合物生产过程中产生的熔渣、集（除）尘装置收集的粉尘和废水处理污泥	T
		193-002-21	皮革切削工艺产生的含铬皮革废碎料	T
	基础化学原料制造	261-041-21	铬铁矿生产铬盐过程中产生的铬渣	T
		261-042-21	铬铁矿生产铬盐过程中产生的铝泥	T
		261-043-21	铬铁矿生产铬盐过程中产生的芒硝	T
		261-044-21	铬铁矿生产铬盐过程中产生的废水处理污泥	
		261-137-21	铬铁矿生产铬盐过程中产生的其他废物	
		261-138-21	以重铬酸钠和浓硫酸为原料生产铬酸酐过程中产生的含铬废液	T
	铁合金冶炼	315-001-21	铬铁硅合金生产过程中集（除）尘装置收集的粉尘	T
		315-002-21	铁铬合金生产过程中集（除）尘装置收集的粉尘	T
		315-003-21	铁铬合金生产过程中金属铬冶炼产生的铬浸出渣	T
	金属表面处理及热处理加工	336-100-21	使用铬酸进行阳极氧化产生的槽渣、槽液及废水处理污泥	T
	电子元件制造	397-002-21	使用铬酸进行钻孔除胶处理产生的废物	T
HW22 含铜废物	玻璃制造	304-001-22	使用硫酸铜还原剂进行敷金属法镀铜产生的槽渣、槽液及废水处理污泥	T
	常用有色金属矿采选	321-101-22	铜火法冶炼烟气净化产生的收尘渣、压滤渣	T
		321-102-22	铜火法冶炼电除雾除尘产生的废水处理污泥	T
	电子元件制造	397-004-22	线路板生产过程中产生的废蚀铜液	T
		397-005-22	使用酸进行铜氧化处理产生的废液集废水处理污泥	
		397-051-22	铜板蚀刻过程中产生的废蚀刻液及废水处理污泥	T

废物类别	行业来源	废物代码	危险废物	危险特性
HW23 含锌废物	金属表面处理及热处理加工	336-103-23	热镀锌过程中产生的废溶剂、助溶剂和集（除）尘装置收集的粉尘	T
	电池制造	384-001-23	碱性锌锰电池、锌氧化银电池、锌空气电池生产过程中产生的废锌浆	T
	非特定行业	900-021-23	使用氢氧化钠、锌粉进行贵金属沉淀过程中产生的废液及废水处理污泥	T
HW24 含砷废物	基础化学原料制造	261-139-24	硫铁矿制酸过程中烟气净化产生的酸泥	T
HW26 含镉废物	电池制造	384-002-26	镍镉电池生产过程中产生的废渣和废水处理污泥	T
HW27 含锑废物	基础化学原料制造	261-046-27	锑金属及粗氧化锑生产过程中产生的熔渣和集（除）尘器装置收集的粉尘	T
		261-048-27	氧化锑生产过程中产生的熔渣	T
HW29 含汞废物	常用有色金属矿采选	091-003-29	汞矿采选过程中产生的尾砂和集（除）尘装置收集的粉尘	T
	贵金属矿采选	092-002-29	混汞法提金工艺产生的含汞粉尘、残渣	T
	印刷	231-007-29	使用显影剂、汞化合物进行影像加厚（物理沉淀）以及使用显影剂、氨氯化汞进行影像加厚（氧化）产生的废液及残渣	T
	基础化学原料制造	261-051-29	水银电解槽法生产氯气过程中盐水精制产生的盐水提纯污泥	T
		261-052-29	水银电解槽法生产氯气过程中产生的废水处理污泥	T
		261-053-29	水银电解槽法生产氯气过程中产生的废活性炭	T
		261-054-29	卤素和卤素化学品生产过程中产生的含汞硫酸钡污泥	T
	合成材料制造	265-001-29	氯乙烯精制过程中含汞废水处理产生的废活性炭	T，C
		265-002-29	氯乙烯精制过程中吸附汞产生的废活性炭	T，C
	常用有色金属冶炼	321-103-29	铜、锌、铅冶炼过程中烟气制酸产生的废甘汞，烟气净化产生的废酸及废酸处理污泥	T
	电池制造	384-003-29	含汞电池生产过程中产生的含汞废浆层纸、含汞废锌膏、含汞废活性炭和废水处理污泥	T

废物类别	行业来源	废物代码	危险废物	危险特性
HW29 含汞废物	照明器具制造	387-001-29	含汞光源生产过程中产生的废荧光粉和废活性炭	T
	通用仪器仪表制造	401-001-29	含汞温度计生产过程中产生的废渣	T
	非特定行业	900-022-29	废弃的含汞催化剂	T
		900-023-29	生产、销售及使用过程中产生的废含汞荧光灯管及其他废含汞电光源	T
		900-024-29	生产、销售及使用过程中产生的废汞温度计、废含汞废血压计、废含汞真空表和费含汞压力机	T
		900-452-29	含汞废水处理过程中产生的废树脂、废活性炭和污泥	T
HW30 含铊废物	基础化学原料制造	261-055-30	铊及铊化合物生产过程中产生的熔渣、集（除）尘装置收集的粉尘和废水处理污泥	T
HW31 含铅废物	玻璃制造	304-002-31	使用铅盐和铅氧化物进行显像管玻璃熔炼产生的废渣	T
	电子元件制造	397-052-31	使用铅盐和铅氧化物进行显像管玻璃熔炼过程中产生的废渣	
	炼钢	312-001-31	电炉炼钢过程中集（除）尘装置收集的粉尘和废水处理污泥	T
	电池制造	384-004-31	铅酸蓄电池生产过程中产生的废渣、集（除）尘装置收集的粉尘和废水处理污泥	T
	工艺美术品制造	243-001-31	使用铅箔进行烤钵试金法工艺产生的废烤钵	T
	废弃资源综合利用	421-001-31	废铅蓄电池拆解过程中产生的废铅板、废铅膏和酸液	T
	非特定行业	900-025-31	使用硬脂酸铅进行抗黏涂层产生的废物	T
HW46 含镍废物	基础化学原料制造	261-087-46	镍化合物生产过程中产生的反应残余物及不合格、淘汰、废弃的产品	T
	电池制造	394-005-46	镍氢电池生产过程中产生的废渣和废水处理污泥	T
	非特定行业	900-037-46	废弃的镍催化剂	T
HW47 含钡废物	基础化学原料制造	261-088-47	钡化合物（不包括硫酸钡）生产过程中产生的熔渣、集（除）尘装置收集的粉尘、反应残余物、废水处理污泥	T
	金属表面处理及热处理加工	336-106-47	热处理工艺中产生的含钡盐浴渣	T

废物类别	行业来源	废物代码	危险废物	危险特性
HW48 有色金属冶炼废物	常用有色金属矿采选	091-001-48	硫化铜矿、氧化铜矿等铜矿物采选过程中集（除）尘装置收集的粉尘	T
		091-002-48	硫砷化合物（雌黄、雄黄及硫砷铁矿）或其他含砷化合物的金属矿石采选过程中集（除）尘装置收集的粉尘	T
	常用有色金属冶炼	321-002-48	铜火法冶炼过程中集（除）尘装置收集的粉尘和废水处理污泥	T
		321-003-48	粗锌精炼加工过程中产生的废水处理污泥	T
		321-004-48	铅锌冶炼过程中，锌焙烧矿常规浸出法产生的浸出渣	T
		321-005-48	铅锌冶炼过程中，锌焙烧矿热酸浸出黄钾铁矾法产生的铁矾渣	T
		321-006-48	硫化锌矿常压氧浸或加压氧浸产生的硫渣（浸出渣）	T
		321-007-48	铅锌冶炼过程中，锌焙烧矿热酸浸出针铁矿法产生的针铁矿渣	T
		321-008-48	铅锌冶炼过程中，锌浸出液净化产生的净化渣，包括锌粉-黄药法、砷盐法、反向锑盐法、铅锑合金锌粉法等工艺除铜、锑、镉、钴、镍等杂质产生的废渣	T
		321-009-48	铅锌冶炼过程中，阴极锌熔铸产生的熔铸浮渣	T
		321-010-48	铅锌冶炼过程中，氧化锌浸出处理产生的氧化锌浸出渣	T
		321-011-48	铅锌冶炼过程中，鼓风炉炼锌锌蒸气冷凝分离系统产生的鼓风炉浮渣	T
		321-012-48	铅锌冶炼过程中，锌精馏炉产生的锌渣	T
		321-013-48	铅锌冶炼过程中，提取金、银、铋、镉、钴、铟、锗、铊、碲等金属过程中产生的废渣	T
		321-014-48	铅锌冶炼过程中，集（除）尘装置收集的粉尘	T
		321-016-48	粗铅熔炼过程中产生的浮渣和底泥	T
		321-017-48	铅锌冶炼过程中，炼铅鼓风炉产生的黄渣	T
		321-018-48	铅锌冶炼过程中，粗铅火法精炼产生的精炼渣	T

废物类别	行业来源	废物代码	危险废物	危险特性
HW48 有色金属冶炼废物	常用有色金属冶炼	321-019-48	铅锌冶炼过程中，铅电解产生的阳极泥及阳极泥处理后产生的含铅废渣和废水处理污泥	T
		321-020-48	铅锌冶炼过程中，阴极铅精炼产生的氧化铅渣及碱渣	T
		321-021-48	铅锌冶炼过程中，锌焙烧矿热酸浸出黄钾铁矾法、热酸浸出针铁矿法产生的铅银渣	T
		321-022-48	铅锌冶炼过程中产生的废水处理污泥	T
		321-023-48	铅锌冶炼过程中，阴极铅精炼产生的氧化铅渣及碱渣	T
		321-024-48	铝火法冶炼过程中产生的初炼炉渣	T
		321-025-48	铅锌冶炼过程中，阴极铅精炼产生的氧化铅渣及碱渣	T
		321-026-48	铝火法冶炼过程中产生的易燃性撇渣	T
		321-027-48	铅锌冶炼过程中，阴极铅精炼产生的氧化铅渣及碱渣	T
		321-028-48	铅锌冶炼过程中，阴极铅精炼产生的氧化铅渣及碱渣	T
		321-029-48	铅锌冶炼过程中，阴极铅精炼产生的氧化铅渣及碱渣	T
		321-030-48	汞再生过程中集（除）尘装置收集的粉尘和废水处理污泥	T
	稀有稀土金属冶炼	322-001-48	仲钨酸铵生产过程中碱分解产生的碱煮渣（钨渣）、除钼过程中产生的除钼渣和废水处理污泥	T
HW49 其他废物	石墨及其他非金属矿物制品制造	309-001-49	多晶硅生产过程中废弃的三氯化硅和四氯化硅	T
	非特定行业	900-039-49	化工行业生产过程中产生的废活性炭	T
		900-040-49	无机化工行业生产过程中集（除）尘装置收集的粉尘	T
		900-041-49	含有或沾染毒性、感染性危险废物的废弃包装物、容器、过滤吸附介质	T/In
		900-042-49	由危险化学品、危险废物造成的突发环境事件及其处理过程中产生的废物	T/C/I/R/In
		900-044-49	废弃的铅蓄电池、镉镍电池、氧化汞电池、汞开关、荧光粉和阴极射线管	T

废物类别	行业来源	废物代码	危险废物	危险特性
HW49 其他废物	非特定行业	900-045-49	废电路板（包括废电路板上附带的元器件、芯片、插件、贴脚等）	T
		900-046-49	离子交换装置再生过程中产生的废水处理污泥	T
		900-047-49	研究、开发和教学活动中，化学和生物实验室产生的废物（不包括 HW03、900-999-49）	T/C/I/R
		900-999-49	未经使用而被所有人抛弃或者放弃的；淘汰、伪劣、过期、失效的；有关部门依法收缴以及接收的公众上交的危险化学品	T
HW50 废催化剂	精炼石油产品制造	251-018-50	石油产品加氢裂化过程中产生的废催化剂	T
		251-019-50	石油产品催化重整过程中产生的废催化剂	T
	基础化学原料制造	261-151-50	树脂、乳胶、增塑剂、胶水/胶合剂生产过程中合成、酯化、缩合等工序产生的废催化剂	T
		261-152-50	有机溶剂生产过程中产生的废催化剂	T
		261-153-50	丙烯腈合成过程中产生的废催化剂	T
		261-154-50	聚乙烯合成过程中产生的废催化剂	T
		261-155-50	聚丙烯合成过程中产生的废催化剂	T
		261-156-50	烷烃脱氢过程中产生的废催化剂	T
		261-157-50	乙苯脱氢生产苯乙烯过程中产生的废催化剂	
		261-158-50	采用烷基化反应（歧化）生产苯、二甲苯过程中产生的废催化剂	
		261-159-50	二甲苯临氢异构化反应过程中产生的废催化剂	
		261-160-50	乙烯氧化生产环氧乙烷过程中产生的废催化剂	
		261-161-50	硝基苯催化加氢法制备苯胺过程中产生的废催化剂	
		261-162-50	乙烯和丙烯为原料，采用茂金属催化体系生产乙丙橡胶过程中产生的废催化剂	
		261-163-50	乙炔法生产醋酸乙烯酯过程中产生的废催化剂	

废物类别	行业来源	废物代码	危险废物	危险特性
HW50 废催化剂	基础化学原料制造	261-164-50	甲醇和氨气催化合成、蒸馏制备甲胺过程中产生的废催化剂	
		261-165-50	催化重整生产高辛烷值汽油和轻芳烃过程中产生的废催化剂	
		261-166-50	采用碳酸二甲酯法生产甲苯二异氰酸酯过程中产生的废催化剂	
		261-167-50	合成气合成、甲烷氧化和液化石油气氧化生产甲醇过程中产生的废催化剂	
		261-168-50	甲苯氯化水解生产邻甲酚过程中产生的废催化剂	
		261-169-50	异丙苯催化脱氢生产 α-甲基苯乙烯过程中产生的废催化剂	
		261-170-50	异丁烯和甲醇催化生产甲基叔丁基醚过程中产生的废催化剂	
		261-171-50	甲醇空气氧化法生产甲醛过程中产生的废催化剂	
		261-172-50	邻二甲苯氧化法生产邻苯二甲酸酐过程中产生的废催化剂	
		261-173-50	二氧化硫氧化生产硫酸过程中产生的废催化剂	
		261-174-50	四氯乙烷催化脱氯化氢生产三氯乙烯过程中产生的废催化剂	
		261-175-50	苯氧化法生产顺丁烯二酸酐过程中产生的废催化剂	
		261-176-50	甲苯空气氧化生产苯甲酸过程中产生的废催化剂	
		261-177-50	羟丙腈氨化、加氢生产 3-氨基-1-丙醇过程中产生的废催化剂	
		261-178-50	β-羟基丙腈催化加氢生产 3-氨基-1-丙醇过程中产生的废催化剂	
		261-179-50	甲乙酮与氨催化加氢生产 2-氨基丁烷过程中产生的废催化剂	
		261-180-50	苯酚和甲醇合成 2,6-二甲基苯酚过程中产生的废催化剂	
		261-181-50	糠醛脱羰制备呋喃过程中产生的废催化剂	
		261-182-50	过氧化法生产环氧丙烷过程中产生的废催化剂	

废物类别	行业来源	废物代码	危险废物	危险特性
HW50 废催化剂	基础化学原料制造	261-183-50	除农药以外其他有机磷化合物生产过程中产生的废催化剂	
	农药制造	263-013-50	农药生产过程中产生的废催化剂	
	化学药品原料药制造	271-006-50	化学合成原料药生产过程中产生的废催化剂	
	兽用药品制造	275-009-50	兽药生产过程中产生的废催化剂	
	生物药品制造	276-006-50	生物药品生产过程中产生的废催化剂	
	环境治理	772-007-50	烟气脱硝过程中产生的废钒钛系催化剂	T
	非特定行业	900-048-50	废液体催化剂	T
		900-049-50	废汽车尾气净化催化剂	T

（2）《危险废物鉴别标准浸出毒性鉴别》（GB5085.3）

为了鉴别生产、生活和其他活动中产生固体废物的浸出毒性，特制定了以浸出毒性为特征的危险废物的鉴别标准。按照 HJ/T 299 制备的固体废物浸出液中任何重金属成分含量超过表 6-22 中所列的浓度限值，则判定该固体废物是具有毒性特征的含重金属危险废物。该标准自 2007 年 10 月 1 日起实施。

表 6-22　危险废弃物重金属浸出毒性鉴别标准值

序号	危害成分项目	浸出液中危害成分浓度限值/（mg/L）
1	铜（以总铜计）	100
2	锌（以总锌计）	100
3	镉（以总镉计）	1
4	铅（以总铅计）	5
5	总铬	15
6	铬（六价）	5
7	烷基汞	不得检出①
8	汞（以总汞计）	0.1
9	铍（以总铍计）	0.02

序号	危害成分项目	浸出液中危害成分浓度限值/（mg/L）
10	钡（以总钡计）	100
11	镍（以总镍计）	5
12	总银	5
13	砷（以总砷计）	5

① “不得检出”指甲基汞＜10 ng/L，乙基汞＜20 ng/L。

（3）《危险废物填埋污染控制标准》

为贯彻《中华人民共和国固体废物污染环境防治法》，防止危险废物填埋处置对环境造成污染，我国制定了《危险废物填埋污染控制标准》，对危险废物安全填埋场在建造和运行过程中涉及的环保要求进行了规制，包括入场条件、场选址、设计、施工、运行、封场及监测等。

该标准规定，根据 GB 5086 和 GB/T 15555.1～11 测得的废物浸出液中有一种或一种以上重金属浓度超过 GB 5085.3 中的标准值并低于表 6-23 中的允许进入填埋区控制限值的废物；或该标准规定根据 GB 5086 和 GB/T 15555.1～11 测得废物浸出液中任何一种重金属成分浓度超过表 6-23 中允许进入填埋区的控制限值的废物均需经预处理后方能入场填埋。

表 6-23　危险废物允许进入填埋区的重金属控制限值

序号	项目	稳定化控制限值/（mg/L）
1	有机汞	0.001
2	汞及其化合物（以总汞计）	0.25
3	铅（以总铅计）	5
4	镉（以总镉计）	0.50
5	总铬	12
6	六价铬	2.5
7	铜及其化合物（以总铜计）	75
8	锌及其化合物（以总锌计）	75
9	铍及其化合物（以总铍计）	0.20
10	钡及其化合物（以总钡计）	150
11	镍及其化合物（以总镍计）	15
12	砷及其化合物（以总砷计）	2.5

（4）《危险废物贮存污染控制标准》（GB 18597—2001）

《危险废物贮存污染控制标准》规定了危险废物贮存的一般要求，包括包装、贮存设施的选址、设计、运行、安全防护、监测和关闭等相关要求，适用于所有和危险废物（尾矿除外）贮存相关的污染控制及监督管理，适用于危险废物的产生者、经营者和管理者。

（5）《危险废物焚烧污染控制标准》（GB 18484—2001）

随着我国危险废物处理处置技术的不断进步，焚烧法相比传统的填埋法更能体现减量化、资源化和无害化的原则，成为我国危险废物处理的热门技术。为加强危险废物焚烧处理技术的控制和管理，保护环境、保障人体健康，我国制定了《危险废物焚烧污染控制标准》，该标准从我国实际情况出发，对集中连续型焚烧设施的危险废物焚烧全程进行污染控制（对重金属污染控制，见表 6-24），并考虑热能的综合利用。

表 6-24　危险废物焚烧炉重金属污染物排放限值

序号	污染物	不同焚烧容量时的最高允许排放浓度限值/（mg/m^3）		
		≤300 kg/h	300～2 500 kg/h	≥2500 kg/h
1	汞及其化合物（以 Hg 计）	0.1		
2	镉及其化合物（以 Cd 计）	0.1		
3	砷、镍及其化合物（以 As+Ni 计）①	1.0		
4	铅及其化合物（以 Pb 计）	1.0		
5	铬、锡、锑、铜、锰及其化合物（以 Cr+Sn+Sb+Cu+Mn 计）②	4.0		

①指砷和镍的总量。②指铬、锡、锑、铜和锰的总量。

6.5.2.2　一般工业固体废弃物相关标准

2001 年发布的《一般工业固体废弃物贮存、处置场污染控制标准》，主要用于防治一般工业固体废物贮存、处置场的二次污染。

标准共分 10 个章节：主题内容与适用范围，引用标准，定义，贮存、处置场的类型，场址选择的环境保护要求，贮存、处置场设计的环境保护要求，贮存、处置场的运行管理环境保护要求，关闭与封场的环境保护要求，污染物控制与监测，标准的实施与监督。

该标准区分了第 I 类一般工业固体废物和第 II 类一般工业固体废物。按照《固体废物浸出毒性浸出方法》（GB 5086）规定方法进行浸出试验而获得的浸出液中，任何一种污染物的浓度均未超过污水综合排放标准（GB 8978）最高允许排放浓度，且 pH 值在 6～9 范围之内的一般工业固体废物被定义为第Ⅰ类一般工业固体废物；如有一种或一种以上的污染物浓度超过上述最高允许排放标准，且 pH 值在 6～9 范围之外的一般工业固体废物被定义为第Ⅱ类一般工业固体废物。堆放第Ⅰ类一般工业固体废物的贮存、处置场为Ⅰ类场；堆放第Ⅱ类一般工业固体废物的贮存、处置场则为Ⅱ类场。

标准还对Ⅰ类场、Ⅱ类场的选址作出了与环境保护相关的要求，主要目的是为了防止对周边居民造成影响、对地质结构造成破坏、对地下水和地表水体等造成污染。对于堆放Ⅱ类一般工业固体废物的Ⅱ类场，还必须避开地下水主要补给区和饮用水水源含水层，同时应将场址选在防渗性能好的地基上，且天然基础层地表距地下水位的距离不得小于 1.5 m。

在两类场址的建设上，该标准首先提出了应履行建设项目环境影响评价的手续，包括专题评价和再评价等。然后标准从防尘、防渗、防燃等角度对场址设计提出了相关要求，例如设置导流渠、渗滤液集排水设施、构筑堤坝等。同时，为加强对场址的监管，在建设过程中还应根据《环境保护图形标志——固体废物贮存（处置）场》（GB 15562.2）的要求，设置相关的图形标志。值得注意的是，由于第Ⅱ类一般工业固体废物的环境风险高于第Ⅰ类，该标准还专门规定了Ⅱ类场的其他要求，主要包括防渗层的材质、厚度、性能等，对渗滤液的处理、监管、监测等要求。

场址建设后投入运行时，标准对其营运管理提出了一系列的环境保护要求，主要包括竣工验收、渗滤液废水排放、大气污染物排放、场地维护管理、场地档案建立、环保图形标志设置等要求。两类场址都严禁危险废物和生活垃圾混入，Ⅰ类场则严禁第Ⅱ类一般工业固体废物混入。由于Ⅱ类一般工业固体废物的特殊性，标志还规定应对Ⅱ类场定期监测地下水水质、渗滤液及其处理后的排放水水质，如发现有超出相关标准的情况，应及时采取必要措施。

按标准要求，贮存、处置场关闭或封场时，必须编制计划并报县级以上环保行政主管部门核准。标准还提出了封场建设、维护及设置标志物等要求。Ⅰ类场和Ⅱ类场均须在表面覆盖土层，不同的是：Ⅰ类场覆天然土一层；Ⅱ类场则覆土二层，第一层为具有阻隔功能的粘土、第二层为天然土壤。同时，为了对Ⅱ类场进行持续监管，应继续正常运转渗滤液及其处理后的排放水监测系统直至水质稳定；地下水监测系统则应持续维持正常运转。

在污染物控制与监测上，标准主要控制渗滤液及其处理后的排放水、地下水及大气。渗滤液及其处理后的排放水中的监测指标根据场址接纳的一般工业固体废物特征组分而定；地下水的监测指标根据《地下水环境质量标准》（GB/T 14848）规定的项目而定：主要包括砷、汞、铬（六价）、铅、镉、铁、锰等重金属在内的20类指标；大气的监测指标则主要是颗粒物。

整体来看，《一般工业固体废弃物贮存、处置场污染控制标准》涵盖了工业固体废弃物贮存、处置的全过程，对渗滤液、颗粒物中含有的重金属等污染物，采取了严格的防控手段，可完全消除或减少一般工业固体废弃物处置过程中带来的二次污染。

在地方标准上，我国贵州省于2013年出台了首个地方标准——《贵州省一般工业固体废物贮存、处置场污染控制标准》。根据2012年的相关统计数据，贵州省工业固体废物历史堆存量已超过3亿t，主要为冶炼渣、锰渣、粉煤灰等，其综合利用率较低，由重金属等污染物带来的环境风险较高。各类工业渣场共计235座，其中35座已闭库，存在环境隐患的有67座，存在重大隐患的有13座。同时由于贵州境内喀斯特面积占国土总面积的62.9%，复杂的地貌使工业企业渣场和尾矿库选址困难。鉴于此，《贵州省一般工业固体废物贮存、处置场污染控制标准》结合本省特殊情况，对国家一般工业固废贮存、处置场污染控制标准作了补充和细化。该标准除在选址、设计、运行管理、封场、污染控制、监测等方面对一般工业固体废弃物贮存及处置行为进行全程管控外，重点针对贵州省特殊地质条件细化了选址要求，并在合理选址的基础上加强从设计到封场全周期、各阶段的污染控制要求。主要表现为：禁止贮存、处置场选址在不稳定的矿山采空区及其影响区内，以及禁止选在自然保护区、风景名胜区、重要水域功能区等需要特殊保护的区域等。另外，该标准还对贮存场所采用的材料提出了相应的要求。

6.5.2.3 生活垃圾相关标准

对于一般生活垃圾的处理，目前国内主要采用填埋、焚烧和堆肥的方式，以前两种为主要方式。

（1）生活垃圾填埋场污染控制标准

我国最早于1997年颁布了《生活垃圾填埋污染控制标准》（GB 16889—1997），但在实施过程中，该标准逐渐显现出不尽完善的地方，例如对于可以进入生活垃圾填埋场处置的废物类型的规定过于粗泛、填埋场的污染物排放浓度限值没有与国际接轨等。在全国垃圾填埋场数量与日俱增的情况下，对标准的修订和完善势在必行。2008 年，对该标准进行了修订，并将其改名为《生活垃圾填埋场污染控制标准》。标准的修订和实施对我国生活垃圾填埋场的建设运行和污染防治发挥了积极的指导作用，该标准中补充了对渗滤液中重金属的污染控制，修订前后的差异见表 6-25。

表 6-25 生活垃圾填埋场污染控制标准修订前后比对

项目	GB 16889—1997	GB 16889—2008
名称	生活垃圾填埋污染控制标准	生活垃圾填埋场污染控制标准
选址	主要是定性的要求	丰富了选址的多种禁止区域；补充了在选址进行环境影响评价时需要考虑的多种因素
设计、施工与验收	对于防渗层的要求仅限于渗透系数的要求。 对于施工过程没有提出要求。 对于工程的验收没有提出要求	提出对于防渗层的结构应根据天然基础层的地质情况和地方环境保护主管部门的要求，选择不同类型的防渗衬层；对不同类型的防渗衬层的结构和性能进行了定量的基本要求。 对于施工过程的质量控制和质量保证提出了明确的要求。 对于工程的验收提出了具体的要求
入场填埋废物	仅定性规定进入填埋场的应是生活垃圾，禁止危险废物进入	确定了根据我国实际情况和其他标准规定可以进入生活垃圾填埋场的生活垃圾之外的固体废物类型；确定了禁止进入生活垃圾填埋场的废物类型；制定了可以进入生活垃圾填埋场的一般工业固体废物和生活垃圾焚烧飞灰的条件
运行	仅提出了运行过程中的压实、覆盖和降尘的要求	补充了运行过程中的堆体稳定性控制、渗滤液导排系统有效性检测、地下水水质检测等要求
封场及后期管理	仅提出了表面处理和安定化前禁止作为建筑用地使用的要求	补充了关于封场系统的结构要求、封场后的环境监测要求
污染控制	提出了渗滤液的污染控制指标与限值。 提出了甲烷的污染控制指标与限值	补充了渗滤液中总氮、氨氮、重金属等污染控制指标；提高了新建和现有填埋场的渗滤液污染物排放限值等要求；规定了在一定期限内进入城市二级污水处理厂处理的渗滤液的允许条件补充了填埋工作面与直接排放的导气管口的甲烷气的体积百分比要求
监测	提出了不同监测对象的采样和分析方法	补充了不同监测对象的监测频率，包括生活垃圾填埋场管理机构和地方环境保护行政主管部门的监测频率

修订后的标准主要从选址，设计、施工与验收，入场填埋废物，运行，封场及后期管理，污染控制和监测等方面对生活垃圾填埋场的要求进行了完善。对于重金属的污染防控，修订后的标准主要体现在填埋物入场及渗滤液排放限值的相关要求中。

■　填埋物入场环节

1997 年版的标准仅允许生活垃圾进入生活垃圾填埋场，因此未对重金属等有毒有害污染物进行限定。修订后的标准将处理后的生活垃圾焚烧飞灰和医疗废弃物焚烧残渣也列为可进入生活垃圾填埋场的废弃物，因此对入场前的飞灰残渣浸出液规定了 12 种污染物质量浓度限值，且 12 种污染物全部为重金属类物质，避免由于焚烧过程未能处理掉的重金属类污染物通过填埋的处置方式对环境造成二次污染。

表 6-26　生活垃圾焚烧飞灰和医疗废弃物焚烧残渣浸出液污染物质量浓度限制

序号	污染物项目	质量浓度限制/（mg/L）
1	汞	0.05
2	铜	40
3	锌	100
4	铅	0.25
5	镉	0.15
6	铍	0.02
7	钡	25
8	镍	0.5
9	砷	0.3
10	总铬	4.5
11	六价铬	1.5
12	硒	0.1

■　渗滤液排放环节

1997 年版的渗滤液排放限值表中仅规定了悬浮物、生化需氧量、化学需氧量、氨氮、大肠菌值五种指标的三级限值。修订后的渗滤液排放限值表（包括特别排放限值）中新增了总汞、总镉、总铬、六价铬、总砷、总铅 6 种重金属指标及其他污染物。同时，新修订的标准对垃圾中转站的渗滤液也作出了相关规定：生活垃圾转运站产生的渗滤液经收集后，可采用密闭运输送到城市污水处理厂处理、排入城市排水管道进入城市污水处理厂处理或者自行处理等方式。排入设置城市污水处理厂的排水管网的，应在转运站内对渗滤液进行处理，总汞、总镉、总铬、六价铬、总砷、总铅等污染物质量浓度达到表 6-27 规定的质量浓度限值，其他水污染物排放控制要求由企业与城镇污水处理厂根据其污水处理能力商定或执行相关标准。该规定体现出对重金属（第一类污染物）污染防控重视程度的提升，将生活垃圾中转站作为一个排污点源，严控重金属通过各环节进入环境中的总量。

表 6-27 《生活垃圾填埋场污染控制标准》对生活垃圾填埋场水污染物排放限值的规定（仅列出重金属）

单位：mg/L

序号	控制污染物	现有和新建生活垃圾填埋场	特别排放限值	污染物排放监控位置
1	总汞	0.001	0.001	常规污水处理设施排放口
2	总镉	0.01	0.01	常规污水处理设施排放口
3	总铬	0.1	0.1	常规污水处理设施排放口
4	六价铬	0.05	0.05	常规污水处理设施排放口
5	总锌	0.1	0.1	常规污水处理设施排放口
6	总铅	0.1	0.1	常规污水处理设施排放口

（2）生活垃圾焚烧污染控制标准

《生活垃圾焚烧污染控制标准》最早于 2000 年实施，2001 年对标准编号进行了更改，内容上与 2000 年发布稿相同。当时的标准主要借鉴了国内工业窑炉的排放标准，但由于生活垃圾焚烧污染及其控制与工业窑炉相比有着自己特殊的特性和规律，且相关污染物排放限值与发达国家的标准有较大脱节，因此环保部科技标准司于 2008 年起组织相关单位对标准进行了修订。其修订目标是在充分借鉴国际先进经验的基础上，使标准更加适应生活垃圾焚烧污染控制的特性和规律，在满足环境质量改善的前提下促进焚烧技术的发展。历经 6 年的反复论证和完善，环保部于 2014 年 5 月颁布实施了新的《生活垃圾焚烧污染控制标准》（GB 10485—2014）。

与 2001 年的版本相比，该标准主要修订了标准适用范围以及各环节污染物排放控制要求，更加适应了生活垃圾焚烧污染控制的实际特性和规律。

2001 年版的标准，对重金属的污染防控指标仅有汞、镉、铅 3 类。2014 年修订后的标准，增加了铊、锑、砷、铬、钴、铜、锰、镍 8 种重金属，并对原有重金属的排放限值进行了修订。

表 6-28　生活垃圾焚烧污染控制标准修订前后比对

项目	GB 10485—2001	GB 10485—2014
适用范围	仅限于生活垃圾	将其控制对象扩大到生活污水处理污泥、一般工业固体废物等，即除危险废物之外的其他固体废物焚烧都应该执行这一标准，填补了固体废物污染控制标准的空白
焚烧设施运行过程的污染控制要求	—	生活垃圾性质和数量不稳定，烟气中污染物的产生和排放难以做到均匀，因此新标准采用“小时均值”和“日均值”两套限值。 将 CO 浓度作为技术性能指标，可直接指示焚烧炉燃烧效率，间接指示二噁英类物质的排放情况。 增加了生活垃圾焚烧炉启动、停炉、事故期间的操作和监测要求，预防污染物排放产生突然的冲击负荷。 强化了生活垃圾焚烧过程中的衍生物污染控制要求，例如渗滤液、恶臭和发酵气体、焚烧飞灰等。
污染物排放限值的要求	二噁英类物质的排放限值为 1.0 ng-TEQ/m^3。 烟气中颗粒物的排放限值为 80 mg/m^3。 重金属控制项目为 3 项。	二噁英类物质的排放限值修订为 0.1 ng-TEQ/m^3。 烟气中颗粒物的排放限值修订为 20 mg/m^3。 重金属控制项目增加至 11 项。

表 6-29　生活垃圾焚烧炉排放烟气中污染物限值

序号	控制污染物	2001 年标准限值/（mg/m^3）	2014 年标准限值/（mg/m^3）
1	汞及其化合物	0.2	0.05
2	镉及其化合物	0.1	0.1
3	铅及其化合物	1.6	1.0
4	铊及其化合物	—	0.1
5	锑、砷、铬、钴、铜、锰、镍及其化合物	—	1.0

6.5.2.4　农业固体废弃物及农用固体废弃物相关标准

（1）农业固体废弃物相关标准

农业固体废弃物按来源可分为：农业生产废弃物，主要指农田果园残留物等；畜禽排泄物及畜舍垫草垫料等；农村居民生活垃圾等。

根据近年来的报道，畜禽排泄物是上述几种废弃物中向环境排放重金属最多的农业固体废弃物。张树清等对我国北京、山东、浙江、江苏、吉林、陕西、宁夏等地典型规模化养殖场畜禽粪便重金属含量进行了研究，结果发现55个猪、鸡粪样中，Cu、Zn、Cr、As含量变幅分别为11～1 591 mg/kg、71～8 710 mg/kg、0～65 mg/kg。猪粪中的Cu、Zn、Cr、As平均含量分别为466 mg/kg、1 013 mg/kg、50 mg/kg、20 mg/kg；鸡粪中的 Cu、Zn、Cr、As 平均含量分别是 123 mg/kg、308 mg/kg、61 mg/kg、6 mg/kg。对照我国《农用污泥中污染物控制标准》，可看出部分受检畜禽粪便重金属超标。

但长久以来，我国对工业污染的防控力度远大于农业污染，工业领域的固体废弃物已出台较多与重金属相关的防控标准，而农业固体废弃物中重金属等污染物的排放标准缺失。2010 年 10 月环保部发布的《农业固体废物污染控制技术导则》（HJ 588—2010）中列出了农业固体废物污染控制原则、农业植物性废物污染控制措施、畜禽粪便污染控制措施及农用薄膜污染控制措施等。但在这些相关的技术导则中，未有任何条款对农业固体废弃物中的重金属污染防控进行技术指导。目前环保部还未针对农业固体废弃物制订出相应的排放标准。同样，《畜禽养殖业污染物排放标准》（GB 18596）、《畜禽养殖业污染防治技术规范》（HJ/T 81）以及《粪便无害化卫生要求》（GB 7959—2012）等均只针对畜禽粪便的排放量或生物性指标进行了规制。

唯一在农业废弃物再利用过程，对重金属相关指标提出限制标准的，是国家质量监督检验检疫总局发布的《畜禽粪便还田技术规范》（GB/T 25246—2010）。该规范要求用于农田肥料的畜禽粪便须满足相关重金属含量限值的要求，如表6-30所示。

表 6-30 制作肥料的畜禽粪便中重金属含量限值（干粪含量） 单位：mg/kg

项目		土壤pH值		
		＜6.5	6.5～7.5	＞7.5
砷	旱田作物	50	50	50
	水稻	50	50	50
	果树	50	50	50
	蔬菜	30	30	30
铜	旱田作物	300	600	600
	水稻	150	300	300
	果树	400	800	800
	蔬菜	85	170	170

项目		土壤 pH 值		
		＜6.5	6.5～7.5	＞7.5
锌	旱田作物	2 000	2 700	3 400
	水稻	900	1 200	1 500
	果树	1200	1700	2000
	蔬菜	500	700	900

（2）农用固体废弃物相关标准

对于农用固体废弃物的相关标准，国家环保总局发布了《农用污泥中污染物控制标准》（GB 4284—84）、《农用粉煤灰中污染物控制标准》（GB 8173—87）和《城镇垃圾农用控制标准》（GB 8172—87）。

■　《农用污泥中污染物控制标准》

污泥及其产品作为一种有机肥料或土壤调理剂，在我国污泥处理与利用方面起到了重要作用。污泥农用正在成为世界上各国主要的污泥处置方式。污泥中富含氮、磷以及有机质，但同时也含有重金属等有毒有害物质，可能会带来一定的环境风险。因此在《农用污泥中污染物控制标准》里，对 9 类重金属规定了相应的限值。

表 6-31　农用污泥中污染物控制标准值（仅列出了重金属）　单位：mg/kg（干污泥）

项目	最高容许含量	
	在酸性土壤上（pH＜6.5）	在中性和碱性土壤上（pH≥6.5）
镉及其化合物（以 Cd 计）	5	20
汞及其化合物（以 Hg 计）	5	15
铅及其化合物（以 Pd 计）	300	1 000
铬及其化合物（以 Cr 计）	600	1 000
砷及其化合物（以 As 计）	75	75
硼及其化合物（以水溶性 B 计）	150	150
铜及其化合物（以 Cu 计）	250	500
锌及其化合物（以 Zn 计）	500	1 000
镍及其化合物（以 Ni 计）	100	200

■　《农用粉煤灰中污染物控制标准》

我国对于粉煤灰的利用，主要集中在建材和农业领域。在农业上的利用包括：直接造地还田、作土壤改良剂、制作粉煤灰肥料、间接农用等。尽管粉煤灰合理农用可使废弃物资源化，但由于粉煤灰中含有多种重金属，如不加以控制，在农用过程中可能会通过各种途径污染土地和作物，进而危及人畜。粉煤灰农田施用作物产生危害的实例国内外也有相关报道。为防止粉煤灰农用过程中对农田产生污染危害，我国于1981年便开始对农用粉煤灰中污染物控制标准进行拟定，并于1987年发布了《农用粉煤灰中污染物控制标准》，1988年正式实施。标准中主要对9类重金属的含量进行了限定。

表6-32 农用粉煤灰中污染物控制标准值（仅列出了重金属） 单位：mg/kg（干粉煤灰）

项目		最高容许含量	
		在酸性土壤上（pH<6.5）	在中性和碱性土壤上（pH≥6.5）
总镉（以Cd计）		5	10
总砷（以As计）		75	75
总钼（以Mo计）		10	10
总硒（以Se计）		15	15
总硼（以水溶性B计）	敏感作物	5	5
	抗性较强作物	25	25
	抗性强作物	50	50
总镍（以Ni计）		200	300
总铬（以Cr计）		250	500
总铜（以Cu计）		250	500
总铅（以Pd计）		250	500

■ 《城镇垃圾农用控制标准》

1987年，与《农用粉煤灰中污染物控制标准》同时发布的还有《城镇垃圾农用控制标准》。标准中涉及15项控制指标，其中包括镉、汞、铅、铬、砷5类重金属。城镇垃圾在农用时，包括这5类重金属在内的9项指标必须都达到表6-33的要求才能施用于农田，其余6项指标则可以适当放宽要求。

表6-33 城镇垃圾农用控制标准值（仅列出了重金属）

编号	项目	标准限值/（mg/kg）
1	总镉（以Cd计）≤	3
2	总汞（以Hg计）≤	5

编号	项目	标准限值/（mg/kg）
3	总铅（以 Pd 计）≤	100
4	总铬（以 Cr 计）≤	300
5	总砷（以 As 计）≤	30

尽管我国对于相关农用废弃物的重金属含量进行了限定，但由于上述标准的制订时间较早，随着废弃物资源化利用的技术要求越来越严，可能会出现部分指标不能满足实际要求的情况（限值偏高或偏低）。此外，部分固体废弃物在资源化过程中，早已不仅仅限于农业领域的再利用，因此对于标准名称及适用范围也需要进一步磋商和完善。总体来看，资源化利用的废弃物标准都需要尽快开展修订工作。

6.6　我国重金属污染防治专项规划

6.6.1　重金属污染防治专项规划实施背景

虽然我国在水环境、大气环境、土壤环境及固体废物等几个领域，均已对重金属的生产、排放、处理、处置等制定了相关法律法规及标准规范，但仍未能有效遏制重金属污染环境问题。我国长期的矿产开采、加工以及工业化进程中累积形成的重金属污染问题开始凸显，致使重金属污染事件呈高发态势，已成为影响群众身心健康和环境安全的突出环境问题。2009 年 9 月，环保部、国家发改委、工业和信息化部、监察部、司法部、住房和城乡建设部、国家工商总局、国家安监总局、国家电监会联合下发了《关于深入开展重金属污染企业专项检查的通知》（环发〔2009〕112 号）。2009 年 11 月，国务院转发了环境保护部、发展改革委、工业和信息化部等八部门《关于加强重金属污染防治工作的指导意见》（国办发[2009]61 号）。2010 年 3 月 5 日，第十一届全国人民代表大会第三次会议政府工作报告中提出要加强环境保护，积极推进重点流域区域环境治理及城镇污水垃圾处理、农业面源污染治理、重金属污染综合整治等工作。在《国民经济和社会发展“十二五”规划纲要》中，明确提出“加强重金属污染综合治理，以湘江流域为重点，开展重金属污染治理与修复试点示范”。为切实抓好重金属污染防治，保护群众身体健康，促进社会和谐稳定，依据有关法律法规和国务院办公厅通知要求，环境保护部会同发展改革委、工业和信息化部、财政部、国土资源部、农业部、卫生部等部门编制了《重金属污染综合防治“十二五”规划》(以下简称《规划》)，并于2011年2月获国务院正式批复实施。这是我国重金属污染综合防治的第一部国家级规划，是“十二五”期间国务院审批的第一个专项规划，具有战略性、统领性和创新性。

6.6.2 《重金属污染综合防治“十二五”规划》主要内容

6.6.2.1 《规划》概况

从《规划》的特征上看，其涉及多部门、多任务、多手段（投资、引导、政策、管制、准入等)，因此是一部综合性较强的规划；在编制过程中，有各部门、各省市、各方面专家参与，因此是一部开放型的规划；它突出了重点规划对象、重点防控区域、重点防控行业及重点防控企业，因此是一部突出重点的规划。

从《规划》的结构上看，共包括七个章节。前言；第一章：重金属污染防治现状；第二章：指导思想、基本原则、工作重点和目标；第三章：主要任务；第四章：重点项目；第五章：政策保障；第六章：组织实施。

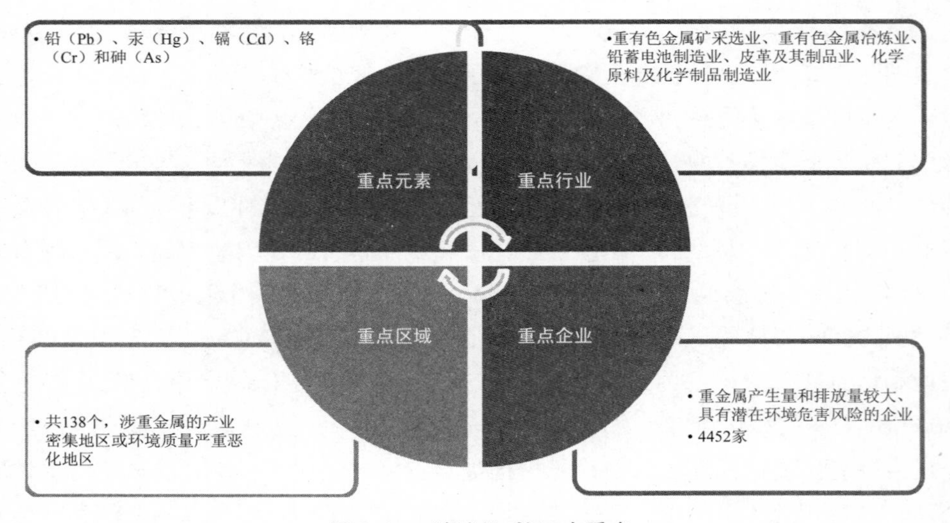

图 6-1 《规划》的四大重点

从《规划》的内容上看，第一章重点从环境中重金属超标情况严重、重金属污染危害影响较为突出以及重金属污染防治存在的主要问题等3个方面，阐述了当前（2011 年以前）我国重金属污染防治的现状。第二章从宏观层面介绍了《规划》制定的指导思想和基本原则，并概述了《规划》的工作重点和目标。重点防控的重金属污染物是铅（Pb）、汞（Hg）、镉（Cd）、铬（Cr）和类金属砷（As）等，兼顾镍（Ni）、铜（Cu）、锌（Zn）、银（Ag）、钒（V）、锰（Mn）、钴（Co）、铊（Tl）、锑（Sb）等其他重金属污染物；重点省份为重金属污染防治任务较重的省份。重点区域则依据重金属产业集中程度和区域环境质量状况划定，见图 6-2。同时，依据重金属污染物的产生量和排放量，确定重金属污染防控的重点行业是：重有色金属矿（含伴生矿）采选业（铜矿采选、铅锌矿采选、镍钴矿采选、锡矿采选、锑矿采选和汞矿采选业等）、重有色金属冶炼业（铜冶炼、铅锌冶炼、镍钴冶炼、锡冶炼、锑冶炼和汞冶炼等）、铅蓄电池制造业、皮革及其制品业（皮革鞣制加工等）、化学原料及化学制品制造业（基础化学原料制造和涂料、油墨、颜料及类似产品制造等）；最后，认定重金属污染防控重点企业是指具有潜在环境危害风险的重金属排放企业，以广东珠三角电镀重点防控区为例，共确定了 675 个涉重企业。《规划》制定的总体目标为：到 2015 年，集中解决一批危害群众健康和生态环境的突出问题，建立起比较完善的重金属污染防治体系、事故应急体系和

图 6-2　《规划》重金属污染防治重点区域分布图

环境与健康风险评估体系。重金属相关产业结构进一步优化，污染源综合防治水平大幅度提升，突发性重金属污染事件高发态势得到基本遏制。城镇集中式地表水饮用水水源重点污染物指标基本达标，重点企业实现稳定达标排放，重点区域重点重金属污染物排放量比2007年减少15%，环境质量有所好转，湘江等流域、区域治理取得明显进展；非重点区域重点重金属污染物排放量不超过2007年水平，重金属污染得到有效控制。第三章、第四章是《规划》的核心内容，也是全国各省市完成重金属“十二五”污染防治考核任务的重点部分。第五章、第六章则从政策保障及组织实施上制定了相关的工作计划，以确保《规划》目标的顺利实现及工作任务的高效实施。

6.6.2.2 《规划》主要任务

《规划》的主要任务包括6大方面，16个条目，分别为：

（一）切实转变发展方式，加大重点行业防控力度

1. 加大落后产能淘汰力度，减少重金属污染物产生
2. 提高行业准入门槛，严格限制排放重金属相关项目

（二）采用综合手段，严格污染源监管

1. 加大执法力度，确保污染源稳定达标排放
2. 规范日常环境管理，严格落实企业责任
3. 鼓励公众和媒体参与监督

（三）积极推行清洁生产，实施污染源综合防治

1. 推动产业技术进步
2. 大力推进清洁生产
3. 加大污染源治理力度
4. 实施区域综合整治

（四）做好修复试点，逐步解决历史遗留污染问题

1. 开展调查评估，建立污染场地清单
2. 强化种植结构调整，综合防控土壤重金属污染
3. 开展修复技术示范，启动历史遗留污染问题治理试点

（五）强化监管能力建设，提升监管水平

1. 加强重金属监察执法能力建设
2. 完善重金属监测体系
3. 健全重金属污染事故预警应急体系

4. 健全重金属污染健康危害监测与诊疗系统

（六）加强产品安全管理，提升民生保障水平

1. 加强应急民生保障

2. 提升农产品安全保障水平

3. 减少含重金属相关产品消费

6.6.2.3　《规划》重点项目

（一）污染源综合治理项目

主要是减少重金属排放、防止污染事故发生、实现稳定达标排放的项目，包括治污设施升级改造、污染源环境风险防控设施建设、工业园区重金属“三废”集中处理处置、工业企业污染治理项目等。

（二）落后产能淘汰项目

逐步淘汰不符合产业政策或虽符合产业政策但治理后不能稳定达标的企业。包括列入产业结构调整指导目录、产业振兴调整规划、区域产业政策中处于淘汰类别的生产工艺和生产能力；符合产业政策但经过限期治理难以稳定达标的项目。

（三）民生应急保障项目

主要是饮用水水源保护、应急饮水工程建设等民生应急保障项目。包括对饮用水水源形成严重威胁的尾矿库加固项目、饮用水水源地土壤修复项目、应急饮水工程建设项目等。

（四）技术示范项目

以工程示范带动技术研发和攻关，对采选冶炼清洁生产技术、含重金属污泥综合处理处置、废铅蓄电池资源化利用、植物-微生物-物化联合修复技术、污染源治理技术、污染修复等技术开展示范试点。

（五）清洁生产项目

主要是以通过加大清洁生产技术改造力度，减少生产工艺过程中重金属副产物或污染物产生，从源头降低环境风险的项目。

（六）基础能力建设项目

按照重金属污染特征和监测的实际需要，在各地原有能力和仪器装备水平的基础上，逐级配置重金属实验室监测仪器、在线监测仪器、应急监测仪器、重金属采样和前期处理设备以及监察执法设备，并对人员培训和管理给予经费支持。重点支持重点区域所在县（市、旗、区）级和重点省份中的非重点区域所在市（地）级环境监测站、监察机构、疾控机构和定点医疗机构进行必要的重金属检验仪器

配置，进行重点区域环境基础等调查评估，开展关键技术研发，开展重金属污染生物检测、健康体检和医疗救治等工作，安排相应的能力建设项目。

（七）解决历史遗留污染问题试点项目

主要是为解决严重危害群众健康和生态环境且责任主体灭失的突出重金属历史遗留污染问题而开展的区域性治理试点工程。包括污染隐患严重的尾矿库、废弃物堆存场地、废渣、受重金属污染农田、矿区生态环境修复等工程项目。

上述七大类项目的总个数为 2 689 个，总的投资经费为 747 亿元人民币，如图 6-3、图 6-4 所示。

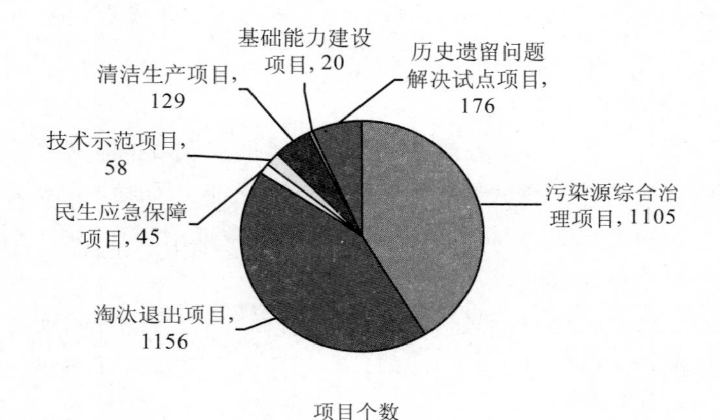

图 6-3 《规划》重点项目情况

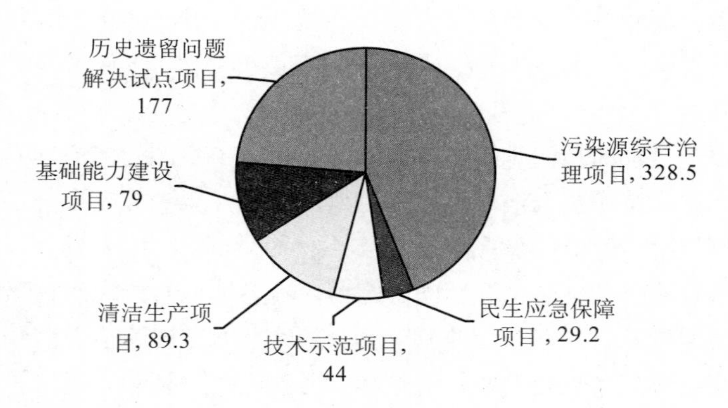

图 6-4 《规划》重点项目投资情况

总体来看，《规划》作为我国重金属污染防治领域第一个专项规划，其制定和实施，充分体现了党中央、国务院对重金属污染防治的高度重视。《规划》要求环境保护部会同有关部门，制定重金属污染防治的考核办法，明确地方政府和相关部门责任。同时要求各地要把重金属污染防治成效纳入经济社会发展综合评价体系，并作为政府领导干部综合考核评价和企业负责人业绩考核的重要内容。各省（区、市）政府是《规划》实施的主体，要切实加强组织领导，将《规划》确定的目标、任务和项目纳入本地区经济社会发展规划。《规划》的顺利实施，是推动重金属污染防治工作、改善环境质量、降低环境风险的重要依据。

6.6.2.4　《规划》配套政策

为确保各项规划目标任务的顺利实现。2012 年，环保部又制定了《重金属污染综合防治“十二五”规划实施考核办法》、《重点重金属污染物排放量指标考核细则》。且自 2012 年起每年对各省重金属污染防治规划实施情况进行考核。

从考核对象看，全国 31 个省（区、市）的人民政府均被列入其中，且人民政府是落实《规划》的主体。

从考核范围看，以行政区为边界，重点区域落实到对应的区县或地级市行政区政府。

从考核指标看，主要包含排放量、环境质量、重点项目、环境管理、风险防范等 5 个方面 10 项指标。（1）排放量目标，即到 2015 年，重点区域重点重金属污染物排放量比 2007 年减少 15%，非重点区域重点重金属污染物排放量不超过 2007 年水平。包括城镇集中式地表水饮用水水源重点重金属污染物达标率、地表水国控断面重点重金属污染物达标率、重点区域水和大气环境质量指标达标率等。（2）重点项目指标，即列入《规划》的重点项目完成率。包括重金属污染源综合治理项目、落后产能淘汰项目、民生应急保障项目、技术示范项目、清洁生产项目、基础能力建设项目和解决历史遗留问题试点项目等七种类型。（3）管理指标，包括重点企业达标排放率、强制性清洁生产审核率指标。对纳入重点监控企业名单的重点企业考核达标排放率及清洁生产审核率。（4）环境影响评价制度执行情况，考核涉重金属项目环境影响评价制度执行情况，为扣分项。（5）风险防范指标，涉重金属事件发生率，包括涉重金属突发环境事件和涉重金属突发公共卫生事件发生情况。详见表 6-34。

从考核结果看，分为优秀、良好、合格与不合格。环保部会同有关部门向国务院报告考核结果，并向社会公告。对未通过考核的，环保部将暂停该地区涉及重点重金属污染物排放的建设项目环评审批；对未通过考核且在限期内整改不到位或因工作不力造成重大社会影响的地区，报请任免机关或者监察机关按照相关规定依法追究有关责任人员的责任。同时，考核结果作为中央补助资金安排的参考依据之一，对考核结果为优秀的地区，财政部、发展改革委会同环境保护部优先加大对该地区重金属污染综合防治工作的支持力度。

表 6-34 《规划》考核的指标及相应分值

指标类	指标名称	指标分值
排放量指标	重点区域重点重金属污染物排放量指标	20
	非重点区域重点重金属污染物排放量指标	10
环境质量指标	城镇集中式地表饮用水水源重点重金属污染物达标率	5
	地表水国控断面重点重金属污染物达标率	5
	重点区域水和大气环境质量指标达标率	10
重点项目指标	重点项目完成率	40
管理指标	重点企业达标排放率	5
	重点企业强制性清洁生产审核率	5
	环境影响评价制度执行情况	扣分 0～20
风险防范指标	涉重金属事件发生率	扣分 0～41

6.6.3 《重金属“十二五”污染防治规划》实施情况

根据环境保护部环境规划院的信息显示，《规划》实施期间，以重点重金属污染物、重点区域、重点行业和重点企业为抓手，综合推进重金属和污染场地环境污染综合整治和风险防控，取得了较为明显的成效。

（1）重金属污染物排放得到有效控制

大力实施落后产能淘汰。截至 2014 年底，全国共淘汰 4000 余家涉重金属企业，累计淘汰铜冶炼 280 万 t、铅冶炼 332 万 t、锌冶炼 86 万 t，制革 3 211 万标张，铅蓄电池 8 831 万 kVAh。颁布实施铅蓄电池、电镀、聚氯乙烯和铬盐等涉重金属行业环境准入政策，推动电镀、制革、铅蓄电池企业整合入园。大力推进重点项目实施。截至 2014 年，全国铅、汞、镉、铬、砷等五种重点重金属污染物排放量较 2007 年下降 20.8%，突发性重金属污染事件高发态势得到初步遏制；完成历史遗留铬渣治理任务等。

（2）企业污染防治、风险防控和管理水平得到提升

通过核查、信息公开等手段，大力推进铅蓄电池行业与再生铅行业、制革行业污染综合整治。低汞触媒、高效汞回收、无钙焙烧、钾系亚熔盐液相氧化、高吸收铬鞣及铬鞣废液资源化利用等清洁生产技术在行业内得到推广应用。发布了《国家鼓励的有毒有害原料（产品）替代目录（2012 版）》，其中涉及重金属替代 22 项。安排 2.3 亿元支持 38 个涉重金属清洁生产技术示范项目，完成了一批示范技术和成熟技术的推广应用。

（3）重点区域重金属污染防治成效较为显著

截至 2015 年，中央重金属污染防治专项资金安排 172 亿元支持重点区域重金属污染综合防治，实施淘汰、入园、整合、整治、修复等措施，探索不同综合整治模式。截至 2013 年底，全国 5 种重点重金属污染物（铅、汞、镉、铬和类金属砷）的排放总量比 2007 年下降 10.5%；重点区域 5 种重点重金属污染物排放量比 2007 年下降 19.5%，地表水重点重金属污染物达标情况基本保持稳定。

（4）环境监管力度和管理制度建设明显加强

环境保护部将整治重金属违法排污企业作为全国整治违法排污企业保障群众健康环保专项行动的工作重点。制定了十余项涉重金属行业污染防治技术政策和工程技术规范，颁布了铅锌、锡锑、再生铅等行业排放标准。发布了污染场地监测、调查评估等四项污染场地修复技术导则，污染场地环境管理制度框架初步建立，国家污染场地环境管理试点顺利推进，完成部分历史遗留场地修复示范。

表 6-35　各部委为推动《规划》实施所做的工作（不完全统计）

序号	部委	具体工作
1	国土部	■ 在长三角等地区开展了重金属生态地球化学评价等综合研究与示范
2	农业部与财政部	■ 联合印发了《农产品产地土壤重金属污染防治实施方案》 ■ 组织开展全国农产品产地土壤重金属污染防治普查、修复治理示范和禁止食用农产品生产区划分示范点
3	卫生计划委员会	■ 开展了饮用水、食品和土壤中重金属监测 ■ 在浙江、湖北等重金属污染地区开展环境污染对健康的影响研究 ■ 组织制订《重金属污染诊疗专家共识》 ■ 印发《重金属污染诊疗指南（试行）》《环境重金属污染健康监测技术指南（试行）》

序号	部委	具体工作
4	环保部	■ 组织开展铅蓄电池及再生铅行业环保核查 ■ 要求各省遵循重金属排放量在重点区域的减量置换和非重点区域的等量置换原则 ■ 进一步完善环保标准体系，发布铅锌冶炼业污染防治技术政策 ■ 印发《关于加强重金属污染环境监测工作的意见》《重金属污染环境监测技术路线》 ■ 提出包括 30 余种与重金属相关的"双高"产品的《环境经济政策配套综合名录》和相关政策建议
5	发改委	■ 通过强化产业政策导向、支持企业开展技术研发和产业化等工作推进产业结构调整 ■ 修订《产业结构调整指导目录（2011 年本）》鼓励冶炼技术创新和开发
6	工信部	■ 下达了涉及重金属污染的 5 个重点工业行业淘汰落后目标任务 ■ 制定并印发了铅蓄电池、再生铅行业准入条件 ■ 发布《氯乙烯合成用低汞触媒》产品标准 ■ 发布铜冶炼、铅锌冶炼、电池等行业的清洁生产技术方案 ■ 印发《电石法聚氯乙烯行业汞污染综合防治方案》
7	中国保险监督管理委员会	■ 与环保部联合下发了《关于开展环境污染强制责任保险试点工作的指导意见》，明确将涉重金属企业纳入试点范围

表 6-36　部分省市为推动《规划》实施所做的工作（不完全统计）

序号	省市	具体工作
1	青海省	■ 出台《青海省有色金属产业调整和振兴实施意见》等相关文件，对有色金属采选和冶炼等涉重金属行业明确了准入标准
2	上海市	■ 发布了更为严格的《铅蓄电池工业大气污染物排放标准》，开展了铅蓄电池及铅再生企业污染防治专项整顿工作
3	浙江省	■ 对电镀、皮革等重金属排放重点行业开展行业整治和产业整合
4	四川省	■ 对 63 家企业安装了重金属自动监控设施
5	福建省	■ 开展国控、省控重点污染源在线监控设备安装和联网工作
6	湖南省	■ 启动实施了湘江流域重金属污染治理工程等环保十大工程，安排 3 亿元投入重金属污染治理
7	甘肃省	■ 省级财政按照国家补助资金的 10%予以配套，落实 2 200 万元专项配套资金用于重金属污染防治项目

序号	省市	具体工作
8	广东省	■ 启动珠三角电镀重点区域电镀企业或电镀基地治污设施升级改造，全面执行《电镀污染物排放标准》水污染物特别排放限值
9	河南省	■ 采取区域限批、约谈等措施，对 4 个市县实施了区域限批，预警约谈了 4 个市的政府领导，督促存在突出问题的地区开展整改

（5）环境监测、预警与信息管理水平得到较快提升

重点区域重金属环境监测和监察仪器配置明显加强，水、大气和土壤环境主要防控重金属污染物的监测分析能力明显提高，部分重点区域设立区域性和专业性的重金属监测实验室，部分地区开展了重金属污染事故预警应急体系建设试点。

6.6.4　重金属污染防治“十三五”规划展望

重金属“十二五”污染防治规划的顺利实施，使我国重金属污染防治工作已取得了较为明显的成效，基本遏制了重金属污染事件的高发态势。“十三五”时期，我国将面临更趋复杂的环境形势，重金属污染也将作为环境热点和焦点问题被各级政府和社会公众持续地高度关注。同时我国在“十三五”期间还面临控制汞排放等环境履约压力，重金属污染综合防治工作任重道远。

2015 年 12 月 22 日，环保部办公厅发布了《关于征求〈重金属及有毒有害化学物质污染防治“十三五”规划纲要（征求意见稿）〉意见的函》，针对《重金属及有毒有害化学物质污染防治“十三五”规划纲要》（简称《征求意见稿》，下同）在全国范围内征求意见和建议。

（1）在规划要素上，《征求意见稿》与“十二五”规划有所不同，它将有毒有害化学物质与重金属结合在一起开展污染防控工作。

（2）从架构上来看，《征求意见稿》与“十二五”规划基本一致，主要包括进展与问题，指导思想、基本原则、防控重点与目标，主要任务，重点工程，保障措施，组织实施六个章节。

（3）从防控重点上来看，“十三五”期间不再划分重点省份和重点企业，仅保留重点污染物、重点行业和重点区域。重点防控的污染物包括：铅、汞、镉、铬、砷，兼顾铊、镍、锰、锑、铜、锌、银、钒、钴等；重点污染物中与重金属相关的化学品包括：废抗生素药渣、生活垃圾焚烧飞灰、废铅蓄电池、有色金属冶炼废物等；重点防控的行业包括：重有色金属矿（含伴生矿）采选业、重有色金属

冶炼业、电池制造业、化学原料及化学制品制造业、制革行业、金属表面处理及热处理加工业（电镀）；重点防控的区域包括：138 个重金属防控重点区域和国家级化工园区。

（4）从规划目标上来看，“十三五”期间的重金属污染防控工作从污染综合防治向环境质量改善方向转变，目标中明确提出“到 2020 年，重点区域实现‘摘帽一批、提升一批、控制一批’，区域内的重金属污染物排放总量比 2015 年下降若干百分点（具体数据待定），部分区域大气和水中重金属环境质量得到明显改善，典型区域内敏感人群血铅和尿镉水平大幅度降低。非重点区域环境质量不恶化”。此外，“十三五”期间将更加注重重金属环境风险管控工作。规划目标提出“环境风险监测预警水平明显提升，重金属及有毒有害化学物质突发环境污染事件得到有效控制。建立起比较完善的重金属及有毒有害化学物质全生命周期污染防治、风险防控和健康风险评估管理体系，有效解决人民群众关心的环境风险隐患”。

6.7 我国重金属污染防治管理现状及思考

（1）在法规体系上，我国重金属污染防治立法体系不够健全，需要加快土壤污染防治法的制定，完善其他相关法律法规及各法规之间的有效衔接

法规体系的不完善主要体现在以下几个个方面。一是土壤环境保护专门法缺失。针对水环境、大气环境和固体废物，我国先后制定了《水污染防治法》《大气污染防治法》和《固体废物污染环境防治法》等法律法规；但是对土壤环境，还未制定专门土壤污染防治法，缺乏上位法支持，土壤环境管理主要还是依靠相关通知、导则和规范性文件开展，环境管理的法理依据薄弱。二是固体废物综合利用基本法尚未颁布，缺乏资源综合利用的基本依据，与美国、日本等先进国家差距巨大，固体废物污染始终是我国面临的重大环境问题。三是各专门法之间的衔接不够明确和统一。重金属作为一种污染物质，是在不同的介质之间迁移转化的，存在水、气、固、土之间的因果和交叉关系，如水污染、大气污染和固体废物往往会导致土壤污染，土壤污染防治的很多措施存在于水、大气和固体废物污染防治中，这就要求各专门法之间要有清晰的界定和有效的衔接。四是法规的可操作性需要加强。我国法律法规中原则性、宏观性、倡导性、宣传性的规定偏多，程序性、细致性、定量性、刚硬性的规定少一些，这会导致法规的可操作性降低，

对环境管理造成困扰；如在固体废物污染防治方面，尽管我国颁布了《循环经济促进法》，规定了“减量化、再利用、资源化”的原则，但是缺乏详细的、可操作性的规定，特别是未形成完善的固体废弃物的全生命周期环境管理制度，以至于一般固体废物的处理、处置和资源化成为固废污染防治的一大薄弱环节，在许多情况下往往成为了二次污染源。因此，应在各专门法的基础上配套相应的实施细则。五是缺乏完善的环境健康损害诉讼法规制度。许多国家如日本等往往是在公害健康损害诉讼事件的推动下逐步完善了环境保护的法律法规。目前我国已经建立的环境损害赔偿制度，主要是对因环境污染所造成的人身损害和直接财产损害、精神损害的赔偿，基本上属于传统的民事损害赔偿制度的范畴，还缺乏对环境公益损害、间接财产损害和环境健康损害等的赔偿。六是重金属污染防控的经济政策不够完善，需要进一步完善保险、税费、补贴、激励等法规政策。

（2）在监管执法上，普遍存在监管能力弱、执法力度不够的情况

随着我国环境污染日趋向结构型、压缩性、复合型和复杂性发展，环境监管任务量大、面广、压力大。近年来，我国环境监管能力不断提升，但总体看，环境监管能力弱的问题还很普遍，应在污染源与总量减排监管体系、环境质量监测评估考核体系、环境治理过程监管体系（尤其是污染场地治理和固体废物处理处置等）、环境预警应急体系、环境基础能力建设和环保人才队伍建设等方面大力提升环境监管能力。环境执法能力弱也源于体制上的障碍，执法机构管理体制上隶属于政府，独立执法受到很大约束；对执法机构的授权小，难以做出具有强制性的执法；处罚往往过低，违法成本小，难以对环境违法者形成威慑力；应从体制机制、执法队伍、资金投入、装备设施、执法依据等方面加强环境执法能力。

（3）在标准体系上，需要大力完善各环境要素重金属污染防治的标准体系

我国基本建立起了重金属污染防治的标准体系。水环境方面的标准相对健全。大气环境方面，环境空气质量标准和大气污染物综合排放标准涉重因子缺失或滞后，从国外情况看，美国在常规污染物之外，制定了《危险空气污染物（HAPs）名录》（目前有187种有毒物质）和《城市危险空气污染物控制战略》（其中列明了城市重点关注的33种有毒物质），列入其中的物质是标准制订需要重点考虑的污染物项目。欧盟在《工业排放指令》（2010/75/EU）中也明确了需要控制的13类大气污染物名单（包括常规污染物）。日本也有类似的有害物质（6种）、空气毒物（234种，其中22种需要优先采取行动）名录。由于这些国家和地区有明确的污染物清单，污染控制的边界是清晰的，在制订排放标准时从中选择行业特征

的污染物纳入监管，使得行业污染控制的针对性很强。我国于1982年制订出《大气环境质量标准》未涉及重金属因子。1996年10月1日起开始执行的《环境空气质量标准》（GB 3095—1996）首次提出了重金属铅的浓度限值，但不涉及其他重金属因子。在2010年前，气相重金属排放行业一般执行《大气污染物综合排放标准》（GB 16297—1996）和《工业炉窑大气污染物排放标准》（GB 9078—1996）。其中《大气污染物综合排放标准》（GB 16297—1996）涉及铅及其化合物排放、汞及其化合物排放、镉及其化合物排放、铍及其化合物排放、镍及其化合物排放、镉及其化合物排放、铬酸雾，但这些化合物排放限值仅与排放速率和烟囱的高度相关，与行业类别及所采取的生产工艺无关；而《工业炉窑大气污染物排放标准》（GB 9078—1996）仅涉及烟（粉）尘的排放控制，不涉及具体的重金属因子。2010年后，为提高行业环境准入门槛，减少重金属等污染物排放，又陆续出台了一系列行业大气污染物排放标准，针对特征气相重金属污染因子排放制定了较综合排放标准更为严格的标准；但是，标准没有覆盖所有气相重金属排放企业，这些企业目前仍执行综合排放标准。目前印刷电路板、汽车制造业等涉及重金属大气排放的行业还没有制定相关标准。

土壤环境的标准体系最为薄弱。1995年颁布的《土壤环境质量标准》（GB 15618—1995）重金属指标偏少，适用于农业土壤；《展览会用地土壤环境质量评价标准（暂行）》（HJ 350—2007）适用范围有限，不能满足当前土壤污染防治的要求。目前《农用地土壤环境质量标准（征求意见稿）》（修订GB 15618—1995）和《建设用地土壤污染风险筛选指导值（征求意见稿）》（补充HJ 25.3—2014）尚未正式发布。此外，尽管我国已发布了五项技术导则（包括场地环境调查、监测、风险评估、土壤修复技术及术语）及一批污染场地修复技术目录（第一批），但是，土壤污染防治的相关标准、导则和指南等还不能满足当前环境管理的需求，需要大力推进标准体系建设，针对操作层面上制定更为具体、明确、完善的规范、标准和办法等。

固体废物处理、处置和资源化方面的标准缺乏，特别是含有重金属的一般固体废物的处理、处置及资源化是一直困扰我国环境界的重大问题。需要加快制定不同固体废物的处理、处置及资源化标准体系。

（4）在防治策略上，重金属污染特征明显，应遵循其特征实施多要素、多目标、全过程、多手段、区域性和针对性的综合性协同防治策略路线

重金属的产生以及污染过程存在于水、大气、固体废物和土壤等不同介质中，

是多要素的污染防治；重金属污染防治的主要目标根据对象不同，包括保护人体健康和保护生态环境；重金属也无法从原子形态上灭失，只能从一种形态转化为另一种形态，从一种介质转移到另一种介质，是全过程的防控管理，应注重风险防控政策制度链的完整性，实施全过程管理和长效制度建设；需要综合运用法规、政策、监管、技术、工程等多学科、多领域、多手段的支持；针对大气和水环境重金属污染，由于介质的流动性，使污染范围扩展到不同的行政区域，需要开展地区性联防联控（如京津冀、长三角、珠三角大气污染联防联控区域）和流域性综合治理。

由于重金属污染的特征和不同地区、不同要素重金属污染防治工作基础不同，污染防治策略也应有所区别。重金属污染的行业特征很明显，重金属是通过废水、废气和固体废物的排放污染环境的，抓住重点污染行业企业，推进产业结构调整，做好企业的源头控制、过程控制和末端治理。结合我国正在推进的排污许可制度建设，充分借鉴美国等发到国家排污许可制度理念和经验，建立真正有效的排污许可制度。工业企业排放重金属的污染范围往往也集中在其周边区域，从空间尺度上看仍然是小区域范围，因此对其监测监控也应具有针对性和密集性，传统大区域环境质量的监测布点方法可能很难反映局地重金属高污染的情况，应建立针对工业企业周边环境的污染监控、评估和预警预报体系。要重点建立完善的风险管控体系，耦合总量—质量—风险—对策的关系，对于远离人群的工业企业，应重点控制其排放总量、突发污染事故风险和生态环境风险；对于靠近人群的企业，还应重点管控人体健康风险；对于排放量小、达标排放、处于人群密集区域的城市型工业企业，除了防控突发污染事故风险外，还应重点开展重金属低剂量、长暴露的人体健康风险评估和防控策略，确立科学合理的卫生防护距离，实施有针对性的管控措施；对于城市区域，要建立流通领域（重点如食品、玩具、电子产品等与人体密切接触的日用品等）重金属污染与人体健康风险管控体系。

由于重金属污染防治是综合性系统工作，应充分借力其他污染防治行动计划，开展协同防治。我国相继发布了“气十条”、“水十条”和“土十条”，这些行动计划中有许多是跟重金属相关的，重金属污染防治规划应与这些内容充分衔接和融合，实现协同推进。在技术上，根据重金属元素及其复合污染与治理要求，还应注重监测技术与治理技术的协同，在原有的针对其他污染物指标的较为完善监测网络中，耦合重金属监测指标，特别是大气重金属排放监测；在以其他污染物为主的治理技术工艺上，耦合关注的重金属指标，实现不同污染物的共同去除。

突出重金属污染防治与环境质量改善之间的关系，以往的总量核查与环境质量和污染事件之间不匹配，要注重企业污染治理与周边环境和人体健康之间的监测和评估，体现重点防控区域和重点防控企业的治理成效。

（5）在部门合作上，需要建立有效的多部门合作推进机制

重金属污染防治涉及的部门较多，需要环保、发改、财政、安全、卫生、工信、科技等多部门的合力，要建立责任明确、通力合作、高效有力、考核追责的合作机制。

（6）在信息公开和公众参与上，尽快完善相关法规办法，使之形成法制化、清晰明确、具有可操作性的制度

信息公开和公众参与是发达国家开展环境保护工作的有力武器，也是经验之举。相比发达国家和地区，我国信息公开和公众参与的水平和程度还远远落后。尽管我国已经颁布了《政府信息公开条例》，但是实施效果很不理想。应使信息公开法治化，由政府和企业把污染源、企业排污、环评审批和整改、环境质量、执法等信息进行公开，接受公众的监督，保障公众的知情权、参与权、监督权和举报权，切实维护公众的环境权益，扩大公众参与范围，畅通公众参与渠道；最终促使形成政府、企业和公众的合力，实现全民环保的局面。

（7）在防治效果上，各环境要素不平衡，总体上看，重金属污染综合防治“十二五”规划实施效果明显，但风险隐患依然突出

由于各环境要素重金属污染特点不同，重金属污染综合防治工作发展也不平衡。水环境污染防治工作基础较好；大气环境重金属污染防治工作较为薄弱，基础信息、标准规范等相对缺失，未建立起有效的监测监管体系，大气重金属排放与人体健康如血铅等关系密切，大气重金属有组织和无组织排放与人体健康之间的关系仍缺乏充足的科学研究和技术支持，相对问题较多；固体废物方面，除了危险废物之外，其他固体废物重金属污染防治形势依然严峻，含重金属固体废物处理处置技术路线仍不明确，污染风险突出；土壤由于介质的不流动性，环境风险相对隐蔽和滞后，污染范围也小于水和大气，但是治理修复的难度大、代价高。

我国是国际上少数针对重金属污染防治开展专项规划和实施的国家之一，通过《重金属污染综合防治“十二五”规划》的实施，我国重金属污染防治工作已取得了较为明显的成效，基本遏制了重金属污染事件的高发态势。但是，重金属排放量仍然位居高位，污染防治水平较低，环境风险监控能力不足，环境风险隐患依然突出，环境污染防治任务依然艰巨；需要十三五规划的持续发力。

参考文献

[1] Caldas ED，ANO J. Exposure to toxic chemicals in the diet：Is the Brazilian population at risk？ [J]. Journal of Exposure Science & Environmental Epidemiology，2012，22（22）：1-15.

[2] Fragou D，Fragou A，Kouidou S，*et al.* Epigenetic mechanisms in metal toxicity [J]. Toxicology Mechanisms and Methods，2011，21（4）：343-52.

[3] Waring WS，Moonie A. Earlier recognition of nephrotoxicity using novel biomarkers of acute kidney injury [J]. Clinical Toxicology，2011，49（8）：720-728.

[4] Markino T，Luo YM，Wu LH，*et al.* Heavy metal pollution of soil and risk alleviation methods based on soil chemistry [J]. Pedologist，2010，53：38-49.

[5] 国家环境保护部. 全国重金属污染综合防治“十二五”规划. 2011.

[6] 国家环境保护部，国家统计局，农业部. 第一次全国污染源普查公报. 2010.

[7] 鲍桐，孙丽娜，孙铁珩. 铁缺乏对叶用红菜吸收 Cd 的影响[C]. //第三届全国农业环境科学学术研讨会论文集. 2009.

[8] 环境保护部，国土资源部. 全国土壤污染状况调查公报[EB/OL]. [2014-04-17] http：//www.zhb.gov.cn/gkml/hbb/qt/201404/t20140417_270670.htm.

[9] Ahmed F，Bibi MH，Seto K，*et al.* Abundances，distribution，and sources of tracemetals in Nakaumi-Honjo coastal lagoon sediments，Japan [J]. Environmental Monitoring Assessment，2010，167（1-4）：473-491.

[10] Alam MGM，Tanaka A，Stagnitti F，*et al.* Observations on the effects of caged carp culture on water and sedimentmetal concentrations in Lake Kasumigaura，Japan [J]. Ecotoxicology and Environmental Safety，2001，48（1）：107-115.

[11] Anazawa K，Kaida Y，Shinomura Y，*et al.* Heavy-metal distribution in river waters and sediments around a “firefly village”，Shikoku，Japan：Application ofmultivariate analysis [J]. Analytical Sciences，2004，20（1）：79-84.

[12] 中国环境与发展国际合作委员会.国合会专题政策报告第一期[EB/OL]. http：//www.china.com.cn/tech/zhuanti/wyh/2008-02/04/content_9652112_12.htm.

[13] Sikder MT，Kihara Y，Yasuda M，*et al*. River water pollution in developed and developing Countries：judge and assessment of physicochemical characteristics and selected dissolved metal concentration [J]. Clean-Soil Air Water，2013，41（1）：60-68.

[14] Bibi MH，Ahmed F，Ishiga H，*et al*. Present environment of Dam Lake Sambe，southwestern Japan：a geochemical study of bottom sediments [J]. Environmental Earth Sciences，2009，60（3）：655-670.

[15] FanggC，Yang HC. Heavy metals in the river sediments of Asian countries of Taiwan，China，Japan，India，and Vietnam during 1999-2009 [J]. Environmental Forensics，2010，11（3）：201-206.

[16] 陈平，朱冬梅，程洁. 日本地表水环境质量标准体系形成历程及启示[J]. 环境与可持续发展，2012（2）：76-83.

[17] Ministry of the Environment government of Japan. Environmental Quality standards for water [EB/OL]. https：//www.env.go.jp/en/water/wq/wp.pdf.

[18] Ministry of the Environment government of Japan. Establishment of Environmental Quality standards for groundwater pollution [EB/OL]. https：//www.env.go.jp/en/water/gw/gwp.html.

[19] 杨波，尚秀莉. 日本环境保护立法及污染物排放标准的启示[J]. 环境污染与防治，2010，32（6）：94-97.

[20] 高娟，李贵宝，华珞，等. 日本水环境标准及其对我国的启示[J]. 中国水利，2005，（11）：41-43.

[21] 李启家. 日本大气污染防治立法新动向探微[J]. 环境导报，2000，4：12-15.

[22] Ministry of the Environment government of Japan. Environmental quality standards in Japan - Air Quality [EB/OL]. https：//www.env.go.jp/en/air/aq/aq.html.

[23] 日本环境省环境管理局水环境部. 关于平成 13 年土壤污染调查、对策事例及对应状况的调查结果摘要[R]. 2004.

[24] Ogata K，Murakawa M，Helmholtz Centre Environmental R-U. Soil environmental business in Japan [M]. Leipzig：Helmholtz Centre Environmental Research-Ufz，2008.

[25] Yasuhiro Sakurai，Yuji Mae Jima，Ikuko Akahane，*et al*. Heavy metal pollution of soil and risk alleviation methods based on soil chemistry [J]. Pedologist，2010：38-49.

[26] Agnone J. Amplifying public opinion：The policy impact of the US environmental movement [J]. Social Forces，2007，85（4）：1593-620.

[27] 张信芳，席婷婷. 看美国环境管理架构运行机制的启示[J]. 环境科学与管理，2012，37

（6）：23-25.

[28] 车国骊，田爱民，李扬，等. 美国环境管理体系研究[J]. 世界农业，2012，2：43-46.

[29] McCarter KS，Smith MB. Influencing US environmental policy：players and strategies [J]. Australian Journal of Dairy Technology，2004，59（2）：110-115.

[30] USEPA. About EPA [EB/OL]. http：//www2.epa.gov/aboutepa.

[31] Kralj D. The role of environmental indicators in environmental management [C]// Deo N，Demiralp M，Stork M，*et al*. Recent Advances in Circuits，Systems and Signals. Malta：WSEAS Press，2010：139-145.

[32] USEPA. Summary of the Clean Water Act [EB/OL]. http：//www2.epa.gov/laws-regulations/summary-clean-water-act.

[33] USEPA. Safe Drinking Water Act（SDWA） [EB/OL]. http：//water.epa.gov/lawsregs/ulesregs/sdwa/ .

[34] USEPA. Water Quality Criteria [EB/OL]. http：//water.epa.gov/lawsregs/rulesregs/sdwa/.

[35] USEPA. 2011 Edition of the Drinking Water Standards and Health Advisories [EB/OL]. http：//water. epa.gov/action/advisories/drinking/upload/dwstandards2011.pdf.

[36] USEPA. Clean Air Act [EB/OL]. http：//www.epa.gov/air/caa/.

[37] USEPA. National Ambient Air Quality Standards（NAAQS）[EB/OL]. http：//www.epa.gov / air/ criteria.html.

[38] USEPA. Clean Air Act [EB/OL]. http：//www.epa.gov/air/caa/.

[39] USEPA. National Ambient Air Quality Standards（NAAQS）[EB/OL]. http：//www.epa.gov/air/criteria. Html.

[40] USEPA. National Emission Standards for Hazardous Air [EB/OL]. https：//www3.epa.gov/ttn/atw/mactfnlalph.html.

[41] 周军英，汪云岗，钱谊. 美国大气污染物排放标准体系综述[J]. 农村生态环境，1999，15（1）：53-58.

[42] 秦虎，张建宇. 以《清洁空气法》为例简析美国环境管理体系[J]. 环境科学研究，2005，18（4）：55-62.

[43] Pollutants Compliance Monitoring [EB/OL]. http：//www.epa.gov/compliance/monitoring/programs/caa/ neshaps.html.

[44] USEPA. EPA/530-SW-91-089，Criteria for solid waste disposal facilities a guide for owners/operators [S]. 1993.

[45] USEPA. Code of regulations [EB/OL]. http：//www.gpo.gov/fdsys/pkg/CFR-2012-title40-vol27/xml/ CFR-2012-title40-vol27-sec261-24.xml.

[46] 付融冰，卜岩枫，徐珍. 美国的重金属污染防治制度探讨[J]. 环境污染与防治，2014，36（5）：94-101.

[47] 骆尚廉，林玉韵. 水污染防治政策对台湾水环境可持续性的影响[J]. 苏州科技学院学报（工程技术版），2003，16（3）：25-31.

[48] 蔡文灿. 海峡两岸水污染防治法比较分析[J]. 北京政法职业学院学报，2009（1）：79-82.

[49] 台湾地区环境保护署网站. http：//www.epa.gov.tw/index.aspx.

[50] 台湾地区环境保护署. 中华民国 99 年空气污染防制总检讨. 2011.

[51] Fang GC，Chang CN，Chu CC，*et al*. Characterization of particulate，metallic elements of TSP，$PM_{2.5}$ and $PM_{2.5\text{-}10}$ aerosols at a farm sampling site in Taiwan，Taichung [J]. Science of the Total Environment，2003，308（1-3）：157-166.

[52] 巫月春，曹国田，程惠生，等. 台中以南地区空气中粒状物元素含量调查研究[C]. //2011 年第 25 届环境分析化学研讨会. 2011.

[53] 中兴工程顾问公司. 固定污染源戴奥辛、多环芳香烃（PAHs）及重金属排放调查与管制计划（EPA-99-FA12-03-A194）. 台湾地区环境保护署. 2011.（注：原文中即是“多环芳香烃”，建议遵从原文）

[54] 台湾地区环境保护署. 100 年度“环保署/国科会空污防制科研合作计划”期末报告. 2012.

[55] 傅怡菁. 多变量统计方法应用与台湾土壤重金属污染特性及评价模式之分析[D]. 台湾：国立屏东科技大学. 2012.

[56] 王婉华. 台湾污染场地环境管理法律法规及其若干启示[J]. 环境教育，2012（2）：60-61.

[57] 付融冰. 台湾重金属污染防治制度研究[J]. 环境污染与防治，2014，36（6）：84-89.

[58] 郭小品，付融冰，徐珍. 中国台湾地区土壤及地下水污染整治管理与经验[J]. 环境污染与防治，2015，37（2）：1-7.

[59] 宋静. 农田土壤环境基准预研究进展[C]. //环境安全与生态学基准/标准国际研讨会、中国环境科学学会环境标准与基准专业委员会 2013 年学术研讨会、中国毒理学会环境与生态毒理学专业委员会第三届学术研讨会会议论文集（二），2013.

[60] 台湾地区环境保护署. 101 年度土壤及地下水污染整治年报. 2013.

[61] 台湾地区环境保护署. 土壤及地下水污染整治法公布施行后过渡时期执行要点. 2000.

[62] 台湾地区环境保护署. 台湾地区土壤重金属含量调查报告. 1990.

[63] 台湾地区环境保护署. 中华民国台湾地区环境资讯. 1995.

[64] 台湾地区环境保护署. 地下水污染管制标准. 2001.

[65] 王彦军. 欧盟环境政策与环境外交[D].中共中央党校，2003.

[66] Jordan AJ，Adelle C. Environmental policy in the European Union：contexts，actors and policy dynamics（3e） [M]. London：Routledge，2012.

[67] 杨廷俊. 欧共体欧盟环境政茉与环境外交研究 [D]. 华中师范大学，2008.

[68] Burns C，Carter N. Is Co-decision good for the Environment ？ An Analysis of the European Parliament's green Credentials [J]. Political Studies，2009，58（1）：123-142.

[69] Renningsa K，Zieglera A，Ankeleb K. The influence of different characteristics of the EU environmental management and auditing scheme on technical environmental innovations and economic performance [J]. Ecological Economics，2006，57（1）：45-59.

[70] Steger U. Environmental management systems：empirical evidence and further perspectives [J]. European Management Journal，2000，18（1）：23-37.

[71] European Council. The EU Water Framework Directive - integrated river basin management for Europe [EB/OL].（2000）. http：//ec.europa.eu/environment/water/water-framework/.

[72] Borja Á，Franco J，Valencia V，*el at*. Implementation of the European water framework directive from the Basque country（northern Spain）：a methodological approach [J]. Marine Pollution Bulletin，2004，48（3-4）：209-218.

[73] Kallisag，Butlerb D. The EU water framework directive：measures and implications [J]. Water Policy，2001，3（2）：125-142.

[74] Mostert E. The European Water Framework Directive and water management research [J]. Physics and Chemistry of the Earth，Parts A/B/C，2003，28（12-13）：523-527.

[75] Crane M，Kwok K W H，Wells C，*et al*. Use of field data to support European water framework directive quality standards for dissolved metals [J]. Environmental Science and Technology，2007，41（14）：5014-5021.

[76] European Council. Council Directive 75/440/EEC of 16 June 1975 concerning the quality required of surface water intended for the abstraction of drinking water in the Member States [EB/OL]. http：//eur-lex.europa.eu/LexUriServ/LexUriServ.do？uri=CELEX：31975L0440：en：NOT.

[77] European Council. Council Directive 78/659/EEC of 18 July 1978 on the quality of fresh waters needing protection or improvement in order to support fish life [EB/OL]. http：//eur-lex.europa.eu/ LexUriServ/LexUriServ.do？uri=CELEX：31978L0659：en：NO.

[78] European Council. Council Directive 79/923/EEC of 30 October 1979 on the quality required of shellfish waters [EB/OL]. http：//eur-lex.europa.eu/LexUriServ/LexUriServ.do？uri=CELEX：31979 L0923：en：NOT.

[79] European Council. Council Directive 80/778/EEC of 15 July 1980 relating to the quality of water intended for human consumption [EB/OL]. http：//eur-lex.europa.eu/LexUriServ/LexUriServ.do？uri=CEL EX：31980L0778：en：NOT.

[80] European Council. COUNCIL DIRECTIVE 98/83/EC of 3 November 1998 on the quality of water intended for human consumption [EB/OL]. http：//eur-lex.europa.eu/ LexUriServ/LexUriServ.do？ uri=OJ：L：1998：330：0032：0054：EN：PDF.

[81] European Council. Directive 76/464/EEC - Water pollution by discharges of certain dangerous substances [EB/OL]. http：//ec.europa.eu/environment/water/water-dangersub/76_464.htm.

[82] European Council. Council Directive 80/68/EEC of 17 December 1979 on the protection of groundwater against pollution caused by certain dangerous substances as amended by Council Directive 91/692/EECfurther amended by Council Regulation 1882/2003/EC [EB/OL]. http：//rod.eionet.europa.eu/in struments/217.

[83] European Council. Council Directive 91/271/EEC of 21 May 1991 concerning urban waste water treatment [EB/OL]. http：//ebooks.cambridge.org/chapter.jsf？ bid=CBO9780511610851&cid= CBO9780511610851A068.

[84] Shuka L，Çullaj A，Shumka S，*et al.* The spatial and temporal variability of limnological properties of Bovilla Reservoir（Albania） [J]. Water Resources Management，2011，25（12）：3027-3039.

[85] Rolauffs P，Stubauer I，Moog O，*et al.* Integration of the saprobic system into the European Union Water Framework Directive [J]. Springer Netherlands，2004，516（1）：285-298.

[86] Knill C，Lehmkuhl D. The national impact of European Union regulatory policy：Three Europeanization mechanisms [J]. European Journal of Political Research，2002，41（2）：255-280.

[87] Janssen Van De Laak WH，Van Bohemen HD. The influence of road infrastructure and traffic on soil，water，and air quality [J]. Environmental Management，2003，31（1）：50-68.

[88] European Council. Council Directive 96/62/EC of 27 September 1996 on ambient air quality assessment and management [EB/OL]. http：//rod.eionet.europa.eu/instruments/274.

[89] European Council. Ambient Air Quality [EB/OL]. http：//ec.europa.eu/environment/air/

legis.htm.

[90] European Council. Council Directive 96/62/EC of 27 September 1996 on ambient air quality assessment and management [EB/OL]. http：//eur-lex.europa.eu/LexUriServ/LexUriServ.do？uri=OJ：L：1996：296：0055：0063：EN：PDF.

[91] European Council. Council Directive 1999/30/EC of 22 April 1999 relating to limit values for sulphur dioxide，nitrogen dioxide and oxides of nitrogen，particulate matter and lead in ambient air [EB/OL]. http：//www.google.com.hk/#newwindow=1&q=1999%2F30%2FEC+directive&safe= strict.

[92] European Council. Council Directive 75/439/EEC of 16 June 1975 on the disposal of waste oils [EB/OL]. http：//eur-lex.europa.eu/LexUriServ/LexUriServ.do？uri= CELEX：31975L0439：EN：HTML.

[93] European Council. Council Directive 93/12/EEC of 23 March 1993 relating to the sulphur content of certain liquid fuels [EB/OL]. http：//eur-lex.europa.eu/LexUriServ/LexUriServ.do？uri=CELEX：31 993L0012：en：NOT.

[94] Boer B，Hannam I. Legal aspects of sustainable soils：international and national [J]. Review of European Community & International Environmental Law，2003，12（2）：149-163.

[95] Montanarella L. Moving ahead from assessments to actions：could we win the struggle with soil degradation in Europe？[M]// Zdruli P，*et al.* Land Degradation and Desertification：Assessment，Mitigation and Remediation.：Netherlands：Springer Science+Business Media B.V.，2010：15-23.

[96] European Council. European Soil Charter [EB/OL].（1972） https：//wcd.coe.int/ViewDoc.jsp？id=654589.

[97] Claudio Carlon，Marco D'Alessandro. Derivation methods of soil screening values in Europe. JRC Scientific and Technical Report，2007.

[98] Provoost J，Reijnders L，Swartjes F，*et al.* Parameters causing variation between soil screening values and the effect of harmonization [J]. Journal of Soils and Sediments，2008，8（5）：298-311.

[99] Gillera KE，Witterb E，McGrathc SP. Heavy metals and soil microbes [J]. Soil Biology and Biochemistry，2009，41（10）：2031-2037.

[100] European Council. RoHS Directive 2002/95/EC [EB/OL]. http：//eur-lex.europa.eu/LexUriServ/ LexUriServ.do？uri=OJ：L：2003：037：0019：0023：en：pdf.

[101] European Council [EB/OL]. http：//ec.europa.eu/environment/waste/sludge/index.htm.
[102] 徐珍，郭小品，丁怀，等. 欧盟重金属污染防治制度研究[J]. 环境污染与防治，2014，36（8）：102-109.
[103] 罗吉. 我国重金属污染防治立法现状及改进对策[J]. 环境保护，2012，（18）：22-24.
[104] 李蔚军. 美、日、英三国环境治理比较研究及其对中国的启示[D]. 复旦大学，2008.
[105] 席凌. 当前我国水环境管理存在的问题与对策研究[D]. 2008，山东大学.
[106] 国家环境保护总局，国家质量监督检验检疫总局. GB 3838-2002，地表水环境质量标准[S]. 2002.
[107] 国家环境保护总局. GB 11607-89，渔业水质标准[S]. 1983.
[108] 国家技术监督局. GB/T 14848-93，地下水质量标准[S]. 1993.
[109] 国家环境保护总局. GB/T 8978-1996，污水综合排放标准[S]. 1996.
[110] 聂蕊. 中美环境标准制度比较[D]. 昆明理工大学，2005.
[111] 谭吉华，段菁春. 中国大气颗粒物重金属污染、来源及控制建议[J]. 中国科学院研究生学报，2013，30（2）：145-155.
[112] 金玲. 土壤污染防治立法问题研究[D]. 吉林大学，2012.
[113] 周启星. 中国土壤质量标准研究现状及展望[J]. 农业环境科学学报，2011，30（1）：1-6.
[114] 国家环境保护总局. GB15618-1995，土壤环境质量标准[S]. 1995.
[115] 章海波，骆永明，李远，等. 中国土壤质量标准中重金属指标的筛选研究[J]. 土壤学报，2014，51（3）：429-438.
[116] 李昌平，钱谊，戴明丽. 我国土壤环境标准体系的构建[J]. 安徽农业科学，2008，36（34）：15180-15182.
[117] 中华人民共和国城乡建设环境保护部. GB4284-84，农用污泥中污染物控制标准[S]. 1985.
[118] 朱武. 我国城市生活垃圾管理立法的完善[D].兰州大学，2012.
[119] 张靖. 我国工业固体废弃物管理政策分析[J]. 现代经济信息，2009，（14）：278-279.
[120] 高记. 我国危险废物管理法律制度研究[D]. 西安建筑科技大学，2011.
[121] 国家环境保护部，国家发展和改革委员会，国家公安部. 国家危险废物名录，2016.
[122] 国家环境保护总局，国家质量监督检验检疫总局. GB 5085.3-2007，危险废物鉴别标准 浸出毒性鉴别[S]. 2007.
[123] 国家环境保护总局，国家质量监督检验检疫总局. GB 18598-2001，危险废物填埋污染控制标准 [S]. 2001.
[124] 国家环境保护总局. GB 18484-2001，危险废物焚烧污染控制标准[S]. 2001.

[125] 吴舜泽，贾杰林，孙宁. 重金属污染防治当前形势与未来展望[C].//第十届环境与发展论坛论文集，2014，115-119.

[126] 吴舜泽，孙宁，卢然，等. 重金属污染综合防治实施进展与经验分析[J]. 中国环境管理，2015，7（1）：21-28.

[127] 国家环保部办公厅. 关于征求《重金属及有毒有害化学物质污染防治“十三五”规划纲要（征求意见稿）》意见的函. 2015.

[128] 王璐瑶. 我省工业固废管理标准明年实施[N]. 贵州日报，2013-12-27（002）.

[129] 李丽，刘玉强，王琪，等. 生活垃圾填埋场污染控制标准研究[J]. 环境科学研究，2008，21（6）：1-8.

[130] 崔小爱.《生活垃圾焚烧污染控制标准》新旧标准的比较及其实施影响分析[J]. 环境科技，2015，28（4）：67-70.

[131] 郑国砥，陈同斌，高定，等. 对《农用污泥中污染物控制标准》中几个问题的商榷[J]. 中国给水排水，2009，25（9）：97-100.

[132] 徐亚平，王跃华，王宪仁，等. 我国现有污泥农业利用标准分析与比较[J]. 农业环境与发展，2012（3）：87-89.

[133] 靳朋勃，吴春笃. 粉煤灰农业利用现状[J]. 安徽农业科学，2007，35（18）：5544-5545.